XXII

LUD. XV. D. G. FR. ET NA. REX.

J. Robert Inv. et Sculpsit.

FORTUNATUS ET ILLE DEOS QUI NOVIT AGRESTES.

Virg. Georg.

LA THÉORIE
ET LA PRATIQUE
DU JARDINAGE
ET DE
L'AGRICULTURE, PAR PRINCIPES,

Et démontrées d'après la Physique
des Végétaux ;

Le tout précédé d'un DICTIONNAIRE,
servant d'introduction à tout l'Ouvrage, &
qui forme le PREMIER TOME.

Par M. l'Abbé ROGER SCHABOL.

Avec Figures en taille-douce, dessinées & gravées d'après Nature,

TOME PREMIER.

A PARIS,

Chez G. DESPREZ, Imprimeur du Roi, rue S. Jacques.

M. DCC. LXVII.

Avec Approbation & Privilege du Roi.

PRÉFACE
ou
DISCOURS
SUR LE JARDINAGE,

Pour servir d'introduction à l'Ouvrage
qui suivra le Dictionnaire.

La Méthode de l'Auteur déja comme publique.

1. CET Ecrit, comme ceux qui le suivront, font univerfellement attendus depuis plus de vingt ans, à la Cour, à la Ville, dans les Provinces & chez l'Etranger, par les Cultivateurs, & par les non-Cultivateurs. L'Ouvrage eft déja comme public, dans un fens, avant que d'être à l'impreffion; d'abord parce que la méthode de l'Auteur eft pratiquée avec un fuccès toujours égal dans quantité d'endroits depuis près de 30 années, chez ce qu'il y a de

mieux dans l'Univers, avec un fuccès toujours égal ; enfuite, parce que plufieurs morceaux faifant partie de tout l'Ouvrage, même des Traités entiers, ont été par lui communiqués à nombre de curieux parmi les perfonnes du plus haut rang, qui les ont fait copier de fon confentement. Le Jardinage de l'Auteur étant auffi différent de celui qu'on appelle *routine*, pratiqué jufqu'ici, que la Philofophie nouvelle de celle du Lycée, nombre de perfonnes ont admis chez elles la méthode de l'Auteur.

Nul avancement dans le Jardinage depuis tant d'Ecrits.

Voici une réflexion bien fimple à ce fujet. Tous les Ecrivains du Jardinage traitent les mêmes fujets. Tous, par émulation, donnent des préceptes pour les diverfes pratiques du Jardinage ; on demande quelle réforme ont opéré tous ces Ecrits multipliés ? Replante-t-on moins tous les ans ? Les arbres font-ils meilleurs que ceux qu'on remplace ? Les traite-t-on mieux, en meurent-ils moins ? Croiffent-ils davantage qu'auparavant ? Donnent-ils plus, & de plus beaux fruits ? N'y apperçoit-on pas la même quantité d'argots, chicots, onglets, fauffes-coupes, chancres, gourmands provenans du vice de la taille, plaies fur plaies, & ce que l'on appelle têtes de faules ? Ont-ils ces arbres, ont-ils une figure plus réguliere ? Sont-ils plus ordonnés & plus fymmétrifés ? Enfin ces Ecrivains ont-ils enfeigné quelques vérités intéref-

santes, ont-ils dit quoi que ce soit de neuf?
Non, le Jardinage est toujours le même; &
l'on peut dire en outre, que plusieurs d'entr'eux ont enchéri sur leurs devanciers pour per-
vertir le Jardinage, & qu'ils l'ont infecté de
quantité de maximes erronées, & de pratiques vicieuses, meurtrieres pour les arbres,
comme on n'aura que trop d'occasions de le faire
voir dans le cours de l'Ouvrage.

Dans l'Ecrit de l'Auteur tout est neuf.

On peut dire, en assurance, qu'il n'en est pas
ainsi de l'Ouvrage de l'Auteur. D'abord tout
est neuf en lui-même, tant pour les idées,
que pour la façon d'opérer. Si l'on excepte ce
que l'Auteur a crû devoir admettre, d'après
des Agriculteurs renommés, dont il sera parlé
ci-après, & sur lesquels il a beaucoup enchéri,
du reste tout ce qu'il enseigne pour parvenir à
une plus prompte & plus heureuse végétation
que jusqu'ici, non-seulement n'est point pratiquée par le commun des Jardiniers, mais il
ne se trouve dans aucuns des Ecrits de tant
d'Auteurs, qui se sont exercés à l'envi sur la
culture des arbres : ensuite le présent Ecrit,
quoiqu'en apparence pour le Jardinage seul,
s'étend néanmoins à tout ce qui est du ressort de
la végétation. Il traite subsidiairement, &
comme par contre-coup, de l'Agriculture.
Quoique dans l'Ouvrage on n'ait pas pour objet direct le Labourage, proprement dit, & la
culture des grains, les récoltes & les moissons,

la plantation des bois , ainfi que le gouvernement des vignes pour faire le vin , &c. néanmoins les principes de tout l'Ouvrage , les maximes & les regles , les ufages & les pratiques,
ainfi que les diverfes obfervations de tout l'Ouvrage , conviennent aux unes comme aux autres de ces fortes de profeffions. De plus , l'Auteur ayant recueilli , d'après des obfervations
particulieres , fur ces divers fujets , d'excellens
matériaux , fe propofe de les communiquer par
la fuite au Public.

Tout jufqu'ici s'eft fait comme par inftinct , &
machinalement dans le Jardinage.

II. On s'eft occupé jufqu'à préfent à toutes
les diverfes opérations du Jardinage , on a labouré , femé , planté , taillé , ébourgeonné ,
paliffé , fumé même & arrofé , &c. mais comment ? Eft-ce d'après des regles en conféquence d'aucuns principes ? Par réflexion , &
conformément à des raifonnemens fuivis ? Quels
font les ouvriers qui , dans les diverfes pratiques du Jardinage , fe font rendu compte , &
à autrui , du fond & des raifons de leur travail ? Qui font ceux encore qui ont étudié &
fuivi la nature , pour apprendre d'elle , pour
faire d'elle feule la regle , le fondement , & la
bafe de leur conduite dans le gouvernement des
végétaux ? Une routine , des ufages reçus fans
examen , & qui ont paffé des peres aux enfans,
ont tenu lieu de regles & de loix; on a fait, parce
que l'on a vu faire & comme l'on a vu faire. Nos

pères, dit-on encore aujourd'hui, & les Anciens avant eux, ont travaillé de telle & telle façon, & tous les livres n'enseignent pas autre chose, donc.

Mais enfin quelles raisons, & quelles preuves d'un tel travail plutôt que d'un tel autre ? Voilà sur quoi rien de positif encore, propre à nous guider. Dans le présent Ouvrage, on ose le dire, tout est prouvé & démontré. La Physique de l'Auteur est fondée sur des faits ; les raisonnemens ne vont qu'après ses expériences, que tous peuvent vérifier par eux-mêmes. Il ne veut point être cru sur sa parole ; quant à ses raisonnemens & à ses preuves, elles sont soumises de droit au jugement du Public.

On n'a point raisonné dans le Jardinage. Preuve.

Pour faire voir seulement en passant combien peu on a raisonné, même jusque sur les moindres opérations du Jardinage, voici un double exemple de ces mêmes opérations les plus simples & les plus communes de l'art ; savoir, l'arrosement & le fumage des arbres. Pour l'un & pour l'autre on fait un simple petit bassin ; mais où le fait-on ? On le fait autour du tronc, pas un seul Jardinier n'y manque, & là on répand l'eau, & l'on dépose le fumier ; quant à ce dernier, on le met aussi sur terre, pour ensuite l'enfouir. Ce procédé est bon, & il n'est ici question que de la premiere façon, qui est la plus ordinaire, & qui est vicieuse. Mais où l'Auteur met-il, & l'eau, & le fumier ? A un pied, ou environ en-deçà du tronc ; il laisse une motte au tronc, & il creuſe en-deçà de cette motte un baſſin au pourtour en forme de tranchée, à peu près, juſqu'aux premieres racines ; & là il fait ſon arroſement, & il dépoſe ſon fumier. On peut être aſſuré que l'un & l'autre feront effet ſoudain ; le même ne peut avoir lieu dans la pratique ordinaire : mais pourquoi ? Le voici. Le tronc eſt un inſtrument paſſif dans l'ordre de la végétation, & ſeulement quant au pompement des ſucs de la terre, comme notre eſtomac par rapport aux alimens à lui tranſmis après la maſtication & la déglutition. Ainſi que lui, le tronc eſt le vaſe commun, le dépôt général, & le récipient univerſel de tous les ſucs : en arroſant donc, & en fumant le tronc, qui n'eſt point fabriqué pour pomper les ſucs, mais pour les recevoir des racines, vos arroſemens ne peuvent opérer qu'à la longue, juſqu'à ce qu'ils aient eu le temps de pénétrer juſqu'aux racines, & paſſer de-là dans le tronc, puis dans tout le reſte de la plante. Cette même façon de travailler, uſitée dans le Jardinage, peche encore en ce que, comme on le fera voir en parlant du tronc, cet organe, n'étant point fabriqué, comme les racines, pour l'humide de la terre, l'eau ne lui convient point, ni l'humidité du fumier, non plus que la chaleur de ce dernier, quand on le met au pied d'icelui. Il n'y a qui que ce ſoit, pour peu qu'il ait de bon ſens, quoique non Jardinier, qui ne comprenne ceci. Jugez par-là du plus grand nombre des autres pratiques du Jardinage, elles ne font pas plus réfléchies. Le Jardinier, quand on lui fait part d'une telle réflexion, ouvre de grands yeux, & ne fait plus que dire.

Caufe du dépériffement de l'Agriculture & du Jardinage.

III. Le Jardinage & l'Agriculture font partie de la Phyfique. Le premier eft une des plus brillantes portions de l'Hiftoire Naturelle. Ses occupations riantes firent, dans tous les temps, l'amufement & les délices des perfonnages les plus recommandables. Mais, difons-le, il eft fâcheux, qu'au lieu d'être pratiqué par des hommes de génie & de gout, il ait été, depuis un trop long-temps, & foit encore, le partage de gens fans lettres & fans fcience; hors d'état, par conféquent, d'être admis dans le fanctuaire de la nature, d'entendre d'elle-même fes oracles, de la fuivre, de l'étudier, d'interpréter fon langage, &c.

Pourquoi Virgile, Caton, Pline, Columelle, Varron, & tant d'autres, ont-ils écrit fi pertinemment & fi fupérieurement fur l'Agriculture? C'eft parce qu'ils étoient à la fois Cultivateurs & Gens de Lettres. Ce gout étoit de leur temps un refte de l'ancienne fimplicité des mœurs. Les fciences, les arts, l'Agriculture & l'Art Militaire s'allioient enfemble, & fe prêtoient de mutuels fecours. La terre alors, fuivant la defcription pompeufe de Pline, fe félicitoit d'être labourée par des mains triom-

phantes , & d'être fendue par un foc chargé de
lauriers (1). Voyez comment tous ces Auteurs
s'expliquent , non-feulement quant à la fpéculation , mais quant à ce qui eft de pratique.
Quoique de leur temps la Phyfique fût néanmoins fort bornée ; ils parloient & s'expli-
quoient d'ailleurs en maîtres de l'art & en Cultivateurs d'une expérience confommée. Suivez,
entr'autres , Virgile dans fes Géorgiques , quels
détails circonftanciés concernant les labours &
les femences , la façon de herfer , de moiffon-
ner, &c. par-tout ce font des defcriptions , des
images les plus riches. La defcription , entr'autres , de la greffe , non moins élégante que naï-
ve , dépofe également & en faveur de l'Ouvrier entendu , & en faveur du Poëte fublime
& de l'homme de génie. Mais quelle différence de langage & de façon de penfer de tant
de Savans illuftres , qui , faute d'être Cultivateurs , ou n'ont débité que de brillantes chimeres , ou donnerent dans les plus dangereux écarts,
quand ils fe font ingérés d'écrire fur ce qui eft
de pratique , & ce , faute de cette Phyfique inftrumentale & expérimentale des bonnes gens de
campagne , pour leur fervir de guide dans leurs
obfervations fur les phénomenes de la nature !

Néceffité de tenir pied à boule , comme on dit ,
dans le Jardinage.

Le Jardinage donc veut être fuivi : il eft

(1) *Gaudente terra vomere laureato & triumphali*
aratore.

impoffible de raifonnner pertinemment fur la végétation, & d'approfondir les phénomenes de la nature, en travaillant feulement, comme à la volée, à quelques-unes des opérations les plus communes de l'Art, & n'étant que le témoin paffager & fuperficiel des merveilles de la nature. Elle eft, fi on ofe le dire, elle eft une coquette décidée, qui veut qu'on lui faffe la cour; jamais elle n'eft plus contente, que de voir autour d'elle une foule d'adorateurs affidus, toujours empreffés à lui plaire, à la prévenir, à chercher tous les moyens de captiver fes bonnes graces & de mériter fes faveurs. Pour être initié aux grands myfteres de cette mere commune des végétaux, & être rendu participans de fes secrets, il ne faut point la perdre de vue, mais il faut l'interroger fans ceffe, & n'écouter qu'elle feule. Le Phyficien Obfervateur feulement, & le Jardinier fimple Cultivateur ne peuvent parvenir à aucunes découvertes utiles; l'un fans cette Phyfique inftrumentale & expérimentale, dont on fera voir la néceffité dans le cours de l'Ouvrage; & l'autre par défaut de génie & de gout : celui-là, il faut le dire encore, faute d'expérience des procédés de la nature, & ne fe rapportant qu'à des effais trompeurs, en forçant trop fouvent & violentant cette même nature; & l'autre auffi, faute de lumiere pour obferver à propos : cette double vérité, fera plus d'une fois rappellée dans le cours de l'Ouvrage.

L'on peut dire à cet égard que l'une des

plus cuifantes difgraces du Jardinage, eft de
voir, d'une part, les hommes de génie donner tout au feul raifonnement, & d'autre
part, les Cultivateurs opérer, fans raifonner,
comme fans réfléchir. Ces derniers, quels
qu'ils foient, privés, la plupart du temps, du
néceffaire, ne font occupés que des moyens
de pourvoir à leur fubfiftance. Le décourage-
ment & le défaut d'émulation en font les fuites
indifpenfables. Quand on n'eft pas nourri, &
qu'on manque d'une certaine aifance, on eft,
ce qu'on appelle, veule, ou lâche ; le gout,
l'induftrie & l'ardeur fe rallentiffent, ou s'étei-
gnent. Un Jardinier dans la mifere, chargé de
famille, ayant à peine du pain, ne penfe à
rien, ne s'évertue à chofe au monde, & ne
s'inventionne de quoi que ce foit : d'ailleurs
les travaux corporels, pouffés jufqu'à un certain point, appefantiffent trop fouvent l'efprit, énervent les couages & amortiffent le
génie. Il faut donc que le Jardinier ait au prorata de l'Ouvrage, des gages fuffifans & autant de Coopérateurs, ou de Garçons, que
fa place, la quantité de terrein & l'importance
de la befogne le requierent, & alors ne lui
faire grace fur chofe au monde.

IV. Outre ces deux fortes de perfonnes
s'appliquant au Jardinage, & à ce qui eft du
reffort de la végétation ; favoir, les Phyficiens
fimples Théoriftes, & les Manouvriers qui,
comme on l'a fait voir, n'ont pu jufqu'ici
éclairer le Jardinage, les uns faute d'expé-

rience, & les autres par défaut de génie; il eſt quantité de gens parmi les Amateurs de cet Art qui font de ſes occupations amuſantes le ſujet de leur application : car, on peut le dire, c'eſt une ſorte de petite fureur de ſe dire & de prétendre être Jardinier; ces ſortes de perſonnes, on les range en trois claſſes ; ſavoir, en premier lieu des Curieux opulens, & de ſimple bon plaiſir; en ſecond lieu, des hommes de gout, quoique moins partagés des dons de la fortune, parmi leſquels il en eſt qui, paſſionnés pour cet Art, s'adonnent plus, ou moins à diverſes pratiques, ſoit pour l'utilité, ſoit pour la décoration; en troiſieme lieu, des Jardiniers par état : des uns & des autres de ceux qui compoſent les deux premieres claſſes, nul, ſi l'on en excepte un petit nombre, n'a fait du Jardinage une étude ſuivie, en travaillant d'arrache-pied, comme on dit, à la façon d'un Manouvrier à un Art auſſi en diſcrédit que le Jardinage, par rapport à tant d'ames viles dont cette profeſſion eſt le partage. Le mépris pour l'Ouvrier a paſſé à l'Art même : on n'entend point ici, il faut le dire, on n'entend point comprendre dans cette généralité de tant de ſujets ineptes dans cette profeſſion, ceux des Ouvriers, qui par leurs talents & leur bonne conduite en font l'ornement & la gloire ; de ce mépris dédaigneux pour l'Art, on aura peine à le croire, l'Auteur a plus d'une fois éprouvé dans ſa perſonne, & il éprouve ſouvent encore les marques les plus décifives. Quelques-uns le regardent de mauvais œil, à raifon de ce que pêle-mêle avec le commun des Ouvriers du Jardinage, il vaque à des exercices laborieux, le partage du Mercenaire. Pourquoi, dit-on, au lieu d'un exercice auffi vil que celui du Jardinage, ne vaque-t-il pas à nombre d'occupations honnêtes, faifant le noble amufement de tout ce qu'il y a de mieux dans la fociété ? Le tour, par exemple, le deffein, la gravure, la tapifferie, &c. Pourquoi un tel choix auffi bizarre ? Au furplus, ajoute-t-on, à quoi bon travaille-t-il lui-même ? Que ne commande-t-il ? Pourquoi ne pas laiffer faire ? Il faut avouer que notre fiecle eft monté fur un ton bien étrange. On rougit de ce qui faifoit jadis la gloire de nos peres, & celle de tout ce qui eft de plus refpectable dans l'antiquité.

On loue, on vante & l'on éleve jufqu'aux cieux, on qualifie de Héros quiconque, dans les grades les plus diftingués de l'Art Militaire, ne rougiffant point de combattre en qualité de fimple foldat, affronte les fureurs du Dieu des combats, & ce, pour cueillir de fragiles lauriers : à de tels exploits on a attaché de la gloire & des récompenfes. Au contraire, on regarde avec dédain celui qui, pour vivre heureux, coule fes jours paifibles, loin du fafte éblouiffant dans une profeffion honnête en elle-même, la plus utile, la premiere de toutes, en même-temps que la plus propre à former ce qu'on appelle l'homme fage, en mettant le calme dans fon ame, & le rappellant fans ceffe à la Divinité. Mais quels font-ils ces gens affez peu équitables pour cenfurer ainfi une œuvre louable en elle-même, & qui n'a pour objet qu'un bien réel ? Ce ne peut être, ou que gens peu avifés dans quelque rang que ce foit, ou des gens du plus bas aloi. L'Auteur eft bien dédommagé d'ailleurs par l'eftime & l'affection dont il eft honoré, par ce qu'il y a de mieux dans la Nation. Mais en confidérant les chofes dans leur jufte point de vue, on reconnoîtra que, fuivant le fyftême de l'Auteur, rien de mieux que d'être foi-même à la tête de fes ouvrages par-tout où il eft requis, d'abord pour toujours fuivre, comme à la pifte, la nature, enfuite pour former & ftyler les Ouvriers qui comprennent bien autrement en voyant faire, & par les divers éclairciffemens à eux donnés fur le tas même, que par l'inftruction verbale. De plus l'Auteur (perfonne même ne l'ignore) fait ne point fe compromettre ; enfin nulle autre rétribution pour lui que beaucoup d'embarras & de fatigues.

Le Jardinage eft un exercice des plus laborieux.

Indépendamment de ce qui vient d'être dit, ce qui rebute encore & qui dégoute quantité de gens de s'adonner tout-à-fait à cette profeffion, ce font ces mêmes travaux corporels, les plus fatigans, qui en font inféparables. Le Jardinage en effet eft l'une des plus pé-

nibles occupations. Il ne suffit pas, pour étudier & suivre la nature, de la voir *ad extra*
seulement dans son brillant éclat, lors de la
belle saison, quand elle fait montre de ses riches ornemens, en étalant à nos yeux sa pompe verdoyante, les feuilles, les fleurs & les
fruits; mais il faut, ne la quittant pas d'un
instant, la considérer attentivement dans son
négligé, pour ainsi dire, lors de l'âpre saison,
durant que renfermant *ad intra* toute son action, elle est comme endormie, & semble être
dans un profond assoupissement. Que de phénomenes alors! que de merveilles cachées
dont elle ne fait part qu'à ses seules adorateurs! Il est vrai qu'elle les fait acheter cher
ces sortes de faveurs; car les temps nébuleux
où la terre & les plantes sont abandonnées à
la fureur des cruels hivers, sont précisément
ceux durant lesquels les plus grands travaux
& les plus importans ont lieu, à commencer
dès l'Automne, jusqu'au retour des Zéphyrs au
Printemps; alors même, & par après, quand
l'air est en proie aux ardeurs dévorantes du
soleil, que n'a-t-on pas également à souffrir?
Ainsi donc pour être ce qu'on appelle vraiment
Jardinier, il faut braver toutes les intempéries
de l'air, & essuyer, sans discontinuer, les plus
rudes fatigues: or tous, ou n'ont pas assez
de courage, ou n'ont pas assez de vigueur &
de santé pour soutenir tant de contre-temps
fâcheux.

Quant à ceux des opulens, qui semblent
avoir

avoir du gout & de l'inclination pour le Jardinage, rarement ils s'adonnent à aucune des pratiques de l'art. Ils ordonnent communément, & ils font faire. L'or est le plus puissant de tous les maîtres ; rien ne lui résiste ; rien d'impossible vis-à-vis de lui. Un riche commande, & dès lors la nature & l'art semblent de concert s'empresser à qui mieux mieux de le servir : il parle, & d'abord un terrein souvent le plus infertile est métamorphosé en un jardin superbe, tel que l'un de ceux si renommés dans la fable, ou dans l'histoire, & où Pomone & Flore versent à l'envi leurs plus riches dons. Mais le fortuné mortel, maître d'un lieu si délicieux, que sait-il du Jardinage ? Il n'en a pas la moindre teinture ; le seul plaisir de voir avec complaisance un endroit où il a entassé des monts d'or, lui tient lieu de tout mérite à cet égard.

Les autres curieux qui sont épris de belle passion pour le Jardinage, & qui s'appliquent à ce qui est du ressort de la pratique, de quelle utilité peuvent-ils être pour aucune découverte ? On les voit, suivant le dire de Séneque, (1) se tourmenter beaucoup pour ne rien faire ; ou, selon l'expression de Pline, pour ne faire que des riens. Leur Jardinier, qui trop souvent n'en sait guere plus qu'eux-mêmes, est leur oracle, & leur sert de guide. (2) Columelle

(1) *Operose nihil agunt.*
   Agere nihil.
(2) *Infœlix ager cujus villicus magistrum non audit, sed docet.*

b

parlant de tels maîtres, a dit : Malheureux le champ où le Jardin (ils ne faisoient qu'un alors) dont le maître, au lieu d'enseigner son Jardinier, est lui-même enseigné par lui.

D'autres encore, & il en est bon nombre, ont pour toute science beaucoup de vanité, & ils sont fort avantageux ; pleins de bonne opinion pour eux-mêmes, ils prononcent d'un ton absolu sur le plus essentiel de l'art : à la faveur d'un air imposant & d'un babil qui ne tarit point, ils font impression à gens peu au fait du Jardinage, qui leur supposent gratuitement du savoir. Pour quelques vétilles auxquelles ils s'entremettent, comme quelques greffes en poupées, faites singuliérement au coin de leur feu, de peur de se morfondre dans le Jardin, & qui ont réussi, ils se croient autant de Laquintinie, ou des le Normand, Pere ; tel un Maçon, ou un Appareilleur, qui, pour savoir employer la pierre, ou la brique avec le mortier, ou le plâtre, se croient autant de Vitruves & de Mansards.

Il est en outre force curieux qui ne s'appliquent qu'à ce qui est de simple décoration, comme à cultiver des fleurs, des plantes exotiques, &c. On ne peut trop applaudir à leur gout & à leur zele infatigable pour étendre à ce sujet leurs connoissances ; mais quelqu'estimables que puissent être d'ailleurs ces Cultivateurs, néanmoins on ne peut les ranger dans la classe des Jardiniers proprement dits.

On se garde bien de parler ici d'un tas de

Jardiniers qu'on appelle Jardiniers-*Commeres*:
le monde est plein de pareilles gens qui affligent le Jardinage, & qui font le fléau des Jardiniers, dont à tort à travers, ils critiquent le travail, fans s'y connoître. Des Maîtres crédules ajoutant foi aux difcours frivoles de ces hommes inconfidérés, tracaffent le pauvre Jardinier, qui la plupart du temps, n'eft pas en faute. Loin auffi ces empiriques du Jardinage à fecrets prétendus, qui fe vantent d'avoir des recettes fpécifiques pour guérir, préferver & garantir les plantes de tous les fléaux de l'air, comme de ce qui peut leur être nuifible d'ailleurs : il devroit être des punitions féveres contre de tels impofteurs.

V. Refte maintenant la troifieme claffe des Jardiniers par état. Il en eft de plufieurs fortes ; les uns Jardiniers de hazard & par aventure, & les autres qu'on appelle Jardiniers de génération, comme ils difent entr'eux, ou encore de pere en fils. On demande pourquoi parmi ces Jardiniers par état, il eft tant d'Ouvriers ineptes ? Parlons de bonne foi, c'eft d'abord parce que la profeffion de Jardinier eft le pis aller d'une foule de gens hors d'état de rien faire dans quantité d'autres. Un Valet d'écurie fervant de Poftillon, s'ennuie d'un métier auffi fatigant & où les profits font trop modiques : il a tracaffé dans le Jardinage en qualité de Journalier ; il fe met en tête d'être Jardinier ; il eft fouple & infinuant ; il trouve un bon homme de Maître qui n'y regarde pas de

ſi près, ou bien, il met la condition au ra-
bais ; il ſe préſente avec confiance, & il eſt
reçu : comme donc, ſuivant le dire commun,
à force de forger, on devient forgeron, il acquiert quelques notions ſuperficielles du Jardinage, & dès lors, il ſe perſuade être fort
habile ; en conſéquence, croyant mériter une
meilleure place, il projette de faire briller ſes
prétendus talens ſur un plus vaſte théâtre, &
parce qu'il a ce qu'on appelle de l'entregent, il
trouve par ſon patelinage des dupes qui le
protegent, enfin il parvient ; en eſt-il plus ſa-
vant, même plus homme de bien ? Non : toujours bouſilleur, paſſablement méchant, il eſt
ce qu'il fut de tout temps, c'eſt-à-dire, fort
mauvais ſujet.

Cet autre eſt un pauvre miſérable qui, comme on dit, ne ſait où donner de la tête ; il
n'a qu'un génie fort borné ; mais il a vu faire ;
il ne ſait pas même lire, comme le plus grand
nombre de ceux de cet art ; il ſe perſuade
auſſi n'avoir aucunement beſoin d'inſtruction ;
il prend une beche, un rateau, un hoyau, &
de terraſſier mal-adroit, le voilà métamor-
phoſé en un Jardinier conſommé, parce qu'il
ſait payer d'effronterie vis-à-vis de Maîtres qui
ne ſavent rien de rien. Le Jardinier donc pro-
fitant de l'impéritie de ſon Maître, fourrage
impunément tant & plus.

Quiconque curieux de remonter juſqu'à la
ſource & à l'origine du plus grand nombre des
Ouvriers du Jardinage, feroit des recherches

& des informations à ce fujet, trouveroit qu'il en eſt ainſi du plus grand nombre. Ces ſortes de Jardiniers fortuits, & manqués par conſéquent, ſe marient, & font race : (car, graces au Dieu de la population, nulle Nation ne multiplie tant communément que la Nation Jardiniere) ils prennent copie ſur les eſpeces végétantes faiſant graine à l'infini, ou produiſant force boutures : telles gens ont des fils qui ſont Jardiniers, ainſi que leurs peres ; ce ſont autant de rejetons, qui, partant d'une même ſouche, ne peuvent valoir mieux. Ces fils pullulent à leur tour, & ont également d'autres fils formés par eux, & comme eux dans le Jardinage, & ainſi de race en race. De tout ceci tirez la conféquence : la plus naturelle, c'eſt que de tels Jardiniers, comme autant d'automates, travaillent machinalement, ſans ſavoir pourquoi ils le font ; auſſi nul ne peut rendre raiſon de rien. Il n'en eſt pas de même dans les autres profeſſions.

Jardiniers ; en quoi entr'autres ils different des
autres Artiſans.

Dans tous les arts & métiers, on fait un apprentiſſage en forme ; & ici, comme on vient de le voir, on eſt Jardinier formé d'abord. Dans tous les arts, encore l'Ouvrier eſt en état de rendre compte de ſon opération juſqu'à un certain point. Qu'on demande, par exemple, à un Menuiſier, à un Charpentier, à un Serrurier & à tous autres travaillant en bois

& en métal, quand ils font des pieces d'affemblage, pourquoi le tenon doit être jufte
avec la mortaife, & la cheville proportionnée
à la grandeur du trou; de même qu'on demande à un Sculpteur pourquoi une gorge,
une baguette, une moulure, une volute,
&c. font plus, ou moins fortes, plus, ou moins
faillantes.... il n'en eft pas un feul qui ne vous
donne des réponfes tirées des regles de proportion & des rapports de fymmétrie, &c. Mais
ne vous attendez pas au femblable dans le Jardinage. La routine, la coutume & les ufages
font loi; ils font les feuls guides & l'unique
fondement du travail : or donc c'eft pour éclairer les Jardiniers, & inftruire les Maîtres qu'on
a entrepris le préfent Ouvrage, pour apprendre aux uns à opérer avec certitude, & aux
autres pour ceffer d'être dupes, en dépenfant
beaucoup à pure perte & fans jouir.

Pourquoi tant d'Ecrivains fur le Jardinage.

VI. Une manie affez finguliere dans le Jardinage, de laquelle on n'a point, ou que très-
peu d'exemples dans les autres profeffions, c'eft
la démangeaifon d'écrire, foit dans les fup-
pôts du Jardinage, foit dans les autres qui
n'ont que des connoiffances fuperficielles de
fes pratiques. Cette démangeaifon eft une efpece de tic, ou une frénéfie qui, comme une
maladie contagieufe, fe gagne, & fait progrès. Un Manouvrier, à peine fachant lire,
eft applaudi, ou protégé; dès lors il fe fait

Auteur ; il trouve un Libraire avide du gain qui fait le foible du Public pour ces fortes d'Ouvrages , parce que ce Public efpere toujours trouver quoique ce foit de mieux que jufqu'ici : le livre s'achete ; on le lit, fans y rien comprendre , & l'on fait exécuter à fon Jardinier , à telle fin que de raifon ce qu'on croit y voir. Le Maître & le Jardinier n'en font pas plus avancés , ni le Jardin mieux qu'auparavant.

Un Savant, un Phyficien, fi l'on veut, un homme d'efprit, quelqu'un qui a des talens & du génie, ou tout autre, eft poffédé du démon d'écrire : il a vu faire ; il a oui dire ; il a lu ; encore quoi, & comment ? car onc il n'a pratiqué ; il tente, guidé par fa feule imagination, quelques expériences fictives tendantes à rien , & le voilà bientôt un oracle du Jardinage. Vîte du papier, des Scribes, &c. pour tracer des volumes qui, comme les champignons des Jardins, paroiffent à l'improvifte. Voilà donc le Jardinage enrichi d'un nouvel Ecrit ; mais opere-t-on mieux d'après ce flux de paroles entaffées ? C'eft ce qui refte à favoir, & ce qu'on verra dans les extraits & les analyfes des principaux Auteurs du Jardinage, lefquels formeront par la fuite omme une bibliotheque jardiniere, faifant partie du préfent Ouvrage, & telle eft la raifon pour laquelle nul exemple de ce que deffus n'eft ici rapporté. A Montreuil, village compofé uniquement de Jardiniers cultivant les feuls arbres, & dont il fera parlé ci-après ; on eſt bien plus aviſé que tout ce monde-là. Plus empreſſé de bien opérer que de coucher par écrit ; il n'a jamais pris fantaiſie à aucuns de ces Villageois de ſe faire Auteur. Mais de plus il feroit contre leur ſyſtême de divulguer une méthode que pendant plus d'un ſiecle, ils ſe ſont efforcés de cacher, & qui n'a tranſpiré que malgré eux.

Eclairer d'abord & inſtruire.

VII. Le but de l'Auteur dans cet Ouvrage, n'eſt rien moins que de complaire à quantité d'hommes frivoles & ſuperficiels, qui, n'ayant qu'une idée confuſe du Jardinage, ſe mêlent de dogmatiſer, ou de contenter une curioſité vaine, mais de former d'excellens Ouvriers ; pour cet effet, il eſt queſtion d'éclairer d'abord, & d'inſtruire ſur quantité de points eſſentiels de l'art peu connus, ou même ignorés juſqu'ici, enſuite de preſcrire des regles pour opérer avec certitude : afin d'y parvenir, il donne des idées claires de tout, & des notions exactes ; il réduit tout à des préciſions, & il le fait de façon à ſe faire entendre de chacun. On peut dire ici, en paſſant, que les perſonnes mêmes, qui nées pour faire la douceur & les charmes de la ſociété, ne ſemblent point faites pour braver dans les jardins les intempéries de l'air, ni pour vaquer à des occupations ſuivies & de longue halaine, ſaiſiſſent ſes principes & ſes raiſonnemens, que pluſieurs d'entr'elles opérent avantageufement jufqu'à un certain point d'après lui. Ces dernieres, il faut le dire encore, font celles qui n'ont pas fait montre de moins d'activité & d'impatience pour voir le Livre à l'impreffion. Zélé Patriote, l'Auteur encore, par pure commifération pour ceux de fes Confreres dans l'humanité, feroit au comble de fes vœux, fi les fruits, qui font une des principales douceurs de la vie, pouvoient être également à la portée du pauvre comme du riche. L'Auteur n'a donc rien de plus à cœur que de voir renaître les beaux jours du Jardinage & de l'Agriculture. Ses vœux feroient fatisfaits, fi, d'après fes principes & fes leçons, l'Ouvrier, au lieu de travailler comme un pur automate, pouvoit fe rendre compte de tout & aux autres : bientôt alors la profeffion en honneur, & l'Ouvrier en recommandation recouvreroient leur fplendeur antique ; on fe flatte d'une telle métamorphofe à la faveur de la méthode propofée.

Mais cette heureufe métamorphofe, quelque défirée qu'elle puiffe être, ne peut être fubite. Il n'eft pas poffible que dans un art auffi délaiffé, en apparence, depuis un fi grand nombre d'années, & confié à tant de mains inhabiles, il ne fe foit gliffé nombre d'abus : ces abus, comme autant de mauvaifes herbes, ont fait d'étranges progrès ; on ne fe promet pas de réuffir à les corriger d'abord. Il eft queftion de défricher à plufieurs reprifes, en fubftituant à des pratiques vicieufes, des pratiques

contráires , de déraciner enfin , fi on peut le
dire , une foule de préjugés accrédités par le
temps, & comme fucés avec le lait dès l'enfance.

Préjugés dans le Jardinage.

Toujours la nouveauté plaît , quand elle fa-
vorife nos inclinations perverfes & nos paffions
déréglées , & telle eft la raifon pour laquelle
tant d'Ecrits pernicieux tendant à établir le li-
bertinage de l'efprit & du cœur , ont été fi favorablement accueillis dans ce fiecle par un fi
grand nombre , & pourquoi, entr'autres , un
Auteur le plus hardi dans fes fentimens , s'eft
fait , à la faveur d'un ftyle féduifant, tant de
partifans. Il n'en eft pas de même dans les
Sciences & dans les Arts. Ce qu'on appelle
préjugés dans les unes & dans les autres, tient
étrangement, ainfi que ceux de l'enfance. Voyez
quelles rumeurs & quels foulévemens dans l'é-
cole au fujet de la Philofophie de Defcartes!
Ici le même pourroit bien avoir lieu , il n'en
faut pas même douter ; mais ce ne pourroit jamais être que de la part de ceux qui ne forment
point la plus faine partie du Jardinage , au
moyen de quoi la querelle feroit bientôt ter-
minée. Du temps de Defcartes , il s'agiffoit de
toutes opinions problématiques qui partageoient
les Savans ; ici, au contraire , ce font tous faits
& des vérités prouvées & démontrées, qu'on
foumet au jugement d'un chacun pour en examiner la certitude ; des regles enfin , des pré-

ceptes & des loix que tous peuvent également
vérifier par eux-mêmes, en les mettant en pratique.

Vices d'habitude difficiles à déraciner.

Il est rare qu'on se défasse de ce qui a passé
en habitude ; l'habitude, dit-on, est une seconde nature. L'Ouvrier accoutumé à ce qu'on
appelle bousiller, ne peut s'habituer à travailler correctement, à moins toutefois qu'une force majeure, ou un intérêt personnel assez puissant, n'interviennent. Ce qu'on appelle routine dans le Jardinage, & qui n'est autre qu'un
certain trantran d'opérer sans réflexion, de tout
faire superficiellement, & à la légere, a un
terrible ascendant sur les génies bornés. Le
Jardinier qui ne sait que tarabuster les arbres,
& qui, de tout temps, s'est habitué à brus-
quer l'ouvrage, aura fortement à prendre sur
lui pour opérer par principes, & d'après une méthode réglée & suivie ; mais rien n'est impossible à celui qui veut, & le temps est un grand
maître.

Il est encore de bons Jardiniers, quoique rares.

VIII. Quoi qu'il en soit de ce qui est dit ici,
& de ce qui sera dit par la suite au sujet des
abus qui pervertissent le Jardinage, & des pratiques vicieuses qui se sont introduites dans cet
art, il n'en faut pas, on le répéte, il n'en
faut pas conclure qu'on ait pour but de comprendre dans la même classe tous les Jardiniers

& les Cultivateurs, parmi lefquels, comme il a déja été dit, il en eft qui fe diftinguent par leurs talens, ni qu'on ait en vue de décrire la profeffion. Mais par quel privilege fpécial le Jardinage feroit-il exempt de ce qui eft un apanage de la nature humaine ; favoir, d'être fujet, plus ou moins, aux méprifes & à l'erreur. L'Auteur ne fait autre chofe dans le préfent Ecrit, que ce que font dans la chaire de vérité les Orateurs Chrétiens, déclamant contre les vices, & non contre les perfonnes ; le même que dans le facré. Tous les livres, au fujet des guides fpirituels, difent un bon entre mille, & le fuave François de Salles a enchéri en difant, un entre dix mille.

Zélateurs, ou fanatiques du Jardinage.

Quelques-uns ayant pris en mauvaife part ce qui a été dit jufqu'ici, tant au fujet des dépravations du Jardinage, que par rapport aux Phyficiens fimples fpéculatifs, & par rapport aux Ecrivains de cet art, ont imaginé que l'Auteur avoit eu en vue diverfes perfonnes ; fur quoi, il eft de néceffité indifpenfable que l'Auteur s'explique vis-à-vis du Public. Refponfable envers lui de fes fentimens & de fes procédés, il fe croit dans l'obligation de lui faire une forte de profeffion de foi jardiniere fur ce double fujet, pour le déprendre des impreffions fâcheufes que ces perfonnes fcrupuleufes auroient pu lui infpirer pieufement contre lui ; car toujours on a foin de motiver de quelques fpécieux prétextes fon petit reſſentiment perſonnel.

Les Savans & les Hommes de Lettres, ainſi que ceux qui paſſent pour tout peſer au poids du ſanctuaire, ne ſont pas toujours exempts de ce qu'on appelle humeur, paſſion même. Le Parnaſſe & le ſanctuaire ne ſont que trop ſouvent les théâtres où ſe paſſent les ſcenes les plus vives de l'animoſité réciproque des uns & des autres. On peut dire d'eux, ce qu'on a dit des Poëtes, qu'ils ſont une nation *irraſcible.* (1) Il eſt à propos, quant à ce point, & quant à ce qui ſuit, d'informer d'abord le Public d'un fait particulier, dont il a été dit un mot au commencement de cette Préface. (2) ; ſavoir, que les Ecrits de l'Auteur ſont déja comme publics en partie, pour avoir été communiqués à nombre de perſonnes, qui les ont auſſi communiqués à d'autres. L'Auteur a cru devoir s'expliquer ſur certains écarts groſſiers qui ont pu échapper à quelques Ecrivains, mais ſans nommer, ni déſigner perſonne. Quelques-uns ayant fait abus des paroles de l'Auteur, en ont fait des applications malignes. C'eſt ſur un tel fondement qu'ils ont cru pouvoir, en ſureté de conſcience, décrier l'Auteur comme un homme dangereux, & le dénoncer même aux perſonne en place, qui, connoiſſant l'Auteur n'en ont fait que rire. On a de plus menacé l'Auteur *d'écrire contre lui, & de le relever lui-même, lui qui, dit-on, releve ſi bien les autres.*

(1) *Genus irritabile Vatum.*
(2) Page 1, chiffre 1.

Sentimens & difpofitions de l'Auteur.

Il faut dire d'abord que l'Auteur eft bien éloigné de fe croire infaillible. Il ne veut point de grace, mais il requiert juftice; il demande qu'au lieu de le chicaner fur des riens, & de donner un fens forcé à fes expreffions, le faifant parler à rebours de fa penfée, on s'en tienne rigoureufement à fes termes; du refte il donne carte blanche, fauf toutefois aigreur, animofité, paffion; & l'on peut s'affurer qu'il ne repliquera pas. Enfuite il déclare, quant à ce qui eft de pratique actuelle dans le Jardinage, & qu'on appelle routine, mais qui n'eft point pernicieux, qu'il eft bien éloigné de cenfurer perfonne, non plus que pour ce qui eft problématique; de même tout ce qui n'eft que méprife, bevue fimple, erreur de peu de conféquence, ignorance légere, &c. On ne peut porter plus loin qu'il le fait les ménagemens & l'indulgence. A l'égard des abus groffiers qui partent de mauvaife volonté, d'entêtement & d'orgueil, ou d'ignorance volontaire, il n'eft pas trop traitable; il eft le même, quant aux enfeignemens pervers & aux maximes erronées ruineufes pour les arbres, & débitées d'un ton dogmatique, *tanquam ex cathedra*, de la part de ceux qui fe font ingérés d'écrire fans être avoués par la nature; il eft envers de telles gens fans miféricorde quelconque, mais *fervatis fervandis*, c'eft-à-dire, avec toute décence, évitant tout ce qui eft perfonnel. Il protefte même qu'il

verra toujours avec amitié & cordialité, tant
ceux qu'il se trouve forcé de combattre, que
ceux qui le releveront & qui le redresseront ;
ces derniers, il les verra avec reconnoissance,
comme ses bienfaiteurs. C'est ainsi que dans
les plaines de Mars des Guerriers magnani-
mes, sans se haïr aucunement, combattent l'un
contre l'autre, chacun pour leur patrie : tels
encore aux joutes du Barreau, de vaillans Cham-
pions dans un autre genre, s'escriment dans
le sanctuaire de Thémis, pour soutenir les
droits de leurs parties, sans cesser néanmoins
d'être amis.

Loin donc ces hommes atrabilaires à l'humeur pédantesque, prétendant exercer sur les
esprits un pouvoir despotique, & asservir autrui à leur façon de penser, tendant à établir
une sorte d'Inquisition littéraire. Etes-vous de
leur avis ? Oh ! le galant homme, diront-ils ;
n'en êtes-vous pas ? épousez-vous un parti contraire ? vous êtes honni & décrié par-tout.

On aura peine à imaginer jusqu'à quel point
d'extravagance on a porté l'esprit de fanatisme
dans le Jardinage, tant pour ce qui n'est que
de simple opinion, que pour ce qui est du
ressort de la pratique dans les points les plus
essentiels de l'Art. En attendant que dans un
autre Ecrit que celui-ci on administre les preuves de la présente proposition, il ne tient qu'à
chacun de s'en convaincre par soi-même, en
consultant les Ouvrages de ceux des Ecrivains
qui se sont exercés le plus particuliérement sur

divers fujets dont ils n'avoient pas les premieres notions. On y trouvera des paradoxes les plus infoutenables, débités avec affurance pour des vérités certaines, des fantômes & des chimeres, de pures vifions & des rèveries donnés pour des réalités; & afin que certains génies préoccupés, qui ne veulent rien examiner, faute de lumieres, ne puiffent fe refufer à l'évidence, on fe propofe de déférer le tout au tribunal du Public, mais en rapportant mot à mot les termes, avec guillemets à côté; ce qui ne pourroit avoir lieu dans la préfente Préface.

Quels remedes aux maux du Jardinage.

IX. Quels que foient les maux & la dépravation du Jardinage, ainfi qu'on l'a fait voir, cependant ils ne font point irrémédiables; & voici comme on le conçoit. Il eft, tant au tour de Paris, que dans les Provinces, un bon nombre de Jardiniers zélés pour le progrès de leur profeffion, qui, d'après ce qu'ils ont vu des pratiques de la méthode qu'il eft queftion d'établir, comme auffi d'après ce que la renommée publie de toutes parts à fon fujet, font dans la plus vive impatience de voir l'Ouvrage imprimé; celle des Maîtres & des Cultivateur eft bien autre encore. Tout par conféquent eft à efpérer pour le fuccès de la méthode. On la verra peu à peu s'établir, comme elle eft déja dans une foule d'endroit, au tour de Paris, & dans Paris même. Enfin fi des Jardiniers, trop fervilement attachés à la vieille routine, fe

roidiffoient

roidiſſoient contre, on n'en déſeſpere point encore : bientôt entraînés par l'exemple du plus
grand nombre, & voyant par eux-mêmes, ils
ne tarderont point à ſe rendre.

Quel peut donc être le but de l'Auteur, ſinon
l'intérêt public, l'honneur & l'avancement de
la profeſſion ? C'eſt, en un mot, un curieux,
un amateur, un Cultivateur, qui, paſſionné
pour le Jardinage, a, pendant de très-nom-
breuſes années, cherché la pierre philoſophale
de cet art ſi intéreſſant pour tous, & qui ſe
flatte de l'avoir trouvée par des recherches ſans
fin, des eſſais réitérés & des expériences, dont
il donne les réſultats, & dont il fait juge tout
l'Univers. Jamais on n'imaginera, à coup ſûr,
comment, & par quels moyens l'Auteur eſt
parvenu au point de faire de cet art, juſqu'ici
purement méchanique, une ſcience proprement
dite ; comment il s'eſt retourné en toute occaſion
pour avoir, de la part de la nature elle-même,
les éclairciſſemens & les dénouemens rapportés dans le cours de ſes Ouvrages. Le tout
n'eſt rapporté par lui dans un certain détail,
que pour ſtyler les uns & les autres à faire le
ſemblable : il imagine bien que d'après lui, on
ira indubitablement fort au-delà. Quelques
anecdotes, non moins curieuſes qu'intéreſſan-
tes pour le Public, & que ce Public ne peut
improuver, donneront une juſte idée du Jardinage de l'Auteur, de ſon travail & de ſa
méthode. Mais avant que de paſſer outre, il eſt
un point eſſentiel ſur lequel on ne peut ſe diſ-

penfer de prévenir le Lecteur ; favoir , fûr l'ac-
cufation qu'on pourroit lui faire d'avoir donné,
peut-être , dans le défaut , fi juftement repro-
ché à Montagne, qui eft de parler trop de foi.
Mais en confidérant attentivement les chofes ,
& banniffant toute préoccupation d'efprit , on
verra qu'il a été dans la néceffité d'en ufer de
la forte par rapport à fes recherches , fes inventions & fes expériences. Il protefte que , ni la
vanité fotte , un fol orgueil , l'amour infenfé
de fes propres Ouvrages , & tous autres motifs femblables , n'y eurent jamais aucune
part ; autrement il y auroit de l'indécence.
Ceux qui font liés intimement de longue
main , avec l'Auteur , favent fi telle fatuité fut
jamais fon défaut. Sa philofophie ne fe repaît
point de pareilles chimeres , ni d'une vaine
fumée. Les faits qui vont être rapportés font
connus , en plus grande partie , par nombre de
perfonnes.

*Jardinage de l'Auteur , fes commencemens &
fes progrès.*

X. Il faut dire d'abord que l'Auteur eft ,
peut-être , le plus ancien Jardinier de l'Univers.
On va le voir. Il n'eft point jeune , tant s'en
faut , & il jardina dès l'âge de cinq ans. Ses
pere & mere avoient un fort beau jardin dans
un des fauxbourgs de Paris , à proximité de
leurs affaires. C'eft là que dès lors , finge du
Jardinier , il le copioit en tout ce qui étoit à la
portée de fes forces naiffantes. Ce gout comme

iñné pour le Jardinage, crut avec l'âge : il devint en lui une paſſion innocente, à laquelle
il dut, on ne l'imaginera pas, tous les progrès
qu'il fit par la ſuite dans les diverſes ſciences
auxquelles il fut formé. Dans ce lieu ſi chéri,
il étudioit ſes leçons de claſſe, qui ne lui cou-
toient rien à apprendre, tant il avoit à cœur de
gagner du temps pour ſe livrer aux travaux du
Jardinage. Là les heures trop rapides paſſoient
comme des éclairs. De même les intervalles
des claſſes & des divers exercices auxquels il
s'appliquoit, & les jours de congé étoient employés au Jardinage, & toujours il ſe mouloit,
tant qu'il pouvoit, ſur ce qu'il voyoit faire à
ce Jardinier, rien moins que content des
proueſſes non réfléchies de ſon Diſciple trop
novice encore. Tels furent les commencemens
de ſon apprentiſſage dans cet art. Deſtiné à
l'état Eccléſiaſtique, il fut fait penſionnaire dans
une maiſon fameuſe alors à Paris, & protégé
par le pieux Cardinal de Noailles (1). Cette
Maiſon, fort voiſine des Chartreux, mit l'Auteur à portée de faire connoiſſance avec un certain Frere François, leur Jardinier, & le directeur de leurs pépinieres, qui, pour être conduites par de ſaints Religieux, peuvent, à
bon droit, pour cela même, être réputés plus
méritantes qu'aucunes, quelles qu'elles puiſſent
être. Ce Frere étoit fort en vogue dans ſon temps.

(1) Saint-Magloire, fauxbourg Saint-Jacques, appar-
tenant aux Peres de l'Oratoire.

Membre d'une Communauté en renom, &
payant au mieux de sa personne par tout ce qui
annonce du mérite ; il n'est pas étonnant que ce
Frere fût alors le Coriphée du Jardinage. Il est
Auteur d'une espece de livre, intitulé : *le Jar-*
dinier Solitaire, qui est, comme qui diroit,
une sorte d'abrégé de M. de la Quintinie.
Dispensé de parler sa langue par plus d'une
raison, il ne prit point pour modéle le Prince
des Poëtes Latins (1) dans ses Ecrits cham-
pêtres. Après la mort du Frere François, l'Auteur a continué quelque temps sous le Frere
Philippe, son successeur. L'un & l'autre ne
purent montrer à l'Auteur, leur néophyte,
que ce qu'ils savoient eux-mêmes ; savoir,
la routine pratiquée de leur temps, & ensei-
gnée dans tous les livres. Durant ce temps,
& jusqu'ici, son application, à ce qui est
du ressort des Belles-Lettres & de la science de son état, alloit de pair avec son amour
pour le Jardinage, & partagea son temps.
Mais, parce qu'il est tout différent de travailler en chef & pour soi-même, que de
travailler en second, & comme en sous-œuvre
pour autrui, l'Auteur fit, à quatre lieues de
Paris (2), l'acquisition d'une maison de campagne. Là s'appliquant également à l'étude de
la nature & aux occupations manuelles & cham-
pêtres, il fut Observateur & Cultivateur tout
ensemble. Pendant 28 ans, il fit dans ses jardins, & dehors en plein champ, des recherches

(1) Virgile.
(2) Sarcelles, Village fort renommé.

en tout genre, des effais, des expériences, des tentatives & des obfervations, dont on donne les réfultats dans tout ce qui fera la matiere de l'Ouvrage qui fuivra ce Dictionnaire. On ne dit point ici combien de millier d'arbres, d'arbuftes & de plantes de toutes fortes, furent facrifiés pour fes divers effais, & qu'il fe fit par la fuite Difciple de Verdier (1), afin de parvenir à la connoiffance de l'organifation & du méchanifme des plantes : il fut merveilleufement fecondé dans fon travail en ce genre par un des Membres les plus expérimentés de ceux qui compofent l'Académie renommée de Chirurgie à Paris (2).

Pendant ce long efpace de temps, l'Auteur n'a rien laiffé échapper de tout ce qui lui a paru fingulier & extraordinaire, fans en demander raifon à la nature elle-même, fans s'efforcer de pénétrer dans fon fanctuaire obfcur, fans l'interroger, l'interpréter, la deviner, & entendre d'elle-même fes réponfes & fes oracles. En relation avec les Jardiniers les plus expérimentés, fur-tout avec M. le Normand, Directeur des potagers de Verfailles, fonciérement Jardinier, tel qu'on pouvoit l'être alors, lequel étoit pere de celui qui remplit aujourd'hui fi dignement fa place ; il les confultoit, & fe concertoit avec eux : mais imbus, ainfi que l'Auteur lui-même, des vieil-

_____

(1) Célebre Anatomifte, qui a fait un très-beau Traité d'Anatomie.

(2) M. du Bertrand.

F 2

les maximes de la routine aveugle, fucées comme avec le lait dès l'enfance, de quelle utilité pouvoient-ils être entr'eux ? Ils étoient comme autant d'aveugles, fe conduifant les uns les autres, en s'égarant & s'écartant de la voie. Ces Jardiniers, dont il eft ici queftion, étoient des hommes à voir, non comme ceux qui ont la brutalité & la férocité en partage, qui font le fléau de la fociété & l'opprobre du Jardinage : ils ne fe rendoient point odieux, fur-tout aux gens de bien ; mais ils joignoient à des talents, des mœurs fociables & honoroient leur profeffion : quant à M. le Normand, il étoit vraiment digne de fa place, en fervant un Monarque.

Comment l'Auteur, efclave de la routine, fe réforma.

L'Auteur ne fachant rien de mieux que les pratiques univerfellement ufitées dans le temps, n'imaginoit pas qu'il fût poffible d'enchérir fur lui. Ses arbres cultivés avec toute l'application imaginable, étoient exempts, il eft vrai, de toutes mal-propretés & difformités choquantes, qu'on n'apperçoit que trop dans le plus grand nombre des jardins. Néanmoins, avec tout fon travail & beaucoup d'arbres bien tenus en apparence, il n'avoit, comme tous autres, que médiocrement du fruit, en comparaifon de ce qu'il devoit avoir : fes arbres plantés par lui-même, & dont, fuivant les préceptes de tous les livres, il maffacroit les racines, reprenoient difficilement, ne rapportoient qu'à la longue, & il lui falloit replanter fans fin. Il effaya donc de fe réformer fur quantité de points : ce fut d'abord de planter des arbres les plus forts, au lieu de petits avortons, tels qu'alors, & comme aujourd'hui encore. Au lieu de les arracher ftupidement, il les faifoit lever avec toutes racines de toute longueur, & il les replantoit de même ; il confervoit furtout les pivots, & les plantoit dans des trous fort amples avec bon rempliffage. Il laiffoit, autant qu'il fe pouvoit, quelques branches à la tête, &c. On n'entre point ici dans un plus grand détail ; ce qu'il y a de bien certain, c'eft qu'il fit une ample réforme, qui lui réuffit à fouhait. Tous les Jardiniers du lieu & des environs, ainfi que les maîtres, au lieu d'examiner toutes ces découvertes pour en faire leur profit, regardoient l'Auteur comme un homme fingulier : on glofa & l'on plaifanta tant & plus fur fon compte. Il laiffa dire, comme il a toujours fait, & comme il eft déterminé à faire par la fuite : mais parce que l'erreur & le faux ne prévalent que pour un temps feulement fur le vrai, les Jardiniers du canton & ceux du voifinage, témoins des progrès rapides de tels arbres, revinrent de leurs préjugés, & ils rendirent juftice à la méthode de l'Auteur ; mais nul n'ofa l'embraffer par une fauffe honte, à caufe de leurs Confreres.

Quelque bien tenus & fymmétrifés que fuffent les arbres de l'Auteur, néanmoins ils étoient, comme par-tout, dénués du bas; ils pouſſoient à outrance des gourmands que l'on coupoit ſans fin; quoique plantés fort près, ils ſembloient plutôt ſe fuir, que s'atteindre; ils étoient incommodés de quantité de maladies, ou que l'on regardoit comme incurables, ou qu'on négligeoit de guérir: enfin ils n'avoient pas plus de fruits que les autres.

XI. Il n'étoit point queſtion alors de Montreuil, ſinon dans les marchés, où les gens du Village & des contours étoient ſeulement connus par leurs fruits; mais nulle mention d'eux dans le Jardinage. Montreuil & les Villages circonvoiſins, dont l'Auteur aura occaſion de parler amplement, eſt un endroit où l'on cultive les arbres depuis plus de 150 ans, d'après un ſyſtême le plus ſuivi. Il ſera donné par la ſuite ſur ce Village & les Villages adjacens, une Diſſertation, laquelle a déja été imprimée dans le Journal Economique. Le ſeul M. Girardot, à Bagnolet, ancien Mouſquetaire, faiſant un trafic honnête de ſes fruits, & ſur-tout de ſes pêches, étoit en renom. Il cultivoit ſes arbres ſuivant la méthode de Montreuil (car il n'en eſt pas l'inventeur, comme quelques-uns l'ont avancé.) L'Auteur, juſques-là, avoit gouverné ſes arbres ſuivant l'uſage du temps, c'eſt-à-dire, en écourtant à force, en abattant tous les gourmands, en dénuant à l'ébourgeonnement, en appauvriſſant ſes arbres, & le peu de branches qu'on leur laiſſoit, étoit dirigé par voie de perpendicularité; enfin les rameaux infortunés , échappés au tranchant meurtrier de la ferpette , étoient, à mefure qu'ils s'allongeoient, arrêtés par les bouts , *pincés & repincés* , fuivant la routine du temps , & fuivant que l'avoient appris à l'Auteur les Jardiniers froqués & autres.

Découverte du fyftême de Montreuil.

Tel étoit alors le Jardinage de l'Auteur, lorf-qu'un Particulier venu pour lui faire vifite à fa maifon de campagne, lui parla en ces termes: *Vous croyez , lui dit-il , favoir beaucoup , & vous ne favez rien: allez voir ces manans de Montreuil, & vous conviendrez avec moi que vous n'êtes qu'un ignorant.* L'Auteur donc qui, comme tout le monde alors, n'avoit jamais entendu parler de Montreuil, s'enquit exacte-ment à ce Complimenteur affez brufque , de ce qu'il lui importoit de favoir à ce fujet. Il n'eut jamais rien de plus à cœur que d'appren-dre , de quelque part que ce puiffe être , il ne tarda point , fur le portrait avantageux à lui fait de ces Villageois, de fe tranfporter fur les lieux. Quoique d'abord il n'eût pas été adreffé à ce qu'il y a de mieux, (car tous ne font pas également ouvriers à Montreuil) néan-moins , à force de voir, de réfléchir & de com-biner , à force d'interroger , & à la faveur d'éclairciffement de la part des uns & des au-tres , il intercepta leur méthode, réfolu de l'admettre chez lui.

Dans fon jardin, non vafte , mais d'une

étendue affez ample , étoient beaucoup d'efpaliers : il avoit au plus chaque année , 14 ou 1500
pêches & des autres fruits à proportion une quantité auffi modique : il commença par ôter un arbre
bre d'entre deux. Ils étoient à fix pieds l'un de
l'autre : au lieu de monter les branches par
voie de perpendicularité , comme il avoit toujours fait , il fupprima le canal directe de la
feve , leur faifant prendre la forme d'un V
un peu ouvert , fuivant la figure , tirant latéralement , tant qu'il lui fut poffible , toutes les
branches convenables , faifant fur-tout emploi des gourmands bien placés , qui avoient
été épargnés à l'ébourgeonnement précédent ;
au lieu encore de les écourter à la taille .&
de les dénuer , il leur fit prendre l'effor ; &
cette même année , il eut quatre milliers de
pêches & des autres fruits à proportion ; &
le tout monta par la fuite au double & au delà.
Ses arbres tenus de la forte, & dans un terrein
avantageux , groffirent prodigieufement , & ne
tarderent point à fe joindre. Ses vignes non tenues de court aux efpaliers , mais allongées de la
forte , non également rognées perpétuellement
à la pouffe , firent d'étonnans progrès.

L'Auteur , après avoir fuivi pendant plufieurs années les gens de Montreuil dans toutes leurs diverfes opérations , s'apperçut que
leur méthode , quoiqu'avantageufe , avoit befoin d'être rectifiée , il s'appliqua tout entier
à la perfectionner. On ne dit point ici quels
furent les différens fujets de cette réfor-

me ; le détail en feroit trop long. Ces fujets font entr'autres la diftribution proportionnelle des branches & la forme réguliere des
arbres, l'ordre & la fymmétrie, la formation
des buiffons & leur direction, l'emplâtre d'onguent Saint-Fiacre fur les plaies, fur-tout aux
arbres gommeux, la guérifon des chancres,
la cure de la maladie du blanc, l'intégrité des
racines en plantant, la force & la vigueur des
arbres renouvellés, ainfi que quantité d'autres
pratiques, ou non connues, ou non obfervées ;
ce qui n'empêche point que la méthode de
ces habiles Cultivateurs ne foit d'ailleurs fonciérement bonne.

Enfin l'Auteur, après vingt-huit ans d'un
travail manuel le plus opiniâtre, (1) &
tous les effais qu'il a pu imaginer, & dont il
fera rendu compte dans le cours de l'Ouvrage,
fuivant les occurences, a jugé à propos de
vendre fa maifon de campagne. Depuis cette
vente, les perfonnes qui furent témoins ocu-
laires des effets de fa méthode, en vifitant
fréquemment fes jardins, daignerent l'appeller
chez elles. Il n'a ceffé, depuis ce temps jufqu'à maintenant, de travailler toujours lui-
même, foit pour fuivre encore & obferver la
nature, foit pour former des fujets : à peine
peut-il fuffire à l'empreffement des perfonnes
de tous les différens ordres ; & comme il ne
peut faire toute la befogne feul, il a affocié
à fes travaux nombre d'Ouvriers de Montreuil,
lefquels il emploie avec une entiere fatisfac-

_____

(1). *Labor improbus.*

tion, si l'on en excepte quelques Particuliers, rien moins qu'estimés & chéris de leurs Compatriotes, & qu'il a cessé d'employer; les autres, on les considere par-tout comme de fortes honnêtes gens : ils sont accueillis & en recommandation auprès des Maîtres, & désirés non moins par les Jadiniers des lieux, qui, avec le secours de tels exemples, se forment & se stylent à la nouvelle méthode. Jusqu'ici ces Ouvriers n'ont essuyé que fort peu de contradictions, si ce n'est de la part de quelques fort mauvais sujets ayant pour Maîtres ceux dont parle Columelle (1).

XII. Le sieur Pepin est un personnage trop recommandable à Montreuil, pour ne pas faire ici une mention honorable de ses talens. L'Auteur, quelques années après la vente de sa maison, qui ne connoissoit que de réputation le sieur Pepin, le plus célebre de tous à Montreuil, trouva moyen de parvenir jusqu'à lui : il fut merveilleusement accueilli par cet Artiste, recommandable en son genre, & du sieur son fils, partageant avec lui les talens pour la direction des arbres : il ne rougit point de dire que d'une telle liaison il a tiré de grands avantages. Le sieur Pepin, pere, sur-tout, comme fort avancé en âge, avoit acquis une expérience consommée. L'Auteur l'annonça à tout ce qu'il y avoit de mieux à la Cour & à la Ville. Les Princes & les Princesses du Sang Royal entr'autres, à qui il fut annoncé par l'Auteur, se rendirent chez lui pour visiter

_____

(1) *Cujus villicus magistrum non audit, sed docet.*

ſes arbres, & ils s'en revenoient extrêmement ſatisfaits. Ils l'ont honoré juſqu'à ſa mort de leur puiſſante protection. Cet habile Cultiva-teur faiſoit un commerce de fruits, le plus con-ſidérable de tous. Il éleva, & pourvut con-venablement ſa famille, paſſablement nom-breuſe, & il a laiſſé une ſucceſſion honnête. Sa mémoire enſus ſera en recommandation à Montreuil & dans tout le Jardinage. Son fils ne jugeant pas à propos de ſuccéder à ſon pere dans ſon commerce de fruits, a vendu preſque tous ſes héritages à divers Particuliers de Montreuil.

C'eſt donc après un travail manuel, durant un ſi long eſpace de temps, accompagné d'une étude & d'une application auſſi profondes à ſuivre la nature, & en conſéquence d'obſer-vations d'expériences, qui jamais ne ſe ſont démenties, que l'Auteur entreprend aujour-d'hui d'écrire. Quiconque veut réuſſir, en quel-qu'art que ce puiſſe être, doit obſerver la mar-che de cette même nature; alors il ne peut manquer de bien faire; au lieu qu'on s'égare, quand on ne s'en rapporte qu'à ſoi. Il eût été fort aiſé, par exemple, à M. Grew (1) & à M. Halles, (2) deux célebres Phyſiciens Anglois, qui ont écrit admirablement ſur les plantes, de s'éclaircir par eux-mêmes au ſujet des feuil-les diſſimilaires & des lobes des graines, ou

(1) Anatomie des Plantes.
(2) Statique des Végétaux.

par autrui, en faifant des informations aux moindres des Cultivateurs : ils n'euſſent pas manqué de ſe réformer ſur leur erreur à ce double égard ; erreur qui n'eſt point d'ailleurs préjudiciable dans la pratique, non plus qu'au mérite de ces deux grands hommes. Si également tant d'Auteurs célebres, qui ſe ſont exercés comme à l'envi ſur l'Agriculture & le Jardinage, avoient ſuivi & étudié la Nature, & s'ils euſſent conſidéré toutes les productions de cette même Nature dans leurs parties, tant internes, qu'externes, ils euſſent reconnu qu'il eſt dans les êtres végétans, une analogie décidée avec tous les êtres vivans, & que tout ce qui ſe paſſe dans les premiers, eſt une répétition de ce qui ſe paſſe dans les autres : alors quelle différence de langage, ainſi que du côté des procédés, quant à la pratique. Ce qui eſt dit ici de ces hommes célebres qu'on cite pour exemple de certaines méprifes dont les plus grands hommes ne ſont pas exempts, juſtifie la propoſition de l'Auteur, au ſujet de l'étude de la Nature : enfin quelqu'habile que l'on ſoit, quelqu'éminent ſavoir que l'on ait, on peut s'écarter quelquefois du vrai, ſans le vouloir & ſans le ſavoir. Mais il n'en eſt pas de même de ces autres, qui donnent tout à l'imagination & à l'eſprit, faiſant agir la nature à leur guiſe, non plus que de ceux encore qui, prévenus aſſez mal à propos en leur faveur, n'étant que ſimples manouvriers, ſe ſont ingérés d'écrire.

L'Auteur n'a pas eu dans son temps les mêmes avantages pour son inſtruction que ceux dont on eſt à portée de jouir aujourd'hui. Il ne connoiſſoit point, ni Montreuil, ni les Pepins : il n'avoit alors, pour toute reſſource, que les livres du temps, où il ne pouvoit puiſer aucunes inſtructions ſolides. L'Ouvrage qu'il donne n'eſt, à proprement parler, qu'une ſorte de tradition ſuivie, & comme une ſucceſſion généalogique de toutes penſées, de réfléxions & d'inventions d'un Cultivateur paſſionné pour le Jardinage. Ce ne ſont plus des opérations muettes, vagues, faites à l'aventure comme juſqu'ici, ni fondées ſur de ſimples préſomptions, ſur des conjectures hazardées, ou d'après des opinions, non plus qu'en conſéquence de préjugés d'art; ni enfin des pratiques iſolées, dépourvues de principes, de raiſons & de motifs; mais tout eſt lié, ſuivi, raiſonné & conſéquent.

Voici, pour juſtifier ce qu'on a avancé juſqu'ici, quant à l'étude de la nature, un ſeul exemple avec lequel on finit cette Préface : ce n'eſt qu'en attendant que par la lecture de l'Ouvrage, on en ſoit convaincu par une foule d'autres. Celui-ci eſt capital & comme la clef du Jardinage fruitier en eſpalier : c'eſt la ſuppreſſion du canal direct de la ſeve & des branches verticales perpendiculaires au tronc & à la tige. On verra par cet échantillon la différence d'idées, de principes, de raiſonnemens & de travail dans la nouvelle méthode, en la comparant avec ce qu'on appelle routine, ufitée jufqu'ici.

XIII. Depuis qu'il y eut des Jardiniers travaillant les arbres en efpalier (car felon M. de
la Quintinie, ils étoient fort récens de fon
temps) on n'a point imaginé de leur donner
d'autre forme que celle d'un éventail, où tous
les rayons partent d'un même point, comme
ceux qui, dans un cercle partent du centre à la
circonférence, ainfi qu'on peut le voir dans la
figure. (1) Les branches verticales & celles qui
montent perpendiculairement, plus ou moins,
fortent immédiatement de la greffe : auffi font-
elles prefque équivalentes en groffeur à la tige
même, fouvent plus groffes. Les branches latérales & obliques font toujours foibles, fouvent mourantes. Ceux-là parmi les Jardiniers
ont été, & font encore réputés les plus habiles, qui ont donné, & qui donnent aux arbres cette forme d'éventail la plus parfaite.
Par ce moyen, vous n'avez eu jufqu'ici que
des arbres, finon manqués & eftropiés, du
moins très-imparfaits, dénués communément
du bas & emportés du haut ; & il vous a fallu
fouvent replanter, & n'avoir, la plupart du
temps, que des arbres fquelettes, fur-tout en
fait de fruits à noyaux. Ces arbres vous ont
donné d'abord quelques fruits, mais non la
centieme partie de ceux que vous en euffiez
tirés, fi la feve, au lieu de monter impétueu-
fement par voie de perpendicularité, eût
coulé obliquement, & par conféquent plus dif-

(1) Lettre B, page 75.

ficilement,

ficilement, plus péniblement & plus lentement; ce retardement opérant un séjour &
une filtration dans les passages, opere aussi
de toute nécessité une tamisation & une sorte
d'affinage; elle est cuite & digérée pendant
son séjour plus long par tous les bienfaits de
l'air : c'est la différence d'un torrent impétueux
d'avec le cours d'un ruisseau qui épanche ses
eaux en serpentant sur la molle arene : alors
donc, par ce retard & par l'écoulement pé-
nible, cette seve est répartie dans toutes les
branches par une distribution proportionnelle;
au lieu que, parce que la seve se porte par
irruption vers le haut, les branches surpassent
de beaucoup le chaperon du mur, en pure
perte. Ces arbres communément sont circons-
cripts. Ils auroient des 20, 30, ou 40 pieds
d'étendue latérale, au lieu de 10, 12, ou 15 :
la tige eût également grossi du double. Toujours à ces arbres fougueux, les branches verticales ont dévoré les latérales. La présente
observation faites-la, sur tous les arbres des
campagnes & des forêts que nous ne dirigeons
point : en les considérant attentivement, l'on
verra que dans ceux qui ont des branches verticales, les branches latérales sont toujours
plus foibles. Ici encore la comparaison de l'eau
vient à notre secours. La seve ayant une analogie parfaite avec cette derniere, la comparaison de l'une avec l'autre donne un grand
jour au sujet que l'on traite. C'est ainsi que les
eaux d'un ruisseau & de toute conduite d'eau,

d

dont le canal est droit, coulent avec plus de véhémence, que celles de tous autres dont le canal est tortueux. Un jet d'eau dont l'ajustage est perpendiculaire, fouette & lance ses eaux avec une sorte de fureur, & presque à la hauteur de sa source. Mais panchez, ou deversez d'une ligne l'ajustage, l'impulsion du jet s'amoindrit de plus d'un pouce de haut, & à mesure que vous le penchez, l'impulsion diminue jusqu'à ne plus faire que baver, quand vous le couchez tout-à-fait.

En supprimant donc le canal direct de la seve, vous avez, comme il vient d'être dit, des arbres qui, en peu d'années, deviennent des colosses, en comparaison de ceux où se trouvent des branches verticales, lesquels demeurent toujours avortons. Faites au contraire prendre à vos arbres la figure d'un V ouvert, vous avez alors des arbres prodiges, qui durent des siecles, quand ils sont tenus suivant les regles. Les deux parties de cette figure d'un V ouvert, forment les deux branches meres, desquelles dérivent dedans & dehors toutes les branches grosses, moyennes & petites : (voyez la figure *) ainsi donc au moyen de l'obliquité & du devers de ces deux branches meres, point d'irruption de seve ; la distribution s'en fait tant dans les branches montantes qui remplissent la capacité d'un membre à l'autre de l'V ouvert, que celles qui sont descendantes au dehors d'un côté & d'un autre de ce même V.

* Page 72 du Dictionnaire.

Comment les gens de Montreuil ont-ils apperçu ce point d'importance? & comment les la Quintinie ne l'ont-ils point connu, ni aucun Physicien de ceux qui ont traité des végétaux? (1) Comment enfin ce point capital du Jardinage n'a-t-il point tranſpiré ailleurs? Il faut ſur ce ſujet entendre les gens de Montreuil: ce ne ſont point de doctes Ecrivains; ils ſavent mieux manier la ſerpette, dreſſer & former un arbre ſuivant des regles, que la plume pour griffonner du papier. Leur raiſonnement ſur la ſuppreſſion du canal direct de la ſeve & ſur tout retranchement de toutes branches verticales, eſt admirable, quoique ſimple.

Pourquoi, diſent-ils, quand on veut qu'une branche fourniſſe du bas, l'arrête-t-on par en haut, quoique d'ailleurs aſſez mal à propos, ſuivant la routine? C'eſt pour empêcher, dit-on, qu'elle ne s'emporte. Pourquoi, diſent-ils encore, quand on a des giroflées, des pois, des feves de marais, &c. qu'on veut faire, ou s'étendre des côtés, ou multiplier, les rat-on par en haut? C'eſt afin que, ni les uns, ni les autres ne s'étiolent, & ne s'emportent; ce qui arriveroit indubitablement, ſi on les laiſſoit monter perpendiculairement. Qu'arrive-t-il de cette ſuppreſſion du canal direct de la ſeve; car la ſeve, quoi que vous faſſiez à la tête de la plante, eſt toujours envoyée, de la

(1) Il ſera répondu à ces queſtions dans la diſſertation ſur Montreuil.

part des racines, en même quantité, soit que
vous arrêtiez par en haut, soit que l'on la
laisse dans son entier? Or voici ce qui arrive de
toute nécessité. Cette seve arrivant toujours
en même quantité que ci-devant, & ne trouvant plus à se déposer dans ces extrêmités supprimées, est forcée de se jetter de toutes parts
ailleurs, & de se rabattre sur les yeux du bas,
qui fournissent des bourgeons que vous n'au-
riez pas sans cette industrieuse invention. C'est
pour la même raison, continuent-ils, que,
quand on plante un arbre en buisson, on l'étronçonne, afin aussi que cette seve, qui ne for-
meroit que des branches verticales qui emporteroient l'arbre, soit divisée, partagée &
répandue horizontalement. Que faisons-nous
autre chose, disent-ils encore, que ce qui est
usité d'ailleurs dans tout le Jardinage? Nous
avons vu, qu'en laissant les branches verticales,
nos arbres s'emportoient du haut, & qu'ils se
dégarnissoient du bas; que la tige alors ces-
soit de profiter, ou qu'elle ne profitoit que
foiblement; que toutes les branches de côté
maigrissoient & mouroient peu à peu; & enfin
que nos arbres fluets & sans étendue, ne nous
donnoient pas la centieme partie des fruits que
nous avions droit d'espérer. Nous avons trans-
porté à nos arbres d'espalier cette pratique si
salutaire, de la suppression du canal direct de
la seve. Voilà un raisonnement bien sensé &
décisif, sur-tout étant d'accord avec l'expérience depuis plus d'un siecle & demi dans une
contrée nombreuse.

Telle est la formation premiere & la disposition primordiale des arbres d'espalier, pour
en tirer des avantages dont on a été privé
jusqu'ici, faute de raisonner & de faire attention à l'effet des branches verticales, de même
qu'à l'effet de la suppression du canal direct de
la seve.

Ce seul exemple, qui n'est point traité encore dans toute son étendüe, & où l'on rend
des raisons très-pertinentes de tout, est un
échantillon léger de la façon dont tous les
sujets seront traités par la suite dans l'Ouvrage.

Conclusion de cette Préface.

On termine cette Préface par une réflexion
importante, qui peut s'appliquer également
à tout, comme à ce qui est du ressort du
Jardinage. Savoir qu'avec une excellente judiciaire, on se tire avantageusement de tout. On
propose une nouvelle méthode pour opérer déformais dans le Jardinage; que prescrit alors
cette judiciaire? Est-ce de rejetter d'abord?
Est-ce d'embrasser sans examen? Non; mais
de combiner, de comparer & d'essayer : alors
rien de plus aisé que de se déterminer : mais
qu'est-ce que c'est que judiciaire?

Ce qu'on appelle ici judiciaire est une de
ces choses que l'on sent mieux qu'on ne peut
définir: c'est l'art de saisir le vrai par goût, &
de rejetter le faux par discernement; & pour
dire en un mot; c'est l'usage du bon sens passé

d ز

en habitude. Si jamais qualité de l'entendement fut requife pour quelque Art, c'eft celle-là pour le Jardinage. Il n'eft point d'occurrences les plus critiques du Jardinage, defquelles, par fon moyen, on ne fe tire avantageufement. Avec elle, & par fon moyen, on combine du premier coup d'œil, on pefe tout murement, on conjecture à propos, & l'on prévoit fagement, on preffent ce qu'il eft plus à propos de faire, ainfi que les fuites & les effets d'une opération, d'une pratique & d'une tentative. C'eft elle qui nous décide dans le cas douteux, elle nous éclaire dans les divers phénomenes où nous nous trouvons embarraffés : avec elle encore on donne prudemment au hafard, comme on marche d'un pas affuré dans la pratique du vrai ; elle feule en un mot fonde ce qu'on appelle expérience. Qu'eft-ce enfin qu'un bon Jardinier ? Sinon un bon gourmet du vrai.

AVIS

SUR

CE DICTIONNAIRE.

IL y a bien des Dictionnaires du Jardinage : on ne les détaillera point ; mais la plupart des définitions, on ne craint point de le dire, sont, ou louches, ou obscures, ou fausses. M. de la Quintinie, entr'autres, en a donné un ; mais il est en même-temps trop diffus & trop serré ; trop diffus, en ce qu'il donne les définitions de quantité de choses inutiles ; trop abrégé, parce qu'il omet quantité de choses nécessaires. On s'est appliqué, dans le présent Dictionnaire, à rendre plus clairement que jusqu'ici l'intelligence de tout ce qui peut intéresser davantage dans tout ce qui concerne le Jardinage. On s'est efforcé

d 4

de se rendre clair, en s'étendant le plus qu'il a été possible, & cependant évitant la prolixité.

Le but de l'Auteur n'étant point de former un corps complet de tout le Jardinage, mais bien de donner d'abord les principes de cet art, puis l'application de ces mêmes principes, il n'a pas jugé à propos de composer un Dictionnaire Universel en forme, à raison de quoi celui-ci est intitulé : *Dictionnaire* SUR *le Jardinage*, & non Dictionnaire Universel.

Qui est le Paysan qui ne sait pas faire venir des pois, des feves, de lentilles, &c? Est-il quelque Jardinier assez rustaud, pour ignorer les façons qu'il faut donner à la terre, & comment il faut s'y prendre pour faire venir des choux, des panais, des carottes, de l'oignon, des raves, &c?

A l'égard des fleurs, c'est un gout particulier, & comme qui diroit un trantran auquel on est formé d'abord, dès qu'on a du penchant pour cette partie brillante de l'Agriculture.

On peut dire le même des plantes

graſſes, ou exotiques qu'on n'éleve qu'à force de ſoins, pour les garantir des outrages de l'air. Dès que l'on s'adonne à ce genre d'agriculture uniquement curieuſe & récréative, on en ſaiſit bientôt l'eſprit & le gout.

C'eſt encore une petite bénédiction que la quantité d'écrits, qui, comme une pluie inondante, ont aſſailli le Jardinage, tant pour les légumes, que pour les fleurs, & que tous nos Maraichers de Paris, d'Aubervilliers, du Bourget, ainſi que nombre d'autres Villages circonvoiſins, de même encore que tous nos autres Jardiniers, faiſant commerce de fleurs, entendent beaucoup mieux que pas un de ces ſortes d'Ecrivains. On ne peut imaginer la quantité prodigieuſe de légumes & de fleurs que de toutes parts on apporte chaque jour à Paris, rue de la Ferronnerie & rües adjacentes, ſur le carreau de Halle & rueau Fer. C'eſt le ſpectacle le plus curieux; mais il faut y aller du matin.

Quant aux arbres fruitiers, on peut dire que c'eſt la perfection & le ſublime de l'art. Le Village de Montreuil, dont il a été parlé dans la Préface, & les Villages adjacens, ont été les seuls en ce genre qui ont travaillé par principes.

On a donné à ce Dictionnaire le nom d'*Etymologique & de raisonné sur le Jardinage & sur la Végétation.*

II. Le nom d'*Etymologique* lui a été donné, à raison de ce que les termes du Jardinage font rappellés à leur origine. On y distingue les termes pris dans leur sens propre & littéral, & ceux employés dans un sens figuré, ou dans un sens d'application. En voici un exemple. Le mot de *fumier* & celui d'*engrais*, que communément on confond dans le Jardinage, jusqu'à M. de la Quintinie lui-même (1), ne font rien moins que synonymes. Tout fumier est engrais, mais tout engrais n'est pas fumier. Ce mot de fumier vient du verbe fumer, ou rendre de la fumée. On entend par ce terme les stercorations, ou excrémens des animaux, lesquels rendent de la fumée, soit lorsqu'on les tire de dessous eux, soit après

_____

(1) Premiere Partie, p. 37 & 41.

qu'on les en a tirés. Or ces excrémens
mis sur la terre, l'engraissent, & la rendent meilleure. On les a appellés engrais & amendemens pour cette raison-
là même; mais tout autre engrais & tout
amendement qui ne rendent point par
eux-mêmes de la fumée, ne s'appellent
point fumiers, tels la terre neuve, les
gazons, les feuilles pourries, les mar-
nes, les boues des rues & des grands
chemins, la vase des étangs, la bourbe
des mares, les tripailles des boucheries,
&c. toutes ces choses, parce qu'elles ne
s'échauffent pas au point de rendre de
la fumée, sont engrais & amendemens,
mais non fumier: l'on parleroit impro-
prement si l'on disoit fumer la terre avec
la marne, avec des terres neuves, &c.
mais on s'exprime correctement, quand
alors on dit engraisser & amender.

Voici maintenant l'un de ces termes
pris dans un sens figuré ; c'est le mot de
fougueux, en parlant de certains arbres,
que jamais jusqu'ici le Jardinage commun n'a pu mettre à fruit, & qui poussent à outrance. Cette expression est
prise du manege. On appelle cheval fou-

gueux, celui qui eſt rétif, difficile à dompter, & qui s'emporte. Le butord qui le monte, & qui ne ſait point le manier, n'en peut tirer de ſervice, tandis qu'un excellent Ecuyer le tourne comme à ſon gré.

On peut dire donc ici en paſſant, quant à ce point, que rien ne caractériſe davantage l'impéritie du Jardinage commun, que le traitement univerſel dont on uſe envers les arbres fougueux. On leur coupe de groſſes racines, on fait de part en part un trou de vilebrequin, ou même de terriere, & l'on y chaſſe à force une cheville de bois dur, on les rabat ſur le gros bois pour leur en faire pouſſer de nouveau. On en a vu d'aſſez fous pour employer, à l'égard de ces arbres, le vif-argent ; enfin que ne fait-on pas ? & toujours en pure perte, juſqu'à ce que ces arbres infortunés ceſſent d'être ſans avoir rapporté. Ce n'eſt pas ici le lieu de diſcuter ce point. Nous donnons ailleurs les moyens ſûrs de mettre à fruits ces arbres intempérans, mais ſans les tourmenter aucunement.

Ce terme de fougueux pris dans ce sens, est beau, & il présente une grande image. Il semble voir en effet un coursier impétueux entre les mains d'un maladroit cavalier, se soulever d'abord, gambader, sauter, caracoler, puis s'emporter, se fatiguant beaucoup sans avancer chemin : au contraire sous un Ecuyer expert on pense voir l'animal indomptable en apparence, peu-à-peu s'adoucir, & enfin, après être réduit, avancer à grands pas. Cette image est d'autant plus expressive, qu'elle a plus de rapport avec ce qui se passe, tant de la part du traitement usité envers ces arbres appellés fougueux, que de la part de la résistance marquée de ces mêmes arbres pour se donner à fruit, comme on vient de le voir dans cette légere ébauche sur ce double sujet. Virgile, parlant de cette intempérance de seve dans les bleds, se sert d'un mot fort élégant, c'est celui de *luxure*. (1)

III. Il est un grand nombre de termes de nouvelle invention, inusités jusqu'ici

___

(1) *Luxuriam segetum.* Georg.

dans le Jardinage, & employés feulement, foit par l'Auteur, foit par les
gens de Montreuil. De ces termes encore il en eft beaucoup qui font employés dans un fens d'application, &
pris des arts, tels, entr'autres, les fui-
vans.

Rappeller un arbre, pour dire le foulager, en le mettant fur les bons bois
inférieurs, quand il a beaucoup porté.

Rapprocher, s'entend de celui qui eft
un peu allongé & dégarni, lequel on
tient plus de court.

Ravaler, eft pris de la Maçonnerie.
Il veut dire dans cet art, s'y prendre par
le haut d'un bâtiment pour le réparer,
quand l'enduit eft dégradé, & aller toujours jufqu'en bas. C'eft ainfi qu'aux arbres à qui le Jardinier, peu expert, n'a
laiffé que des pouffes ingrates, ftériles,
& lefquels font ruinés, on fait plus
que de *rappeller* & que de *rapprocher*;
ou coupe fur les vieux bois pour rajeunir, mais non fur des bois trop gros,
où le recouvrement ne peut jamais fe
faire.

CE DICTIONNAIRE. lxiij

Le terme encore d'amuſer la ſeve eſt pris dans un ſens figuré : ce terme eſt très-ingénieux, & il ſignifie laiſſer quantité de pouſſes inutiles, de peur que l'arbre ne s'emporte. Un Jardinier peu expert, voit ces bois inutiles, en apparence, défectueux même ; il critique & blâme ſans ſavoir ; mais ces pouſſes, en apparence déplacées, qui ont été laiſſées là, de propos délibéré, on les jette à bas par la ſuite. C'eſt dans le même ſens qu'on dit encore, & ce mot eſt très-beau, laiſſer jetter ſon feu, en parlant de la ſeve, lorſqu'on laiſſe à un arbre beaucoup de bois ſurnuméraires, dont auſſi on le débarraſſe par après.

IV. L'un de ces termes métaphoriques, & lequel eſt pris des arts, c'eſt celui de *ventouſe*. Il a paru ſi riche à M. de la Quintinie (1), qu'il en a fait uſage dans le même ſens que dans le Dictionnaire. Ce mot de *ventouſe* vient de vent. On dit faire une ventouſe à un tonneau de vin, à une cheminée qui fume, à une foſſe de lieux d'aiſance, pour faire exhaler la vapeur, &c. Ce

(1) Tome I, quatrieme Partie, ch. 38, p. 648.

font autant de foupiraux pour attraire
& introduire l'air du dehors, afin de
faire évaporer celui du dedans. Le même eft dans le Jardinage. C'eft laiffer
aux arbres quantité de bois furnumérai-
res encore, défectueux même auffi, &
ce de propos délibéré, mais avec difcernement pour faire évaporer & confumer le trop de feve : ces bois, on les
fupprime, mais peu à peu par fucceffion
de temps, quand l'arbre eft devenu ce
qu'on appelle *fage ;* autre terme métaphorique, qui eft très-beau, & voilà ce
que les Jardiniers peu inftruits n'entendent pas. Le terme de ventoufe, quoiqu'ignoré dans le Jardinage commun,
a été employé, il y a plus de cent ans,
dans ce même fens par Bernard Paliffi.

V. Ce n'eft pas fans raifon qu'on a
qualifié ce Dictionnaire du nom de
Raifonné ; parce qu'indépendamment
de l'expofition & de l'explication des
termes, on y donne, quoiqu'en abrégé,
les connoiffances fpéculatives, ainfi que
les inftructions néceffaires, en vertu
defquelles on doit opérer.

Voici encore, à l'occafion de ce terme
de

de *Raisonné*, un exemple, entr'autres, qui démontre le défaut de judiciaire de la part du plus grand nombre des Ouvriers du Jardinage : c'est leur procédé à l'égard des fausses fleurs & des lobes des melons, des concombres, & autres semblables, tous les suppriment. On appelle lobes les deux moitiés de l'amande dans toutes graines. Ces lobes, lors de la germination, se font voir les premiers hors de terre, chacun à côté du germe qu'il renferme; d'abord pour lui servir d'étui, d'enveloppe & de fourreau; afin, par son moyen, de pouvoir fendre la terre & la percer, sans que la tige naissante puisse être offensée. Il faut dire ici à ce sujet, que tout ce qui se passe dans un accouchement se retrace en petit dans la germination des graines. Ces deux lobes qui enferment le germe, & qui le couvrent, en le tenant serré entr'eux, lui servent aussi de plastron pour le mettre à couvert de tout accident fâcheux dans la terre : mais voici hors de terre une fonction encore plus essentielle des lobes envers la plantule. Comme cette derniere est trop délicate

e

pour fe nourrir d'abord & par elle-même des fucs formés & fubftantiels, ils
lui fervent comme de mamelles pour
l'alaiter dans fon état d'enfance; enfin
quand la plante en eft au point d'être
fevrée, ces lobes, lui tenant lieu de
mamelles, tariffent peu à peu, ils fe
fechent & tombent. Les Jardiniers ne
les connoiffent point fous le nom de
lobes, & leur donnent le nom d'*oreilles.*
Ces bonnes gens, n'étudiant point la
nature, mais travaillant comme des automates, n'entendent point ce petit manege de la nature ci-devant décrit; &
pour peu que la plante foit un peu formée,
ils coupent imbécillement ces deux prétendues oreilles, & ils croiroient faillir
& faire une faute grieve en y manquant.
Il faut dire pourtant qu'il en eft quelques-
uns fort avifés qui les conservent pré-
cieufement.

Que maintenant on demande raifon
à tous les fectateurs de cette pratique,
& quel eft le fondement de leur procédé
à cet égard; ou bien ils n'en peuvent
rendre, ou bien ils ne difent que des
mots vuides de fens, ou bien enfin des

fauſſetés groſſieres ; on les fait toutes : cependant leurs melons ont toutes les peines à prendre fruit, & quand ils en prennent, le fruit ne noue que difficilement, & la plupart du temps avorte. Tous les ans on n'entend que des complaintes de la part de toutes ces ſortes de gens, qui ſe déſolent parce que leurs melons coulent ; de plus, c'eſt une des raiſons pour laquelle il eſt tant de melons ſi mauvais : ils n'ont point été formés dans l'ordre de la nature. C'eſt comme ces gens à ſyſtème, qui, au lieu de faire tetter les enfans, prétendent qu'on doit les ſevrer en ſortant du ſein de la mere. Pourquoi l'Auteur de la nature a-t-il donné à toutes les eſpeces femelles qui ſont vivipares des mamelles fournies de lait, & ſpécialement aux femmes ? C'eſt renverſer l'ordre de la nature. Pour convaincre les Jardiniers, coupeurs d'oreilles, que leur procédé eſt contre nature, il ne faut point de raiſonnement ; il ſuffit de les combattre par des faits, en les mettant en compromis avec eux-mêmes.

Nulles plantes imaginables qui n'aient

des lobes, ſoit cachés dans terre, ſoit apparens hors de terre; les feves de marais, les lentilles, les pois, le bled, le ſeigle, &c. les ont dans terre, & toutes les autres les ont hors de terre, telles que toutes les autres plantes poſſibles. S'aviſa-t-on jamais d'en priver aucunes d'elles? Nul encore ne fut aſſez extravagant pour l'entreprendre; cependant toutes ces mêmes plantes n'ont, à coup ſûr, jamais pati de la préſence des lobes à chacunes d'elles. Les feves de haricots, les amandes & autres, ont des lobes ſemblables, preſqu'auſſi larges, mais bien autrement épais que ceux des melons : & ce qu'on redoute le plus pour les haricots, c'eſt que les pigeons, fort friands de ces prétendues oreilles dans ces ſortes de plantes, ne viennent pour en faire leur pâture, & l'on y fait ſentinelle dans le temps. Les marronniers, chataigniers, noyers, aveliniers, les ont en pied dans terre; y va-t-on fouiller pour les leur enlever? Pourquoi donc les melons feroient-ils exception quant à ce point dans le Jardinage?

　　Le fait eſt encore, que dans toutes

les contrées où croiſſent les meilleurs melons, on ne s'aviſe point de leur couper leurs prétendues oreilles. Nos bons Jardiniers, qui ſe gardent bien de ſe conduire par une telle routine, ſont hués par la cohue ; mais peu les embarraſſe.

A l'égard des fauſſes fleurs des melons, c'eſt le même quant au fond ; & lorſqu'on les ſupprime, on dérange le méchaniſme de la nature. Ces fauſſes fleurs contiennent ce qu'on appelle des poudres ſéminales. Ce ſont autant de menſtrues, non moins néceſſaires à la propagation de l'eſpece, que le ſemblable dans les ſuppôts du ſexe de l'humanité. Une foule de plantes a de pareilles fauſſes fleurs, de même que les melons & leurs ſemblables. Les noyers, les noiſettiers, les chataigniers, les cornouilliers & autres, ont de ſemblables fauſſes fleurs, appellées chatons, & qui toujours précedent les fleurs du fruit. Dans ces arbres, point de chatons, point de fruits, & les chatons ne précedent ainſi l'embryon du fruit, que pour le nourrir & le féconder ; & dès que leurs petites fleurs, en forme de guirlandes, ont fourni leur contingent des poudres séminales, ils tombent d'eux-mêmes, & dans le temps la terre en est couverte.

Voilà ce qu'on peut appeller des démonstrations dans le genre physique. Les faits ci-dessus sont incontestables ; on peut les vérifier. Or donc, c'est à raison des divers éclaircissemens semblables, quoique non encore dans toute leur étendue, qu'on a donné à ce Dictionnaire le nom de *Raisonné* ; au moyen de quoi, on peut, à sa faveur, devenir passablement bon Jardinier jusqu'à un certain point, pour peu qu'on ait d'intelligence & de gout.

Ce Dictionnaire est, non pas un Dictionnaire universel du Jardinage, mais *sur* le Jardinage, parce qu'indépendamment des raisons apportées au commencement du présent avis, il faudroit composer des volumes sans nombre, si l'on vouloit tout dire. Il est d'ailleurs tant d'Ouvrages excellens de Botanique comprenant le dénombrement des plantes, sans compter une quantité prodigieuse de Livrets qui en ont donné des especes de catalogues séparés, que ce seroit perdre le temps de tracer par écrit, ce qu'on peut trouver par-tout.

IV. Un tel Dictionnaire est très-propre encore à faire voir que le Jardinage, auquel tout le monde croit s'entendre, & que chacun s'imagine être une science la plus facile, dont tous se mêlent aussi, n'est rien moins que ce qu'on pense. On s'est appliqué, entr'autres, dans ce Dictionnaire, à diviser beaucoup, à subdiviser, & à s'expliquer dans un certain détail pour donner plus de jour à quantité de termes particuliers hors de la portée des Jardiniers & de l'usage commun.

On a cru encore devoir instruire à la fois, & les Maîtres, & les Jardiniers; les premiers pour leur épargner désormais tant de dépenses en pure perte, & sans jouissance; & les seconds, pour leur ouvrir les yeux sur quantité de pratiques vicieuses, fondées sur l'usage seul & la routine.

Tous ceux qui jusqu'ici ont écrit sur le Jardinage, n'étoient rien moins qu'Anatomistes des plantes. Ils n'ont donc

pu apprendre à travailler d'après des principes, mais feulement d'après ce qu'eux
& leurs devanciers avoient imaginé.
Eſt-il poſſible d'arriver à un but, quand
on marche au hazard & à tâton ? Que
penſer d'un Médecin & d'un Chirurgien,
qui, dans la cure des maladies & dans
le traitement des plaies, n'auroient pas
la moindre teinture de l'Anatomie &
des différentes parties du corps humain ?
A quoi s'expoſeroient ceux de leurs diſ-
ciples qui n'opéreroient qu'après de tels
guides ? enfin quel feroit le fort des malades & des bleſſés abandonnés à l'impéritie de l'un & de l'autre ?

   Tous les Jardiniers, par leur état,
rempliſſent néceſſairement cette double fonction de Médecin & de Chirurgien à l'égard des plantes. Or comment
concevoir qu'ils puiſſent agir, à coup
ſûr, à ce double égard, non-feulement
ſans connoiſſance quelconque des parties différentes qui compoſent les êtres
végétants, mais encore ſans la connoiſſance & l'intelligence des termes de
l'art ? De toutes ces parties, tant internes, qu'externes, on donne dans ce Dic-

tionnaire des descriptions détaillées concernant leur tissu, leur composition, leurs qualités & propriétés, leur mouvement & leur jeu ; on ne prétend pas faire des Physiciens, mais d'excellens Jardiniers pour l'opération.

V. Le rapport & l'analogie entre les plantes & les corps vivans étant comme démontrés, il est impossible de parler pertinemment sur l'organisation des plantes, sans avoir du moins quelque teinture de l'Anatomie des corps vivans. Comme ce n'est pas seulement pour les Jardiniers, mais pour les Maîtres & les curieux, parmi lesquels il est beaucoup de gens de très-bon sens, on a jugé à propos, dans ce Dictionnaire d'user de quantité de termes de Médecine, de Chirurgie, d'Anatomie & de Chymie ; mais on les explique. On commence par donner les définitions des termes, suivant qu'ils sont entendus dans ces différens Arts & Sciences ; puis on en fait l'application aux végétaux, le tout en termes clairs, intelligibles, & à la portée des uns & des autres. Quel jour & quelle

lumiere pour l'intelligence de quantité
de phénomenes de la nature dans tout
ce qui eſt du reſſort de la végétation,
& que, ſans un tel ſecours, il ſeroit
impoſſible d'entendre !

Quand, par exemple, au mot d'*Aſ-*
cenſion de la ſeve, au ſujet de l'action
de cette ſeve, après avoir été pompée
par les racines , comme par autant de
ſuçoirs, ou de bouches qui portent au
tronc les ſucs, pour être par lui digérés
& envoyés dans toutes les parties différentes de la plante, on la compare à
l'action de notre ſang, qui eſt lancé dans
toutes les parties de nous-mêmes à la
fois, par une action qui lui eſt propre :
quand auſſi parlant des racines, on les
compare à tout ce qui, dans nous-mêmes, prépare les alimens ; ſavoir, la
maſtication, la déglutition, &c. quand
enfin on fait la comparaiſon du tronc
avec notre eſtomac, qui cuit & digere
les alimens, par le moyen deſquels nous
vivons, &c. quelle image ! que d'idées
ne préſente-t-elle pas à l'eſprit ! Il ne
faut pas dire que le tout n'eſt pas à la
portée du commun des Ouvriers du Jar-

dinage : on peut aſſurer du contraire pour l'avoir expérimenté maintes fois; & que tous ceux à qui on a fait part des conſéquences de tout ce que deſſus, les ont ſaiſies d'abord ; toutes les autres perſonnes, telles qu'elles puiſſent être, conçoivent également le tout.

VI. Il eſt en outre nombre d'Arts méchaniques & de Sciences diverſes, dont les idées & les connoiſſances, les uſages particuliers, & les pratiques ont une liaiſon ſinguliere, ſoit avec ce qui ſe paſſe dans les végétaux, ſoit avec le régime qu'on obſerve à leur égard. Des uns & des autres on a emprunté les idées particulieres & le langage, leſquels on a adaptés à ce qui eſt du reſſort des végétaux, ainſi qu'aux diverſes opérations dont on uſe à leur égard. C'eſt ainſi que l'on dit, par exemple, que les queues des feuilles ſont attachées à la peau des branches en forme de queue d'*aronde*, terme pris de la Charpenterie, Menuiſerie, Serrurerie, &c. C'eſt ainſi encore qu'on dit ravaler un arbre, qui eſt un terme de Maçonnerie : on ſe ſert également d'autres termes particuliers, comme bomber une allée ; & auſſi du terme d'ajuſtage en parlant de l'action de l'eau dans les canaux, par comparaiſon à ceux de la ſeve & à ſon action ; il a donc fallu donner, de toute néceſſité, l'intelligence de tous ces différens termes. On a emprunté encore de l'Hydraulique quantité de comparaiſons, pour repréſenter les différens mouvemens de la ſeve. La ſeve étant, dans ſon principe, un liquide ſemblable à l'eau, a une reſſemblance la plus marquée avec elle : auſſi ces ſortes de comparaiſons ſont-elles très-fréquentes dans le Dictionnaire, comme dans tout l'Ouvrage.

Il en eſt de même de tous les termes uſités à *Montreuil* ; ces Cultivateurs ingénieux, agiſſant en conſéquence d'une Phyſique inſtrumentale & expérimentale qui réſide dans les uns & dans les autres : de plus, l'Auteur lui-même en ayant introduit beaucoup de ſa propre invention, on n'a pu également ſe diſpenſer d'en inſtruire le Lecteur.

Quelques réviſions qu'on ait faites de ce Dictionnaire, néanmoins on s'eſt apperçu, mais après l'impreſſion, que quelques définitions n'étoient pas dans quelques membres d'elles-mêmes ſeulement, auſſi correctes qu'on l'eût ſouhaité ; on n'a pas cru devoir faire des cartons, attendu que ces fautes ne ſont pas de conſéquence , & que d'ailleurs elles ne ſont point fréquentes. On prie le Lecteur de vouloir bien y ſuppléer.

AVERTISSEMENT
sur la Table suivante.

ON ne comptoit faire d'abord que quelques Figures à peu de frais pour donner le Livre à meilleur compte ; mais des personnes de goût, des Curieux, des Amateurs, ayant désiré que, pour faciliter l'intelligence de quantité de points importans, & de pratiques essentielles de l'art, on mît sous les yeux du Lecteur des exemples les plus frappans, & d'ailleurs ces personnes ayant bien voulu contribuer jusqu'à un certain point à la dépense ; les desseins & les gravures n'ont pu être faits qu'après coup, & postérieurement à l'impression du Livre. Telle est la raison pour laquelle il n'a pas été possible de ranger les Planches suivant l'ordre & l'emplacement convenable ; mais à la faveur de la Table alphabétique on trouvera aisément toutes les Figures, comme si elles étoient rangées dans leur place, ayant recours à la seconde Table pour l'explication de ces mêmes Figures.

Les Planches ci-après sont en partie des libéralités de diverses illustres personnes, qui ont bien voulu, sans en avoir été requises ni sollicitées, contribuer aux frais des Gravures, & signaler par-là leur goût pour les beaux Arts, & spécialement leur amour pour le Jardinage.

TABLE

ALPHABÉTIQUE

De ce qui est désigné dans les Figures.

Les Planches & Figures sont en chiffres romains ;
& les pages en chiffres arabes.

A.

B.

E.

R.

S.

T.

V.

EXPLICATION

DES FIGURES.

Cette Explication servira au Relieur pour placer exactement les Figures à leur place.

PLANCHE PREMIERE. page 20.

FIGURE I. A. Bois vieux avec des rides & une Bourse à fruit ancienne.

B. B. Deux autres Bourses à fruit plus récentes avec aussi les anneaux & les rides.

C. C. Les boutons à fruit sortant de la bourse à fruit.

Fig. II. représentant ce que dessus, mais différemment configuré.

Fig. III. Branche fructueuse nouvelle, provenant de cassure, sur laquelle on remarque les rides ou anneaux A. A. ainsi que les boutons à fruit B. B.

PLANCHE SECONDE. page 30.

Fig. I. A. Onglet.

B. Chicot.

C. Argot, ou Onglet plus fort, & non moins difforme que le précédent.

D. Coupe vicieuse au dessus de l'œil, au lieu d'être près d'icelui cotté E.

Fig. II. A. A. A. Yeux ou boutons à bois sur une pousse de l'année.

Fig. III. A. Coupe tirée & allongée qui auroit dû être d'un tiers plus courte par en bas.

B. Coupe réguliere, rasibus de l'œil, suffisamment pour ne pas l'affamer.

PLANCHE TROISIEME. page 42.

Fig. I. A. A. Bagues de chenilles autour d'une branche du bois de l'année.

Fig. II. B. Bourrelet cicatrisant à moitié fermé.

Fig. III. C. Cicatrice parfaite du Bourrelet, où sont exprimés les rides & contours formés par le suc nourricier arrivant successivement, semblables aux boutons charnus formés par les sucs nourriciers, arrivant pour fermer les plaies des animaux vivans.

Fig. IV. Représentant une brindille, avec ses rides & ses boutons à fruit, marqués D. D.

PLANCHE QUATRIEME. page 58.

Fig. I. Vieux tronçon, ou chicot d'arbre représentant une foule de coupes réitérées les unes près des autres, & composant un tout informe de calus entassés ; à raison de quoi la seve ne peut y arriver.

Fig. II. A. Bourrelet formé par strangulation ou étranglement sur un gourmand de l'année d'un pêcher, lequel Bourrelet double a été formé à l'occasion d'une ligature trop serrée lors du palissage.

Fig. III. A. Autre Bourrelet semblable au précédent, mais dont la partie supérieure A est beaucoup plus gonflée que l'inférieure B. par les raisons déduites dans le Dictionnaire.

PLANCHE CINQUIEME. page 71.

Repréfente un pêcher taillé en 1767, fur lequel on remarque ce qui fuit.

A. Bourrelet fimple & non gonflé, de la greffe d'un pêcher fur amandier.

B. B. B. B. Branches latérales & ce qu'on appelle SORTIES.

C. C. C. C. Branches appellées, Branches-crochets ou Lambourdes, lefquelles ont pris naiffance fur les deux branches-meres & fur les fix branches appellées Membres.

D. D. Les deux meres-branches.

E. E. E. E. Sont ce qu'on appelle Membres, procréés par les deux Branches-meres. Ces fortes de Branches font le fruit de l'induftrie du Jardinier, pour favoir les ménager à propos, fuivant un ordre de fymmétrie, tel qu'on le voit dans cette Figure.

f. f. f. f. Défignent les clous & les loques qui fervent à paliffer les branches fur les murs conftruits en plâtre.

PLANCHE SIXIEME. page 71.

Autre Pêcher également taillé en 1767, fur lequel eft repréfenté ce qui fuit.

A. Bourrelet faillant de la greffe d'un Pêcher enté fur Prunier, caufé par l'engorgement de la feve, laquelle ne peut fe diftribuer par éga-lité proportionnelle, à raifon du défaut d'ana-logie, auffi décidée pour cet arbre comme pour l'Amandier.

f 3

B. Canal direct de la feve, ou branche perpendiculaire & verticale, qui n'a point été fup-
primée dans le temps, & laquelle, quand les
branches inférieures C. C. feront fuffifantes
pour pouvoir garnir tout l'arbre, fera coupée
pour mettre l'arbre feulement fur deux branches-meres comme on le voit à l'Arbre de la
Planche 5.

Il eût été, ce femble, plus expédient de
fupprimer ce canal direct de la feve dans le
temps ; mais parce que M. l'Abbé de Malherbe, chez qui cet arbre ancien fe trouve, n'eft
qu'ufufruitier, & que d'ailleurs cet arbre eft
vigoureux, & que les branches de ce canal direct de la feve font extrêmement abondantes en
fruits ; on a cru devoir, par rapport à la jouiffance, laiffer cette branche, quoiqu'elle ne
foit pas dans l'ordre. Telle eft la raifon pour
laquelle on l'a confervée jufqu'ici.

Nota. Dans l'un & l'autre de ces arbres, les
fous-yeux ne font pas marqués ; mais on les
conçoit, parce qu'ils font toujours au pédicule
même de chaque branche : ce font les petits
yeux prefque imperceptibles qui fe trouvent
placés au bas des branches à leur origine. Ces
yeux ne groffiffent jamais davantage, & ne
portent que de petites feuilles. On les verra
mieux Planche 12. Fig. II & III. B. B.

D. Tige de l'arbre greffé fur Prunier, la-
quele ne profite pas ou prefque pas, tandis
que tout l'accroiffement fe fait dans la greffe
qui eft en forme de loupe, & eft ordinairement

trois fois plus groſſe que cette tige, & ce, faute d'analogie, comme il a été dit.

Nota. Dans cet arbre, ainſi que dans les autres qui feront repréſentés ici, ſont également les branches-meres, crochets & autres, comme dans l'arbre repréſenté Planche 5.

PLANCHE SEPTIEME. page 105.

Poirier, entr'autres de la Maiſon de Campagne de Mgr. l'Archevêque de Rouen à Gaillon, de 30 ans, lequel eſt évaſé & a trois toiſes de diametre, ce qui fait 54 pieds de circonférence, pour avoir été formé d'année en année avec des cerceaux dans le bas & dans le haut.

A. A. Diametre.

B. B. Branches horizontales, qui ſe ſont allongées par ſucceſſion de temps. Les autres ſemblables qui ne ſont point cotées, forment la figure de tout l'arbre.

C. La tige qui a 18 pouces de groſſeur.

D. D. Branches du dedans, qui garniſſent l'intérieur du Buiſſon, & dont la plupart ſont des bois à fruit qui ſont regardés favorablement du Soleil, & donnent des fruits en dedans comme en dehors.

E. E. E. E. Cerceaux. Il eſt de toute impoſſibilité de bien dreſſer aucun arbre en buiſſon, que par le moyen des cerceaux. Ceux qui prétendent les former à la ſerpette, ſont des temps infinis pour y parvenir, & cependant on ne jouit point.

PLANCHE HUITIEME. page 3.

Fig. I. A. Branche de Noisettier.

B. B. Chatons attachés aux divers rameaux.

C. Chaton détaché & qui tombe de la branche D. où sont les boutons à fruit.

Fig. II. Représente une branche d'Avelinier, où sont désignées par les mêmes Lettres, les mêmes choses que dans la Fig. I.

Nota. La Planche qui est à côté de la précédente, & qui contient les mêmes Figures, est représentée sur une autre face ; on lui a donné le même numero & la même page.

PLANCHE NEUVIEME. page 351.

Fig. I. Représente une Scie à main non fermante, à manche de buis.

Fig. II. Autre Scie à main fermante, à manche de buis & à virole.

Fig. III. Une Scie à main à manche de corne de Cerf & à ressort.

A. L'endroit où la lame est enfermée dans le manche, & le ressort au lieu d'être à fleur de la garniture du manche, ne monte qu'à 3 lignes près de l'extrêmité du manche ; au moyen de quoi la lame se trouve emboîtée, & est renforcée.

Nota. Au Greffoir ci-après, & aux trois Serpettes, l'emboîtement de la lame dans le manche est le même que ci-dessus.

Fig. IV. Greffoir suivant la nouvelle méthode.

B. Manche arrondi en dehors, différemment de tous les autres outils semblables, où l'arrondissement se trouve en dedans, ce qui est incommode pour le travail.

C. Le morceau d'ivoire en forme de petite spatule pour ouvrir la peau en greffant, & y inférer l'écuffon.

PLANCHE DIXIEME. page 351.

Fig. I. Repréfente une moyenne demi-ferpette.

Fig. II. Repréfente le ferpillon.

Fig. III. L'Echenilloir.

A. La partie tranchante de l'Echenilloir par en haut.

B. Le croiffant tranchant par deffous, & non en deffus.

C. Autre croiffant, moins fort que l'autre, non tranchant, ni du haut, ni du deffous, qui fert pour, en accrochant les branches pendantes que l'on ne peut couper, les caffer en les tordant.

E. Trou pour recevoir une vis.

Nota. Cet Echenilloir n'eft point de l'invention de l'Auteur ; mais le Coûtelier Bofnier a demandé en grace que l'on gravât cet Echenilloir pour avoir occafion d'en faire le débit.

Fig. IV. F. Vis qui entre dans le trou E. de la Douille.

PLANCHE ONZIEME. page 351.

Fig. I. Demi-ferpette dans la proportion des autres ci-deffus.

Fig. II. Fourche nouvellement introduite dans le Jardinage pour fouiller les terres, & faire la tranfplantation des arbres, les lever fans brifer les racines, &c. laquelle vue par fa partie convexe.

Fig. III. La même fourche vue par fa partie concave.

Nota. Dans les Serpettes ci-deffus, ainfi que dans les Scies à main, erreur dans les proportions; mais le Coutelier qui travaille le tout fuppléera à ce défaut.

Fig. IV. Les Lobes fermés d'une feve, ou une feve dans fon état ordinaire.

Fig. V. Une feve ouverte où fe font voir les racines féminales avec ce qui eft appellé *germe,* formant les deux Lobes.

PLANCHE DOUZIEME. page 407.

Fig. I. Repréfentant un Poirier fur franc, pris dans les Jardins des RR. PP. de l'Oratoire à l'Inftitution, Barriere d'Enfer, à Paris.

A. Tête de l'arbre avec fes nodus, fes calus, fes chicots, fes onglets, fes têtes de faule, &c. fuivant la routine ordinaire.

B. Tronc de l'arbre fur lequel eft le bourrelet de la greffe qui s'eft trouvée enterrée. Entre ce bourrelet & la tête de l'arbre eft la tige.

C. Bourrelet par excroiffance pour avoir été trop enterré, lequel a pouffé des racines chevelues.

D. Racine offeufe qui a été coupée dans le temps de la plantation, & qui n'a pu s'allonger, mais qui a produit une racine demi-offeufe, défignée par la Lettre K. avec des racines chevelues.

E. Racine fibreufe.

F. Extrêmité du pivot coupée, laquelle n'a pu s'allonger.

G. Racines chevelues.

H. Racines demi-offeufes.

I. Autre racine demi-offeufe, qui, pour avoir été coupée, n'a pu repouffer, & n'a produit qu'un fimple chevelu.

Fig. II & III. A. A. Repréfentent une forte de bourrelet qui forme l'efpece de foudure de la furpouffe avec la pouffe primitive.

B. B. Repréfentent les fous-yeux du bas dont il a été parlé ci-devant.

PLANCHE TREIZIEME. page 415.

Elle repréfente un Pêcher de 60 ans, greffé en groffe-mignonne fur Amandier, conduit fuivant la routine ordinaire, lequel deffiné chez M. l'Abbé de Malherbe, à fon Abbaye de Livry, & dont il a fait les frais ainfi que de plufieurs autres.

Cet arbre a été rajeuni durant l'efpace de 4 années. Il avoit 6 pieds d'étendue quand l'Auteur fut appellé en 1760 pour traiter les arbres de cet illuftre Abbé. Cet arbre n'étoit qu'un tiffu de plaies, de gommes fluantes, de chancres, de chicots, argots, onglets, bois morts, &c. On l'avoit condamné au feu. L'Auteur, après l'avoir vifité par les racines, le trouva fort vivant, & a continué de le traiter jufqu'ici. En 1766, quoique cloqué & empuceronné, il a rapporté encore 160 Pêches groffes-mignonnes, parmi lefquelles il s'en eft trouvé qui avoient 10 à 11 pouces de tour. Il eft comme les autres, travaillé à la loque.

EXPLICATION

A. Souche d'un pied de diametre & plus.

B. Excoriation ci-devant faite à l'occasion d'un flux de gomme sur laquelle a été mis l'emplâtre d'onguent St. Fiacre, laquelle on a renouvellé cette année 1767.

C. Branche verticale & perpendiculaire qu'on n'a pu encore supprimer (pour les raisons déduites à l'explication de la Planche sixieme) mais qui le sera quand les branches inférieures seront capables de garnir suffisamment l'arbre.

D. Cicatrice d'une branche catéreuse qu'on a été obligé de couper.

E. Une branche qui croise en dessous de la grosse pour remplir le vuide.

Cet arbre, comme on le voit, est dégarni du bas jusqu'en haut à la Lettre C. pour avoir toujours été tiré de long par voie de perpendicularité.

Ces sortes de petits boutons ronds qu'on apperçoit aux branches, sont les clous & les loques.

PLANCHE QUATORZIEME. p. 415.

Elle représente le même arbre qui a été dessiné d'après Nature au mois d'Août, après avoir été ébourgeonné & palissé.

PLANCHE QUINZIEME. page 477.

Pêcher de 5 ans, greffé sur Amandier, planté par l'Auteur, & dressé de jeunesse suivant les regles, dessiné en Août 1766, sur les lieux, dans le petit potager de M. l'Abbé de Malherbe à **Livry.** Cet arbre ébourgeonné & palissé a 16 pieds d'étendüe en largeur, sur 11 pieds de haut. Il a rapporté 110 pêches grosses-mignon-nes, quoiqu'il eût été cloqué & empuceronné.

Toutes ses branches sont paralleles ou peu s'en faut : il est symmétrisé de façon, que tout ce qui se trouve d'un côté se rencontre de l'autre; même quantité de branches situées de la même façon, comme dans tous les arbres de l'Auteur.

Un autre son voisin à l'exposition du levant, qui n'a point été ainsi maltraité, lequel est du même âge, & dirigé de même, a 27 pieds d'é-tendüe, & a rapporté cette année-là même 412 pêches, & malgré cette abondance, il a encore poussé quantité de gourmands. On ne l'a pas des-siné, parce qu'il n'est pas encore assez symmétrisé.

A. A. Ces branches sont fort pressées les unes contre les autres; mais à la taille on les éclaircira.

B. Ce vuide du haut sera rempli à mesure que les pousses s'allongeront.

C. C. Bourgeons qui s'élevent jusqu'à la hau-teur du chaperon, & qu'au lieu de rogner, pin-cer & arrêter, on coule de côté en les couchant, ainsi qu'elles sont représentées.

D. Branche-mere plus forte que sa parallele. Cette derniere, parce qu'elle a porté deux membres, n'a pas poussé aussi vigoureusement que l'autre qui est unique : par la suite en char-geant beaucoup la forte, & soulageant la foible, on parviendra à les rendre paralleles.

E. Deux membres dont le supérieur est bien plus fort que l'autre.

PLANCHE SEIZIEME. page 477.

Le même arbre tout taillé, & palissé à la loque, & où ont été récepées par en bas les branches trop proches, représentées dans la Planche précédente.

A. Ce vuide sera rempli comme on le voit à la Lettre B. de la Planche quinzieme.

Nota. Observez que ces tailles sont dissemblables sur les différentes branches. On n'a point jugé à propos de les coter. Les unes sont taillées fort longues, & les autres fort courtes; les longues, pour donner fruit la même année, & les courtes sont les branches de réserve pour tailler dessus l'année suivante; en outre on les a taillées, par proportion à leur force, ou plus courtes, ou plus longues.

B. La branche-mere plus forte, qui peu à peu parviendra à une égalité proportionnelle, par le moyen de l'ébourgeonnement, en chargeant beaucoup en bourgeons la forte, & soulageant beaucoup la foible, en lui laissant moins de bourgeons à nourrir. Ce moyen n'est pas le seul pour parvenir à cette égalité proportionnelle : il en est d'autres dont il sera fait mention ailleurs.

PLANCHE DIX-SEPTIEME. p. 477.

Un arbre entr'autres de Gaillon, dans les Jardins superbes de Mgr. l'Archevêque de Rouen. C'est un Poirier en éventail de 38 pieds d'étendue, qui peut avoir une quarantaine d'années, dont les branches sont disposées en forme de rayons, qui vont du centre à la circonférence. Le Prélat a aussi contribué aux frais.

A. Souche de 18 pouces de diametre.

B. B. Branches latérales partant immédiatement de la souche, & garnissant l'arbre horizontalement.

C. C. Deux branches-meres, chacune ayant ses membres particuliers, qui garnissent haut & bas. Ces deux branches se trouvent être plus fortes que les autres; ce qui pourroit infirmer l'observation sur les branches perpendiculaires, qui prennent toute la nourriture, dont il a été parlé en différens endroits, & dont il sera encore fait mention ailleurs. Mais on observera que les quatre branches cotées F. ne forment qu'un tout. Dans la méthode de l'Auteur on n'eût pas souffert ces quatre branches-là; on n'en auroit laissé qu'une, & l'autre mere-branche en auroit profité d'autant.

D. D. D. Membres & branches-crochets, ayant des lambourdes & des brindilles.

E. E. E. E. Ces quatre branches partent du centre même de l'arbre & s'élevent perpendiculairement, l'arbre n'ayant pas été dirigé de jeunesse suivant la méthode de l'Auteur. Ces branches perpendiculaires sont du double plus fortes que les latérales.

PLANCHE DIX-HUITIEME. pag. 528.

Nota. Cette Planche & la suivante devroient être placées dans le Dictionnaire au mot *Tige*, mais parce que l'on n'a pas jugé à propos de mettre le mot *Tige* à la lettre T, à raison de ce qu'il eſt au mot Arbre, pour éviter une répétition, on s'eſt déterminé à renvoyer à la fin du Livre ces deux mêmes Planches.

Celle-ci repréſente un Albergier-tige, de Montgamet en Touraine, à ſa dixieme année, chez Mgr. l'Archevêque de Paris à Conflans, à l'expoſition du levant & du midi, appliqué à une terraſſe de 20 pieds de haut, dans le petit potager d'en-bas.

A. Tige de 6 pouces de diametre, ſur 5 pieds de haut.

B. Jonction de la greffe & ſon bourrelet.

Nota. Ce bourrelet excede la tige, & ce par affluence de ſeve, pour avoir été enté ſur Prunier, qui a moins d'analogie que l'Amandier, dont la ſeve eſt plus douce & plus onctueuſe. En général tous les fruits à noyau qui ſont greffés ſur Amandier, ſont infiniment plus forts, plus fructueux, & ont plus de gout que ſur Prunier.

C. Canal direct de la ſeve, coupé & recouvert.

D. Hauteur, depuis la greffe juſqu'à l'extrêmité d'en-haut, 15 pieds.

E. E. Etendue latérale de 27 pieds.

F. F. Branches du milieu qui garniſſent à la place du canal direct de la ſeve, lequel a été ſupprimé.

Nota. Ces branches ſont perpendiculaires, non directes, mais ſur obliques.

G. Au nombre de 6, ſont les branches paralleles

leles d'un côté comme de l'autre. Elles font les branches-meres, 3 d'un côté & 3 de l'autre, l'arbre étant fymmétrifé.

Les autres branches non cotées, & qui dérivent de chacune de ces branches-meres, font les branches appellées membres. Toutes les autres branches moindres, qui également ne font pas cotées, & qui naiffent de ces dernieres, font les branches-crochets & à bois, les gourmands, les lambourdes & tous les divers ordres de branches qui font décrits à la Lettre B. du préfent Dictionnaire, au mot Branche.

Cet arbre a rapporté, dès la premiere année, quelques fruits de groffeur ordinaire, ayant été planté avec une tête; la feconde année paffablement, & amplement à la troifieme. Depuis ce temps jufqu'à préfent, il n'a ceffé de produire, toujours en augmentant, des Alberges de groffeur à peu de chofe près égale à celle des Abricots ordinaires. L'année derniere 1766, il a rapporté 2500 Alberges de groffeur comme ci-deffus, & néanmoins il a pouffé force gourmands, fur lefquels on a taillé, parce qu'ils étoient bien placés. Cet arbre eft plein du bas, du milieu & des côtés; les fuccès de cet arbre font dûs à la plantation faite avec toutes racines de toute longueur, & une tête formée, à raifon auffi de la direction, fuivant les regles de la méthode.

Il n'eft fur cet arbre, ni gomme, ni chancre, ni onglet, ni chicot, ni argot, ni branches chiffonnes, &c. Le même eft pour tous les arbres dirigés par l'Auteur.

Cette année 1767, fâcheuse pour tous les fruits à noyau, comme pour beaucoup d'autres, il a encore rapporté 4 à 5 cents Alberges.

Mgr. l'Archevêque de Paris a bien voulu faire les frais de la gravûre de cet arbre & du suivant, ainsi que de quantité d'autres.

Un tel arbre & des milliers d'autres de toutes parts, donnent le démenti aux discours peu réfléchis & calomnieux de la populace jardiniere, qui ne cesse, à tort, à travers, de publier que les arbres de l'Auteur sont épuisés d'abord, & ne durent que 5 ou 6 ans, après lequel temps il faut tout replanter. De tels propos ne méritent point créance de la part de tous gens sensés, incapables de se laisser prévenir.

PLANCHE DIX-NEUVIEME. page 528.

Poirier de 9 ans dans le grand potager de Mgr. l'Archevêque de Paris à Conflans, à l'exposition du couchant.

A. Tige de 5 pieds de haut.

B. Grosseur d'icelle, 6 pouces ½.

C. Canal direct de la seve supprimé.

D. D. Cicatrices de deux branches-meres du bas, qui ont été supprimées, à cause de deux Poiriers nains voisins qu'elles offusquoient.

E. E. Les deux branches-meres, avec les branches-membres & les branches-crochets.

F. F. Etendue de l'arbre d'une extrêmité à l'autre, 22 pieds.

G. Treize pieds de haut.

H. H. Branches coulées à droite & à gauche, e

à cause du treillage qui ne monte pas plus haut.

Nota. Suivant la routine, au lieu de tirer ainsi à droite & à gauche ces branches pour les renverser, ce qui s'appelle couler, comme il vient d'être dit, on les couperoit mal avisément ; & alors on auroit des toupillons de branches, formant autant de têtes de Saule.

Nota. En outre, ce Poirier est d'un fruit fort mauvais qu'on appelle Epargne ; & comme l'illustre Prélat ne veut avoir dans ses Jardins que d'excellens fruits, on a déja greffé sur cet arbre plusieurs branches en bons Chrétiens d'hiver qui ont pris, & on continuera par la suite jusqu'à ce que le Sauvageon-Epargne n'ait plus de branches.

Fin de l'Explication des Figures.

ERRATA.

PRÉFACE.

DICTIONNAIRE.

DICTIONNAIRE

DICTIONNAIRE
ÉTYMOLOGIQUE
ET RAISONNÉ
SUR
LE JARDINAGE.

A

ABRI, ABRIÉ, ABRIER. Il ne faut pas dire ABRIQUER, ABRITÉ, comme difent les Jardiniers qui parlent mal. Un abri est tout endroit où l'on est à couvert de la pluie. En jardinage, c'est aussi les endroits où les plantes font en assurance contre les

A

pluies froides , les frimats, les gelées & les
mauvais vents. Tout ce qui fert auffi à
parer de toutes ces chofes , comme paillaffons & autres, s'appellent ABRIS. ABRI
fe dit auffi d'une muraille ou d'un lieu qui
garantit les plantes des mauvais vents, &
de tout ce qui peut leur être nuifible.

ACCOLLER. Il vient du mot de colle;
comme qui diroit coller plufieurs chofes
enfemble. On le dit plus particuliérement
des pampres & des bourgeons de la vigne,
quand on les rapproche enfemble, & lorfqu'on les lie à l'échalat , comme à tout
ce qui lui fert de fupport. On peut le faire
dériver de col , à caufe de ceux qui en s'em-
braffant, fe ferrent, & fe tiennent par le
col, ou le cou. Qu'importe d'où le mot
dérive.

ACIDE veut dire aigre. Il eft pris du mot
latin portant le même nom , & ayant la
même fignification. Il eft décidé que dans
la terre il y a des acides, qu'on appelle autrement levains. Ils font dans les fucs de
la terre comme le levain qui fait lever l'

DICTIONNAIRE
ÉTYMOLOGIQUE
ET RAISONNÉ
SUR
LE JARDINAGE.

A

ABRI, ABRIÉ, ABRIER. Il ne faut pas dire ABRIQUER, ABRITÉ, comme difent les Jardiniers qui parlent mal. Un abri eft tout endroit où l'on eft à couvert de la pluie. En jardinage, c'eft auffi les endroits où les plantes font en affurance contre les

A

pluies froides , les frimats , les gelées & les mauvais vents. Tout ce qui fert auffi à parer de toutes ces chofes , comme pail-laffons & autres, s'appellent ABRIS. ABRI fe dit auffi d'une muraille ou d'un lieu qui garantit les plantes des mauvais vents, & de tout ce qui peut leur être nuifible.

ACCOLLER. Il vient du mot de colle; comme qui diroit coller plufieurs chofes enfemble. On le dit plus particuliérement des pampres & des bourgeons de la vigne, quand on les rapproche enfemble, & lorf-qu'on les lie à l'échalat , comme à tout ce qui lui fert de fupport. On peut le faire dériver de col , à caufe de ceux qui en s'em-braffant , fe ferrent , & fe tiennent par le col , ou le cou. Qu'importe d'où le mot dérive.

ACIDE veut dire aigre. Il eft pris du mot latin portant le même nom , & ayant la même fignification. Il eft décidé que dans la terre il y a des acides, qu'on appelle au-trement levains. Ils font dans les fucs de la terre comme le levain qui fait lever l' pâte avant qu'on la mette au four. Sans ces levains jamais les plantes ne pourroient produire, comme la pâte ne pourroit lever fans le levain.

ADHÉRENCE, Adhérent, vient du latin, qui veut dire être uni, lié, joint & attaché à quelque chofe. Les mouffes, par exemple, les incruftations d'œufs & de couveins des infectes font adhérens aux arbres ; mais ils n'y font pas inhérens. *Voyez* Inhérence.

ADOS & non pas Rados, comme difent les Jardiniers ignorans. Ce mot porte avec lui fa fignification. Il eft tiré de l'ufage ordinaire, le dos étant en nous, & dans quantité d'animaux, la partie la plus propre à foutenir contre les plus violens efforts. Ados eft une élévation de terre en forme de dos de bahut, plus large du bas que du haut. C'eft auffi tout endroit qui par fa nature eft à couvert des mauvais vents & des gelées, lequel eft adoffé d'un mur ou d'un bâtiment, & qui a le foleil en face. *Voyez* Dos de Bahut.

Nous avons introduit dans le Jardinage une forme d'*ados* qui va de pair, à peu de chofe près, avec les chaffis vitrés pour les pois de primeur & pour les fraifiers, ainfi que pour quantité de nouveautés. Voici en quoi il confifte.

Au lieu d'élever fon ados de 4, 5 à 6 pouces de haut, comme on a de coutume, l'exhauffer d'un pied, & même de 15 pouces parderriere, venant en mourant pardevant, & même creufant fur le devant pour charger d'autant fur le derriere. Au moyen de cette pente précipitée, deux effets ont lieu : le premier, de jouir durant l'hiver, lorfque le foleil eft bas, des moindres de fes regards ; le fecond, de n'avoir jamais, lors des gelées & des frimats, aucune humidité nuifible, toutes tombent de toute néceffité, & vont fe perdre dans le bas.

Cette forte d'ados fe pratique à l'expofition fur-tout du midi le long d'une plate-bande ; mais on a un efpalier à ménager, & voici pour cet effet comme on s'y prend.

On laiffe entre le mur & l'ados 18 pouces de fentier ; ces 18 pouces fuffifent pour
aller travailler les arbres. Il faut pendant
quelques jours , avant que de femer les
pois , laiffer la terre fe plomber tant foit
peu.

Au lieu de faire en long fes rigoles pour
femer , les pratiquer en travers du haut
en bas de l'ados , puis femer, après quoi
garnir de terreau les rigoles & les remplir.

Lorfqu'arrivent des gelées fortes , des neiges , &c. garnir avec grande litiere & paillaffons pardeffus ; qu'on ôte , & qu'on remet fuivant le befoin.

Pour les fraifiers , on en a , ou en pots ,
ou en mottes , que l'on met là en échiquier
en amphithéatre. Ceux en pots , les dépoter, fans endommager aucunement , ni offenfer la motte : il faut bien fe garder de
couper tout au tour & endeffous ces filets
blancs qui tapiffent le pourtour de cette
motte , comme il fe pratique dans le Jardinage ; c'eft ce que les Jardiniers appellent
châtrer la motte , vilain terme , procédé plus
nuifible , puifqu'en retranchant tous ces

filets blancs, on fait autant de plaies, par
lesquelles, de toute néceſſité, la ſeve fluë,
& qu'il faut que la nature guériſſe. Il faut
inſtruire les Jardiniers à ce ſujet, & leur
apprendre que ces filets blancs qu'ils coupent, prennent leur direction naturelle
vers la terre, & qu'ils ſe détachent de cette
motte pour darder dans terre & s'y enfoncer. Laiſſons, autant qu'il eſt poſſible, la
nature faire à ſon gré, elle en fait plus
que nous; ne nous mêlons de ſes affaires
que quand elle nous requiert. Quant aux
fraiſiers en pleine terre à mettre ſur ces
ados, on ne peut prendre non plus trop
de précaution pour les lever ſcrupuleuſe-
ment en motte, les ménager dans le tranſport & dans la tranſplantation. Dans un
petit Traité de l'Auteur ſur les fraiſiers,
comme dans le cours de l'Ouvrage, on par-
ticulariſe bien autrement tout ceci.

Cette ſorte d'ados a un autre avantage;
ſavoir, de renouveller tous les ans la
plate-bande, & d'en faire une terre neuve.
Quand on a ôté les pois, on rabat la terre,
& on la met à plat, comme elle étoit,

enfuite on y feme des haricots nains, qui y viennent à foifon, ou tout autre plant convenable, fans que la terre fe laffe. On explique cela plus au long ailleurs.

Ces ados pratiqués de la forte, doivent être faits dans les derniers jours d'Octobre, & femés au commencement de Novembre. On eft fûr, par ce moyen, d'avoir des pois & des fraifes quinze jours ou trois femaines plutôt que les autres. C'eft ainfi qu'avec peu & fans frais on fait beaucoup.

ADVENTICE, pris du mot latin, qui veut dire advenir, qui advient, ou qui vient après coup, par furcroît, qui eft furajouté. On dit plantes *adventices*, celles qui croiffent fans avoir été femées. Les mauvaifes herbes, entr'autres, font des plantes *adventices* ; les bonnes qui viennent, comme on dit, de Dieu grace, font autant de plantes *adventices*.

On dit auffi racines *adventices*, celles qui font formées après coup aux arbres, dont, fuivant la routine, meurtriere pour eux, comme pour toutes les plantes quelcon-

A 4

ques, les Jardiniers peu instruits coupent toutes les racines, ou dont il les mutilent étrangement, forçant la nature à en reproduire de nouvelles, qui jamais ne sont si franches que celles de la création primordiale. Respecter par conséquent les racines, n'en abattre jamais aucunes, ni les réceper, si ce n'est qu'elles fussent par accident brisées & hors d'état de servir.

AFFAISSEMENT, s'Affaisser se dit des terres labourées, ou remuées, ou transportées. L'affaissement se fait quand les terres s'enfoncent, s'applatissent & se plombent d'elles-mêmes, ou lorsqu'elles sont battues par les grandes pluies.

Toute terre remuée ou transportée s'affaisse d'un pouce par pied : ainsi, quand on plante un arbre, on doit observer combien son trou a de profondeur. Si l'on a fait un trou de quatre pieds, il faut mettre le tronc de l'arbre de 4 pouces plus haut que la terre ; sans quoi l'arbre se trouvera enterré de 4 pouces, quand la terre du trou se sera affaissée de 4 pouces, & voilà à quoi peu de Jardiniers ne prennent point garde ; auffi tous les arbres fe trouvent enterrés.

La greffe d'un arbre, ni le tronc, ou la fouche, ne fe trouve pas bien dans terre, comme les racines hors de la terre.

Il faut encore, quand on a fait quelque fouille quelque part, ou quelque rempliffage de terre, obferver de laiffer la terre un peu plus haute, à caufe de l'affaiffement.

AGRICULTURE. C'eft l'art de cultiver la terre & les plantes. Il vient de deux mots latins, qui veulent dire champ & culture.

Agriculteur eft celui qui cultive l'une & les autres.

AIGRETTE, graines aigrettées. Ce font celles qui, quand elles muriffent, font garnies de petits poils ou duvets ramaffés en forme d'aigrettes, telles que font les graines de laitues avant qu'on les batte, ainfi que nombre d'autres.

AIR eft un élément liquide & fluide tout

enfemble, qui eft le plus univerfellement répandu. Invifible par lui-même, il nous eft connu par le fentiment & par fes effets. Il remplit tout dans la nature, & nul vuide qu'il ne s'y porte, aucun efpace qu'il ne parcourt, ni fi petit recoin où il ne porte fa préfence. Il entre à chaque inftant dans nos poumons, ainfi que dans tous les parois des parties tant internes qu'externes des plantes, & à chaque inftant auffi il en fort pour faire place à un autre lui-même. Tel qu'un furet il s'infinue & fe coule par-tout, jufques dans les entrailles les plus profondes de la terre ; il pénetre les corps les plus durs, fur lefquels il agit ; en perpétuel mouvement, l'action non interrompue eft une fuite de fa nature : froid en même-temps & chaud, fec & humide, épais & fubtil, &c. Il réunit en lui tous les contraires. Il détache fans difcontinuer, & attire à lui les parties infenfibles de toutes les fubftances animées & inanimées que par-tout il porte avec lui & répand de toutes parts, ainfi que les vapeurs en particulier, & les exhalaifons

de la terre , lesquelles enfuite il lui rend
fous les formes diverfes de pluies , de rofées , ferein , frimats , brouillards , neige ,
grêles , givres , grefils , &c.

L'AIR eft univerfellement reconnu dans
le Jardinage & dans l'Agriculture pour
l'agent le plus puiffant , & le coopéra-
teur le plus néceffaire de la végétation.
C'eft lui qui difpenfe à fon gré fur la face
de la terre , ainfi que fur les végétaux ,
tant les germes des herbages *adventices* , ou
mauvaifes herbes, que les œufs & le couvein
d'une infinité d'infectes. Il eft de telle forte
l'élément particulier des plantes , que lui
feul contribue bien autrement que les trois
autres à la vie, la nutrition, l'accroiffement
& la fécondité de tous. Cet élément volontaire eft defireux d'avoir fon cours li-
bre ; il franchit tout obftacle quand il eft
gêné , & par-tout où il éprouve quelque
contrainte ou ombrage , les plantes par
contre-coup s'en reffentent , & toujours il
fait réfiftance.

On aura lieu , dans un Traité particulier
de l'Air relativement aux végétaux , de

donner à tout ceci un plus grand jour, ainſi que plus d'étendue.

AIR s'entend en Jardinage non - ſeulement pour l'élément que nous aſpirons & reſpirons, & qui nous environne de toutes parts, mais comme apportant avec lui diverſes influences nuiſibles ou favorables aux plantes. *Voyez* INFLUENCE.

AISSELLES. Tout le monde ſait ce que c'eſt qu'aiſſelle dans le corps humain; dans les plantes c'eſt à peu près le même. C'eſt l'entre-deux d'une branche qui forme une fourche, d'où ſort par la ſuite une autre branche. On dit aiſſelles en parlant de melons, de concombres & des fleurs diverſes.

ALAISE ou ALONGE, pris de l'uſage commun dont on ne voit pas trop le fondement. Quelques-uns l'appellent bride. C'eſt quand à une branche on a quelques rameaux trop courts, on met, ou un oſier au paliſſage d'hiver & du printemps, ou un jonc au paliſſage d'été, avec leſquels on attache, ou bien la branche, ou bien le bourgeon, afin qu'ils ne pendent pas , & ne faſſent pas difformité. A Montreuil point d'alaiſe : on cloue les jets à la muraille avec de petits morceaux d'étoffe appellées loques.

Tous les Jardiniers qui paliſſent d'hiver avec l'oſier, quand ils mettent des alaiſes, ne manquent pas d'attacher leur oſier par le petit bout à la branche , & le gros bout au treillage. Or voici ce qui arrive. La branche ainſi attachée par ce petit bout d'oſier, qui ſerre comme une ficelle , ne manque pas de groſſir ; mais l'oſier quand il eſt ſec n'obéit point, il coupe la peau , & entre avant dans l'écorce , il s'y incorpore , & l'on ne peut plus l'en tirer : il faut donc faire tout le contraire, en mettant le gros bout de l'oſier pour lier la branche , & la tenir arrêtée au treillage avec le petit bout de l'oſier. Ceci eſt un défaut de jugement & de réflexion de la part des Ouvriers du Jardinage.

De même pour le paliſſage d'été avec le jonc. Tous les Jardiniers font également un nœud coulant au bout du bourgeon qui n'eſt pas encore aſſez long pour atteindre au treillage. Il arrive auffi que le bourgeon venant à groffir, eft coupé à la peau par le jonc qui ferre d'autant que la ligature eft plus bandée.

Mais voici ce qu'il faut faire ; c'eft de mettre le jonc double par le côté d'en-bas, par lequel il eft plus gros, & vous êtes fûr qu'il ne coupera pas & ne maculera pas l'écorce tendre du bourgeon : de plus, au lieu d'attacher ainfi le jonc vers l'extrêmité du rameau, le placer à quelques yeux en-deçà, où il eft plus gros & plus fort. Quelques Jardiniers regardent ceci & le femblable comme des bagatelles ; ce n'eft rien moins à coup fûr. Au furplus coute-t-il plus de temps & de travail à le faire de travers, ou à le faire comme il eft ici prefcrit ? Non, à coup fûr. Donc . . . .

Ce double article eft très-important.

ALONGÉ, Alonger, pris dans fa fignification propre, il regarde la taille des arbres. C'eft donner aux arbres toute l'étendue qu'ils doivent avoir, & au lieu de toujours écourter les branches fans regle,

des alonger fuivant leur force ; leur groffeur & la vigueur de l'arbre.

AMANDE , tiré du latin. C'eſt toute
partie ferme & folide enfermée dans une
peau parchemineuſe, membraneuſe & co-
riacée , ou tenant de la nature du cuir,
laquelle eſt contenue , ou dans le centre
du fruit , ou dans des gouſſes , ou dans des
capſules , ou dans des noyaux , ou dans
des coquilles couvertes d'un brou , & laquelle , par le moyen de la germination ,
quand elle eſt en terre , fert à la réproduc-
tion des plantes. *Voyez* GRAINE.

Il n'eſt aucune graine qui n'ait une amande ; & cette amande eſt différemment con-
formée ſuivant la nature & l'eſpece de
chaque plante. Cette amande dans toutes
les graines eſt huileuſe, & la partie huileuſe
y contenue fert à la nourriture & à la con-
fervation du germe , & toujours le germe
eſt enfermé dans l'amande.

AMANDE, fruit de l'amandier. C'eſt ſa
graine où eſt renfermé ſon germe, laquelle
eſt couverte d'un brou d'abord , enſuite

d'une coquille. Il y a autant de variété dans les amandes dont eſt ici mention, comme dans les autres fruits qui ont pour premiere enveloppe un brou. Il eſt des amandes de diverſes eſpeces, des groſſes, des petites, des tendres, des dures, des douces, des ameres, les unes ayant un brou fort épais, on les appelle amandes-fruit ; ce brou quelques-uns le mangent, les autres ayant un brou plus mince.

AMANDIER. C'eſt l'arbre qui produit le fruit qu'on nomme amande.

Cet arbre vient d'une amande. Nul arbre qui croiſſe ſi promptement. Vous mettez une amande en terre, & quand on s'entend à la faire venir, ſouvent l'année même l'arbre qui en provient eſt bon à être greffé.

De tous les ſujets ſur leſquels on doit greffer des pêches, des abricots, des abricots-pêches, c'eſt ſans contredit l'amandier. Il eſt infiniment au-deſſus du prunier à cet égard. Il faut laiſſer dire les Jardiniers, qui, dans les unes & les autres des terres mettent du prunier greffé en pêchers,

&

& en d'autres des amandiers greffés en pêchers. L'arbre de l'amandier est préférable
au prunier, comme on le verra au Traité
de la culture du pêcher.

Semer toujours dans un coin de terre de
son jardin des amandes pour s'en servir au
besoin.

Il sera dit comment on doit s'y prendre
pour réussir.

AMENDEMENT, AMENDER. Ce sont
toutes les choses qui engraissent la terre,
fumier, terreau, terres nouvelles, &c.
Amender veut dire rendre meilleur. Il est
quantité d'Auteurs qui, pour se singulari-
ser, bannissent tout amendement. Tel
certain Docteur, qui réduit tout au simple
labour en le multipliant ; c'est comme
quelqu'un qui banniroit toutes les nourritures corroborantes & les stomachiques.
M. de la Quintinie ne veut point de fumier
aux arbres, & depuis 150 ans on les fume
à Montreuil, & l'on s'en trouve au mieux.

AMEUBLIR la terre, veut dire rendre
la terre douce, maniable, la mettre en

B

miettes en la labourant bien , & la remuant souvent , brisant les mottes , ôtant
les pierres , ne la laissant pas durcir , ni se
fendre & se mettre en croutes. On dit
terre meuble , terre mobile , c'est-à-dire ,
aisée à remuer.

AMUSER LA SEVE. C'est laisser à un
arbre plus de bois & de bourgeons que de
coutume : par exemple. , un arbre est trop
vigoureux , il s'emporte ; un côté d'un arbre est plus fort que l'autre , il a des gourmands ; alors pour amuser la seve , on
taille plus long le côté vigoureux , & plus
court le côté maigre , & on alonge beaucoup les gourmands , pour laisser consumer par-là le trop de seve : quand on voit
que l'arbre est devenu plus modéré , on
change de conduite à son égard , & on le
ménage davantage.

Ce terme d'amuser la seve , vient de
Montreuil : il est beau & bien expressif ;
mais il faut beaucoup d'art & de jugement
pour l'entendre , & pour le mettre en pratique : il est un mot barbare pour les Jardiniers à routine.

ANALOGIE, ANALOGUE ou ANALO-
GIQUE. Terme composé de deux mots
grecs. Il signifie ressemblance de caractere.
On dit parties analogues des plantes, sucs
analogues, c'est-à-dire, qui se conviennent, qui ont du rapport ensemble, qui
peuvent s'allier, s'unir, s'incorporer, s'i-
dentifier même. Il y a de l'analogie entre
une greffe de poirier & une branche de
coignassier ; mais il n'y en a pas avec une
branche de pêcher & d'amandier de la part
d'un poirier & d'un pommier.

ANATOMIE des plantes. Mot grec qui
veut dire dissection. Ce mot est appliqué
aux plantes ; c'est la science qui apprend à
connoître toutes les parties intérieures &
extérieures des plantes, leurs fonctions
particulieres, leurs liaisons & leurs rapports, leurs usages propres, leur composition ; & tout ce qui se passe en elles de la
même maniere que les Médecins & les Chirurgiens connoissent l'anatomie de notre
corps pour nous conduire, nous panser &
nous guérir. Il est impossible de savoir bien
l'anatomie des plantes sans être bon Jar-

dinier, comme il eſt impoſſible d'être bon
Jardinier ſans ſavoir l'anatomie des plantes,
du moins en gros, & juſqu'à un certain
point. Si les Jardiniers avoient la moindre
teinture de la connoiſſance des parties intérieures des plantes & de l'action de la ſeve, combien ne ſeroient-ils pas plus réſer-
vés pour ne point leur faire des plaies continuelles ſans néceſſité ?

ANNEAUX ou RIDES qui ſe trouvent
aux branches fructueuſes, & à tous les boutons à fruit des arbres à pepins.

Ces anneaux ou rides ne ſont pas connus
des Jardiniers qui les voient tous les jours,
mais ſans les remarquer. Ce ſont de petits
plis & replis à côté les uns des autres, qui ſe
multiplient à meſure que la branche fruc-
tueuſe s'alonge.

Ces anneaux ou rides ſont faits pour cri-
bler, filtrer & épurer la ſeve.

Quand les boutons à fruit s'alongent
trop, & que ces anneaux ou rides ſont
trop multipliés, ils ne peuvent plus être
féconds ; & quand on voit ces boutons à

Pl. I. Page 20.

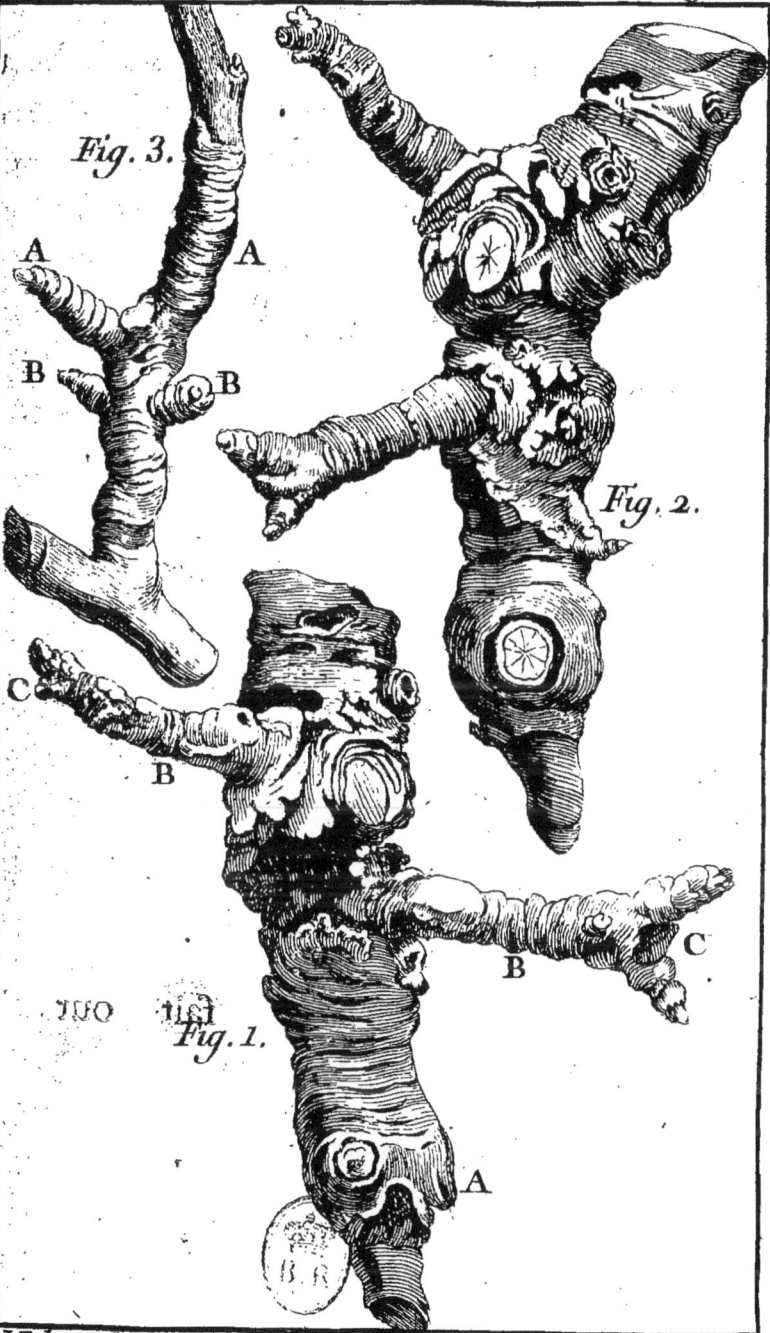

Fig. 3.

Fig. 2.

Fig. 1.

J. Robert Delin. et Sculps.

fruit fi alongés, il faut les abattre, parce que d'eux-mêmes ils fe pourriroient & tomberoient; au lieu qu'en les abattant, il s'en forme de nouveaux. La raifon pour laquelle ces rides trop multipliées aux bou-tons à fruit, les rendent inféconds, c'eſt parce qu'en paſſant par tant de cribles, la ſeve eſt trop atténuée, amincie & ſpiri-tualiſée; elle n'a plus de corps, ni de ſubſ-tance: tel un aliment trop cuit; telle une liqueur trop filtrée, qui eſt dépouillée de ſes parties onctueuſes, anodines, &c. Ce vice provient de bien des cauſes: de même qu'en nous lorſque le ſang eſt diviſé, dé-compoſé & trop ſpiritualiſé, il faut alors uſer de calmans, d'adouciſſans, de tem-pérans & de coagulans; de même à l'égard de tels arbres, il faut du fumier ou du ter-reau gras de vache, le fond d'un vieux trou à fumier, des eaux bourbeuſes de mares, de foſſes à fumier de vache, &c.

ANNUEL veut dire qui vient tous les ans. On appelle plantes annuelles celles qui ne durent qu'un an ſur terre, puis meurent. Il en eſt qu'on nomme BIS-AN-

NUELLES , parce qu'elles durent & vivent
l'efpace de deux ans ; d'autres TRIS-AN-
NUELLES , parce qu'elles ne vivent pas au-
delà de trois années. *Voyez* VIVACE.

ANODIN. Ce mot dérive du grec , &
veut dire adouciffant. Les parties anodines
des plantes font celles qui font douces &
favoureufes. On dit parties anodines de la
feve ; elles ne font autres que les fucs qui
compofent en partie cette feve , & qui
forment les différentes faveurs des productions de la terre , conjointement avec les
parties acides , falines & vitrioliques des
divers autres fucs de la terre. De cette diverfité de tant de parties , de leur mêlange , leur combat & leur agitation naiffent
les gouts & les faveurs diverfes.

AOUTER , s'AOUTER. Ce mot vient
du mot d'Août , à caufe que c'eft environ à l'entrée du mois d'Août que les bourgeons de la vigne & des arbres bruniffent
peu-à-peu & fe changent en bois.

On dit auffi AOUTÉ , en parlant des
graines & de certaines productions de la

terre, parce que c'eſt auſſi aux environs du mois d'Août que les graines acquièrent leur degré de maturité, & que les citrouilles, par exemple, ſont aſſez formées & aſſez mûres pour être mangées ; voilà pourquoi l'on dit CITROUILLE AOUTÉE.

APPROCHE. Il ſe dit d'une greffe qui ſe fait par la conjonction de deux branches de fruits différens. On fait une entaille à chacune dans la peau, & on les encaſtre l'une dans l'autre, les retenant avec de la laine, & au bout de ſix ſemaines ou environ, lorſque la ſoudure s'eſt faite, on ſevre la partie qui a été greffée ſur l'autre. Sevrer ici veut dire couper.

APPAREIL. Pris de la Chirurgie. Il ſignifie dans le Jardinage à peu près le même que dans cet Art. On ne doit pas faire une plaie un peu notable à quelqu'arbre que ce ſoit, aux groſſes branches, à la tige & aux racines, ſans y mettre à l'inſtant même un appareil.

Cet appareil n'eſt autre que de la bouze de vache fraîche ou vieille, & à ſon défaut de bon terreau gras, ou même de la terre détrempée avec un peu d'eau. On applique l'une ou l'autre de ces choses sur la plaie, & on l'enveloppe avec un chiffon, le retenant avec de l'ofier, ou quoi que ce soit qui ne coupe pas l'écorce; quand l'arbre & la branche viennent à grossir.

Tous les appareils du Jardinage qui font faits avec les onctueux, ou les choses grasses, beurre, poix réfine, fain-doux, vieux oing, huile, &c; ceux faits encore avec la terre glaife, ceux aussi qu'on applique aux orangers avec la cire verte, ou blanche, ou jaune, non-feulement ne valent rien, mais font préjudiciables aux végétaux quelconques. Tous, quels qu'ils soient, bouchent les pores, ils empêchent la transpiration, & plusieurs d'entr'eux font des deffcatifs. Une plaie d'oranger couverte avec de la bouze de vache, est plutôt cicatrisée en un an, qu'une autre en trois avec la cire verte. Sur cet article on s'étend plus amplement dans le corps de l'Ouvrage. Quelques Jardiniers connoissent l'appareil, mais fous le nom d'emplâtre d'onguent

S. Fiacre ; encore le nombre en est-il très-petit.

APPETISSER ou se RAPPETISSER , se dit en Jardinage quand , ou un arbre , ou une branche , ou une plante , au lieu d'augmenter , dépérissent , semblent décroître , ou devenir plus petits qu'ils n'étoient. C'est ce qui arrive à quantité d'arbres & de plantes mal conduits , à ceux qui ont des coups de soleil , qui sont à des expositions trop brûlantes , aux arbres malades , langoureux , décrépits , & qui sont sur leur retour. Quand on transporte des arbres au loin , ou quand ils sont anciennement tirés de terre , leur peau se contracte & s'applatit. Alors il faut , avant de les planter , les mettre , 8 ou 10 heures seulement, dans l'eau par les racines , les laisser se ressuyer , puis les planter , & nonobstant les arroser. Les raisons ailleurs.

ARBRE , mot pris du latin. C'est toute plante qui a la consistance de bois dur , & qui tire son origine , ou d'une graine , ou d'un noyau , ou d'une bouture , ou d'un

rejetton , & qui croit dans la terre , qui y
fait des racines , élevant ſes branches dans
les airs , ou les répandant autour de la
tige.

Tout arbre eſt compoſé de racines groſſes , moyennes & petites , & du chevelu ;
d'un tronc , d'une tige & de diverſes branches : elles ſont de trois ſortes , des groſſes ,
des moyennes & des petites. Il a auſſi des
yeux ou boutons , des feuilles , des bourgeons , des fleurs & des fruits.

Il eſt des arbres de tige à plein vent , des
demi-tiges , des baſſes tiges , ou nains , des
arbres en éventail & en buiſſon. Il en eſt
portant fruits, d'autres ayant ſeulement des
fleurs & des graines.

ARBRE *ſur franc* ſe dit d'un arbre greffé ;
mais lequel eſt venu d'un pepin , ou de
quelque bouture de tout arbre fruitier , leſquels on greffe , ou enfin d'un arbre déja
greffé , & qu'on greffe de nouveau.

ARBRE *ſur coignaſſier*, eſt celui qui a été
greffé ſur une bouture de coignaſſier , ou
ſur un arbre venu d'un pepin du fruit du

coignaſſier. Il n'y a que les poiriers qu'on greffe ſur de tels ſujets.

On dit que le coignaſſier greffé en poirier, eſt pour les terres légeres, & que le franc eſt pour les terres fortes & ayant du fond. On dit auſſi que le prunier, à cauſe qu'il trace, & qu'il ne fait pas de groſſes racines, mais quantité de chevelu, convient aux terres qui n'ont pas de fond, & qu'au contraire les arbres greffés ſur amandier, à cauſe que l'amandier pique, & fait peu de chevelu, doit être mis par préférence dans les terres qui ont du fond. Voilà le dicton de tous les Jardiniers ; mais quiconque fait planter, comme on le doit, & comme on montrera à le faire, plante par-tout du franc & de l'amandier, & s'en trouve bien. Mais il eſt queſtion de planter, comme on le dira dans ſon lieu.

ARBRE *de tige en plein vent*, eſt celui qui a une tige élevée, lequel eſt haut monté, & qui étend en même-temps ſes branches tout au tour de ſa tige horiſontalement par en-haut.

ARBRE *de demi-tige à plein vent*, eſt celui

qui a une tige moins haute que le précédent ; mais qui du reste est le même. On met également en espalier des arbres de tige & de demi-tige ; mais il faut que les murailles soient plus hautes que les murs de clôture ordinaire.

ARBRE *à basse tige* ou *nain*, est celui dont la greffe est près du tronc, & laquelle on ne laisse point monter, mais seulement s'étendre, soit autour de la tige, soit sur les côtés, à raison de quoi il en est de deux sortes ; les uns qu'on dresse en forme d'éventail, en contrespalier, & d'autres qu'on forme en buissons, mais qu'on évide en-dedans. Quant à ceux en éventail, on en dira son avis dans le temps. *Voyez* BUISSON, ÉVENTAIL.

ARBRISSEAU, est un diminutif d'arbre, & signifie un petit arbre. On appelle arbrisseau toute plante qui a un bois dur comme un arbre ; mais qui jamais ne parvient à la grosseur, ni à l'étendue des autres arbres. Tels un noisettier, un avelinier, un groseiller, un sureau, un laurier & l'if, &c.

ARBUSTE ; eſt également un diminutif d'arbre : il eſt moindre encore que l'arbriſſeau ; tels le roſier, le jaſmin, le romarin, le hou, le genevrier, le chevrefeuille, &c.

ARCHITECTE *des jardins.* Ce ſont ceux qui conſacrent leurs talents à compoſer & à former des Jardins, qui en font des plans raiſonnés, ſuivant les terreins réguliers ou irréguliers.

Tous les Architectes n'entendent pas la partie des jardins pour la diſtribution & pour l'ordonnance. Il faut un gout particulier pour cet art. L'un des plus beaux morceaux d'architecture en fait de Jardinage, eſt le jardin du Château des Tuileries à Paris.

Les Architectes les plus fameux de ces derniers ſiecles pour le Jardinage, furent les *Manſard*, les *le Noſtre*, les *le Blond*, les *Dégods*. Il eſt encore aujourd'hui pluſieurs célebres Architectes qui marchent ſur leurs traces, dont, par modeſtie, nous taiſons prudemment les noms. Il n'eſt pas poſſible d'être un bon Architecte des jardins, ſans avoir des notions & la ſcience inſtrumentale du Jardinage & de la végétation.

ARGILLE, ARGILLEUX. L'argille eſt une terre graſſe qui ſe ſeche & ſe durcit à l'air, & qui ſe délaie & ſe met en bouillie à l'humidité. On peut tirer avantage des terres argilleuſes, en les tournant & retournant par un labour fréquent, les mettant en miettes ; mais principalement par les engrais propres à alléger ; ſavoir, fumier de cheval, crottin de mouton bien conſommé, fiente de pigeon également conſommée, & employés l'un & l'autre modérément ; enfin avec bonnes terres mobiles & ſableuſes, terreau de gaſons, de feuilles, & tout ce qui convient pour alléger & ameublir.

ARGOT. Il vient de la reſſemblance que ces ſortes de choſes ont avec ce qu'on nomme ainſi dans les animaux, les poules, les coqs, les dindes, &c. Ils ont à leurs pattes des argots, leſquels ceux dont

Pl. II.   Page 30.

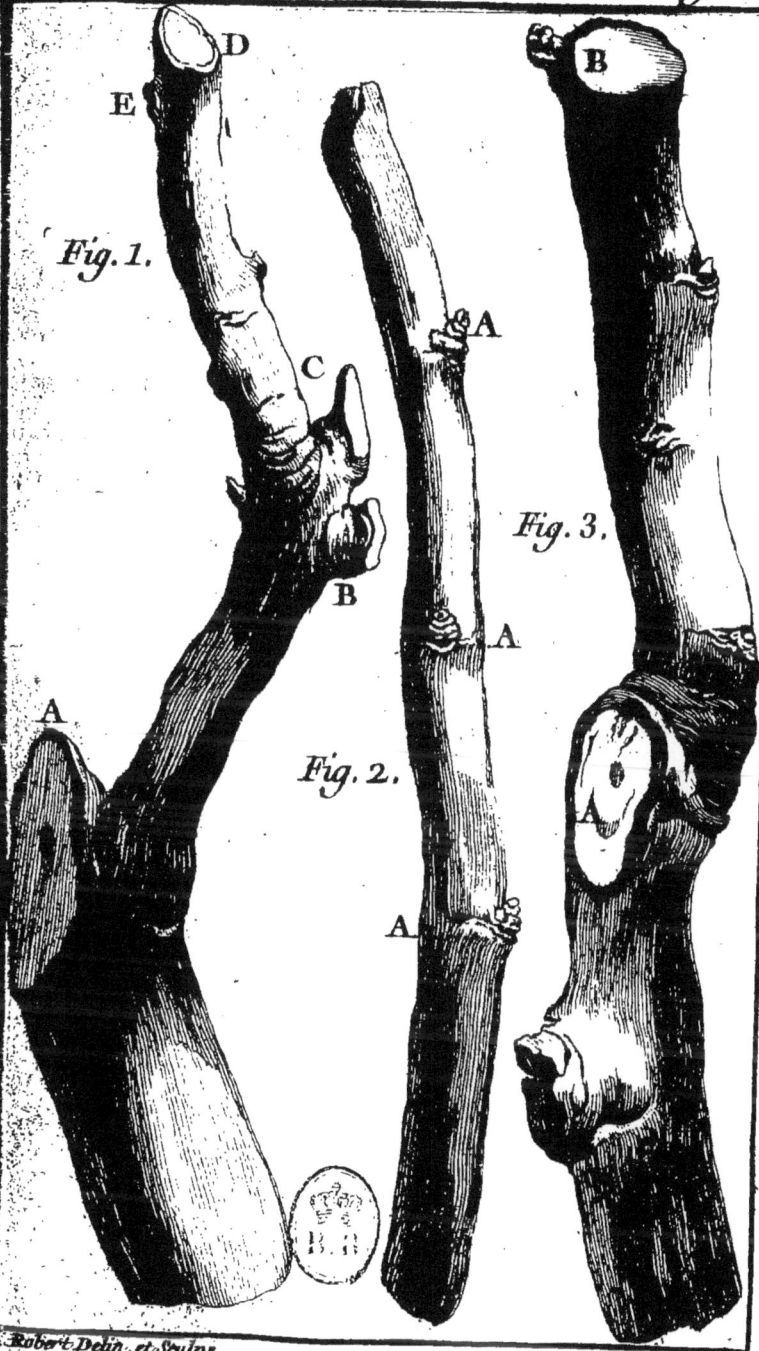

Fig. 1.

Fig. 2.

Fig. 3.

Robert Delin. et Sculps.

on parle ici, imitent par leur figure. C'eſt
la ſouche, autrement dit le bas de toute
branche morte, ou vivante, groſſe, ou petite, ou moyenne, que le Jardinier pareſ-
ſeux, ou négligent laiſſe à quelqu'arbre que
ce ſoit, au lieu de la couper tout-à-fait, & au
pris de l'écorce.

Il eſt rare de trouver des arbres qui ne
ſoient pas pleins de ces argots par-tout, &
rien n'eſt plus préjudiciable aux arbres. Ces
argots empêchent la ſeve de recouvrir l'endroit de ces branches coupées, & ces bois
morts cauſent la pourriture & les chancres. C'eſt la même choſe pour les arbres,
que quand un Chirurgien mal-adroit &
négligent laiſſe à nos plaies des chairs mortes, ou des chairs baveuſes. Outre que de
telles plaies ne peuvent ſe refermer, ni
ſe recouvrir, la gangrene s'y met ſouvent.

ARRACHER. Ce mot ſe prend en bonne & en mauvaiſe part dans le Jardinage.
On dit fort à propos arracher les mauvaiſes herbes, arracher un arbre mort, ou
qui ne vaut rien. Mais arracher eſt mal
dit, quand on parle de tout arbre, ou de

toute plante qu'on doit mettre en place.
Il faut dire *lever* un arbre dans la pépiniere,
& le lever en effet. Il en est de même des
arbrisseaux, des arbustes & des autres plantes. On ne doit arracher que pour détruire & pour mettre au feu ; mais il
faut déterrer soigneusement, & *lever* avec
beaucoup d'attention tout ce qui doit être
replanté. Un arbre arraché & un arbre
levé sont différens comme la nuit & le
jour.

Ce mot d'ARRACHER, quand il est
question de quoi que ce soit que l'on doit
replanter, a quelque chose de dur qui n'est
pas supportable à tout Jardinier aimant sa
profession. Que désormais ce terme si impropre, si révoltant par lui-même, soit
banni pour jamais de la bouche des honnêtes gens, si ce n'est quand il est question
d'une destruction totale.

ARRÊTER se dit principalement des
melons, des concombres & des citrouilles, ainsi que de leurs semblables, quand
leurs bras, ou rameaux s'alongeant trop,
on les raccourcit pour leur faire pousser
de l

de leurs aiſſelles des membres fructueux.
Il ſe dit encore de la vigne & de certains
bourgeons que par néceſſité l'on raccourcit auſſi où beſoin eſt. On dit par néceſſité , parce que , regle générale , on ne
doit , ſous quelqu'autre prétexte que ce
ſoit , rogner , caſſer , pincer , arrêter par
les bouts aucuns bourgeons ; & voilà ce
qu'on ignore pleinement dans le Jardinage : ſavoir , que cette miſérable pratique
d'arrêter & de rogner eſt la perte des arbres. Il faut de toute néceſſité laiſſer croître les bourgeons des arbres de toute leur
longueur. On en rend, dans le cours de l'Ouvrage , des raiſons auxquelles il n'y a point
de replique. L'on a la fureur dans le Jardinage d'arrêter & de rogner par les bouts,
& l'on perd tout. Si les Jardiniers fai-
ſoient attention au préjudice qu'ils font
aux arbres & aux plantes en les arrêtant
de la ſorte , ils s'en garderoient bien. Mais
c'eſt plutôt fait de couper que d'attacher.
On coupe 200 bourgeons pendant le temps
qu'on met à en attacher une douzaine.

ART ou SCIENCE ; c'eſt , à certaines
différences près , la même choſe. Art ſe

prend auffi pour jugement, difcernement, & gout, génie, induftrie, invention, & tout ce que grand nombre de Jardiniers n'a pas, & s'imagine pourtant avoir. Le Jardinage faifant partie de la Phyfique, ou de la con- noiffance de la nature, eft vraiment fcien- ce, & l'exercice, ou la main d'œuvre eft art, métier, profeffion des plus méchani- ques, de la façon dont le plus grand nombre s'y prend. Il feroit fort poffible d'annoblir le Jardinage, & de le relever de l'ignomi- nie, de l'opprobre, & du difcrédit où il eft, & d'en faire un art libéral. Que les Jardiniers s'appliquent & s'inftruifent, qu'en même-temps ils aient de la conduite & des mœurs, bientôt ils feront en confidéra- tion, d'autant que le Jardinage eft la paf- fion de quantité de fort honnêtes gens dans tous les états les plus diftingués.

ASPIRATION. Ce mot vient du latin, & eft pris de l'action de nos poumons af- pirant l'air. L'afpiration des fucs de la terre eft l'action des racines qui pompent les fucs. Les plantes afpirent l'air, comme nous faifons, fans quoi elles ne profite- roient, ni ne vivroient.

On dit auſſi inſpiration & reſpiration ; mais le terme d'aſpiration étant d'uſage plus commun , nous nous en ſervons.

ASCENSION , vient du mot latin , qui veut dire monter. C'eſt l'action par laquelle la ſeve lancée des racines dans le tronc , du tronc dans la tige , de la tige dans les branches , & de ces dernieres dans toutes les parties des arbres , & de toute plante , eſt portée & répartie dans chacune de la même maniere qu'un tuyau fourniſſant à pluſieurs jets d'eau , diſtribue proportionnellement à chacun d'eux ſuivant leur capacité ; de même la ſeve s'éleve du bas en-haut dans les arbres par une vertu qui lui eſt particuliere , puis elle deſcend de la même maniere que l'eau retombe , après avoir monté. C'eſt ainſi encore que notre ſang, par le coup de balancier , eſt lancé & fouetté dans toutes les parties de notre corps.

Nombre de Phyſiciens prétend que la ſeve ne circule pas dans les différentes parties des plantes , comme notre ſang dans nos arteres & nos veines ; mais qu'elle ne fait ſimplement que monter & deſcendre, ainfi que l'eau dont il vient d'être parlé : le plus grand nombre d'entr'eux prétend encore, & il eft comme démontré, que cette feve en defcendant, fe répartit dans toutes les divifions des plantes.

Cette queftion curieufe & de pure fpéculation n'importe pas plus au Jardinage, qu'il importe à l'humanité de favoir comment fe fait en nous la digeftion, la nutrition, la diftribution des fucs. Faifons bien toutes nos fonctions animales, fans nous embarraffer du refte, de même opérons bien fans rien de plus.

Il eft une queftion traitée amplement en fon lieu dans l'Ouvrage, qui eft non moins curieufe que celle-là, & qui intéreffe la pratique au fujet de l'afcenfion & de la defcenfion de la feve. Il s'agit de favoir fi la feve profite autant aux plantes lors de fon afcenfion, que lors de fa defcenfion pour la nutrition, leur accroiffement & leur végétation. On ne dit qu'un mot ici à ce fujet ; favoir, que la feve étant lancée & fouettée avec impétuofité du bas en haut, comme le jet d'eau, monte par voie d'impulfion, & qu'elle defcend plus lentement étant feulement dirigée par fon propre poids, comme cette même eau lorfqu'elle retombe. L'exemple des greffes en écuffon & de toutes les branches, où par la faute de l'Ouvrier, qui a trop ferré fa ligature, le gonflement & le bourrelet font plus forts par en-haut, femble favorifer le fentiment de ceux qui penfent que ce n'eft qu'en defcendant que fe fait la diftribution & la répartition des fucs. Les greffes font preuve à cet égard. Toujours le bourrelet fe fait & fe gonfle au-deffus de la ligature, & foiblement au-deffous d'icelle. Si l'on fait quelque ligature fort ferrée au bras, par exemple, où le gonflement eft-il plus grand, au-deffus ou au-deffous ? Sans contredit au-deffus. *Voyez* HÉMORRAGIE.

ATHMOSPHERE. Mot grec, qui fignifie la partie de l'air qui eft au-deffus de nous, qui nous environne, & où vont les vapeurs de la terre, d'où elles defcendent. *Voyez* AIR.

ATOMES. Terme de Philofophie. Ce font de petits corps indivifibles, dont l'affemblage entre dans la compofition de tous

les autres corps , ou partie de la matiere.
Quelques Phyſiciens appellent atomes im-
proprement dit , les parties volatilles , les
corpuſcules , & les émanations des fleurs ,
qui forment les odeurs , & qui vont par-
fumer les airs. De même tous les corpuſcules qui s'exhalent ſans ceſſe de tous les
végétaux , & qui vont ſe perdre dans l'air,
rien n'empêche qu'on leur donne le nom
d'atomes.

ATTACHE. Attacher en général , c'eſt
l'action de retenir quoi que ce ſoit avec
quelque choſe.

On attache les branches des arbres ſur
le mur & ſur les treillages , ou avec des
oſiers , ou avec du jonc , ou avec des loques & des clous.

Ne jamais attacher , ni branches , ni
bourgeons , ni aucunes plantes , œillets &
autres avec fil & ficelle ; ils coupent ,
par la ſuite , les écorces. *Voyez* ALAISE.

AUVENT , *ou qui pare le vent , & qui en*
garantit , c'eſt la même choſe. Ce qu'on appelle auvent dans le Jardinage eſt totalement inconnu par les Jardiniers. Il n'y a
qu'à Montreuil , & aux endroits où la mé-

thode de Montreuil eſt pratiquée qu'on connoît les auvents. Ce ſont des inventions ingénieuſes, dont les habitans de ce lieu ſe ſont aviſés, tant pour conſerver leurs arbres, que pour des raiſons particulieres très-importantes à détailler ailleurs. Voici en abrégé ce que c'eſt.

Ils ont des tablettes au lieu de larmiers à leurs murs. On appelle larmier la petite avance qui fait ſaillie au bas du chaperon. Mais à Montreuil, c'eſt une tablette qui a cinq ou ſix pouces de large ; de plus, ils ont de trois pieds en trois pieds, ou environ, de forts échalas, ou d'autre bois ſcellés dans leurs chaperons, & incorporés dans ces tablettes. Ces bois ſcellés de la ſorte dans le chaperon de leurs murs, ont un pied & demi de ſaillie : là-deſſus ils mettent au printemps des paillaſſons à plat de la même grandeur que ces bois, ainſi ſcellés dans les murs. Ceux qui ſont en état de faire de la dépenſe, ont des potençaux de fer au lieu d'échalas ; & au lieu de paillaſſons, ce ſont des planches fort larges, qu'ils poſent deſſus durant les temps fâcheux. Ils laiſſent ainſi ces pail-

laſſons à plat , & ces planches ; & quand
les dangers ſont paſſés , on ſerre le tout
pour les années ſuivantes. Comme ils ont
reconnu que ce ſont les vapeurs de la terre
qui gelent les bas , ils appliquent leurs
paillaſſons par le bas ſeulement , & le haut
ſe trouve ſuffiſamment garanti par leurs
tablettes , & leurs paillaſſons poſés à plat
ſur leurs échalas , ou par leurs planches poſées auſſi à plat. *Voyez* ABRI.

Nous avons admis dans le Jardinage une
eſpece d'auvent inconnu juſqu'ici , & lequel eſt fort ſimple ; il a des avantages au-
deſſus de tout pour les eſpaliers. Ce ſont
des paillaſſons poſés en forme de toit , ou
de tentes , prenant du haut du mur , où
ils ſont attachés ferme , à cauſe des vents,
& deſcendant à peu près vers la moitié de
la hauteur du mur. Vous les ſoutenez par
en bas ces paillaſſons avec, ſoit des perches,
ſoit des piquets, aſſez fermement pour ré-
ſiſter aux vents. Ils ſont tenus à une élévation ſuffiſante pour qu'on puiſſe aller & venir deſſous. On les y laiſſe ainſi durant les
dangers , parce qu'il y a aſſez d'air pour
que les feuilles , les fleurs & les bourgeons

ne s'attendriffent pas ; ou bien on les y pofe de façon qu'on puiffe les enlever quand bon femble. Chacun des curieux peut commenter & combiner la préfente invention. Ce qui eft de certain, c'eft que, par fon moyen, on garantit les efpaliers des influences malignes de l'air, & on évite beaucoup des inconvéniens des paillaffons ordinaires.

B

BAGUE. Beaucoup de Jardiniers les connoiſſent. Ce ſont des œufs de certaines chenilles, leſquelles ſont artiſtement arrangées l'une près de l'autre, ſe tenant enſemble, & collés de façon à ne pouvoir être ſéparés. Quand, faute de les appercevoir, ce qui n'eſt pas aiſé, ils viennent à éclore, la verdure de l'arbre eſt dévorée, ſi l'on n'eſt pas à portée d'y remédier. La raiſon pour laquelle on les nomme bague, c'eſt parce que ces œufs, comme de petites perles bien arrangées, forment la même choſe que les bagues qui entourent le doigt, ſont appliqués en travers tout autour d'une branche. On les coupe avec la ſerpette pour les ôter, & elles ſont réſiſtence au tranchant de la ſerpette. Ces bagues ne ſont jamais que ſur les jeunes bois de la pouſſe de l'année.

BAHUT, terme populaire; on dit dos de bahut. Bahut eſt un coffre qui a une élévation en-deſſus, & qui va en inclinant

Pl. III.

Page 42.

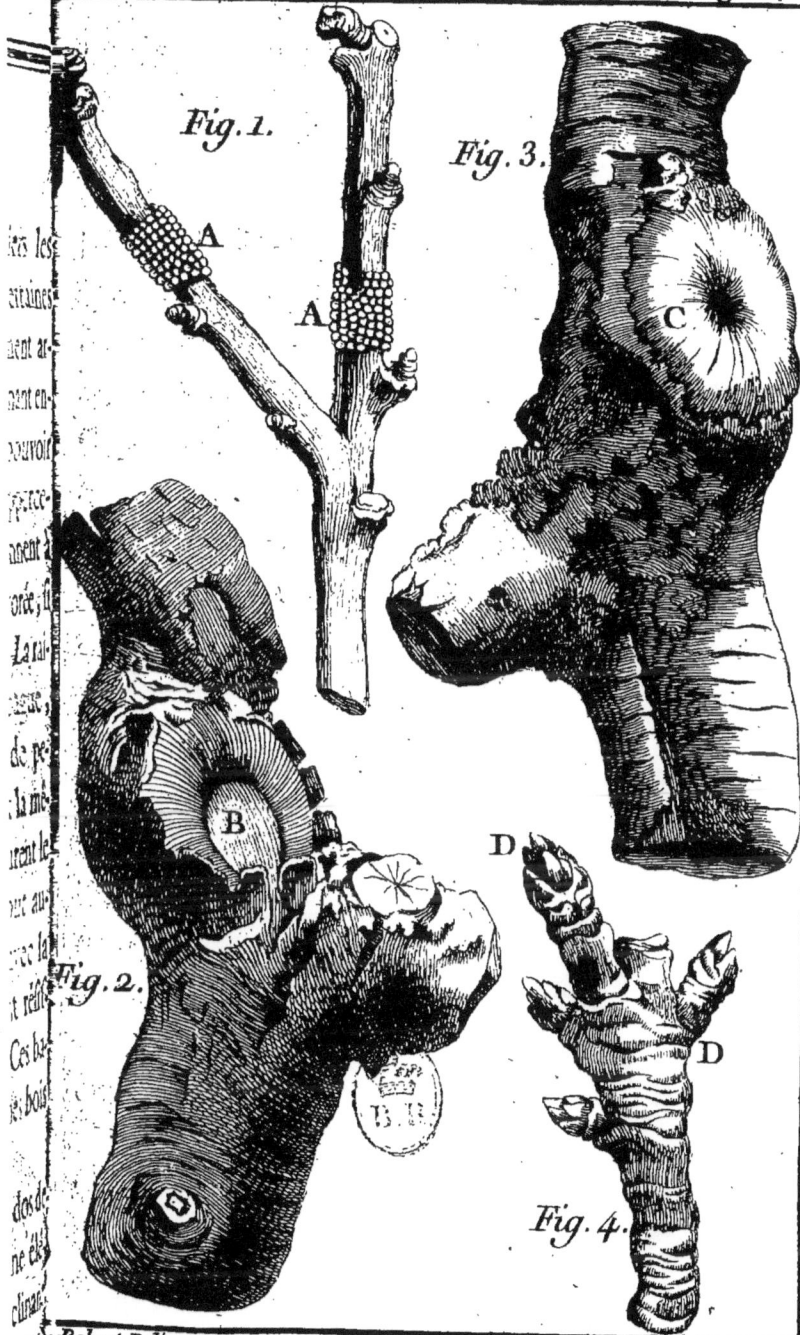

Fig. 1.

A

A

Fig. 3.

C

B

Fig. 2.

D

D

Fig. 4.

Robert Delin. et Sculps.

des deux côtés. On appelle dos de bahut en Jardinage, ſoit une allée, ſoit un quarré, ſoit une planche, qui ſont bombés, ou élevés dans le milieu, & qui vont en diminuant des deux côtés. *Voyez* Dos d'Ane.

BANDAGE. Il vient du mot de bander. Ce mot eſt tiré de la Chirurgie. Les bandages ſervent dans le Jardinage pour la même fin que dans la Chirurgie. Voici entr'autres quelques cas fort ordinaires où les bandages doivent avoir lieu néceſſairement dans le Jardinage.

En voulant tailler une branche, on l'éclate, ou on la tord : un ouragant caſſe des branches qui ne ſont pas encore toutà-fait ſéparées ; des branches ſurchargées de fruits ſont, ou forcées, ou à demicaſſées, ou éclatées. Dans tous ces cas & autres ſemblables, le Jardinier butord coupe, c'eſt plutôt fait, & ſouvent un arbre eſt eſtropié, ce qu'on appelle épaulé : le Jardinier ſoigneux rapproche habilement & promptement les parties l'une contre l'autre, avant que le hâle les flétriſſe ; il met des écliſſes, ou petits morceaux de bois tout autour, de peur que la ligature n'offenſe l'écorce., ou, s'il n'en a pas be-ſoin, il enveloppe & garnit avec quelque chiffon la branche; mais auparavant pen-dant que quelqu'un tient la branche bien en état, & les parties bien rapprochées, il met autour de la plaie un enduit de bouze de vache un peu épais, ſur lequel il ap-plique enſuite ſon chiffon & ſes écliſſes, faiſant un bandage ferme avec de l'oſier, ou de la corde un peu groſſe. Mais afin que la ſecouſſe des vents, ou quelqu'autre ac-cident ne puiſſe rien déranger, il met, ou une fourche de bois, ou quelque ſupport, auquel il attache ſa branche malade. Par ce moyen la branche reprend, & il ſe fait un bourrelet, ou cicatrice à la plaie, de même qu'à nous en pareil cas; & outre que l'arbre n'eſt pas défiguré, ces branches portent des fruits, comme s'il ne leur étoit rien arrivé.

BAR, ou BARRE, civiere qui a quatre manches ſervant à porter des fardeaux. Il eſt compoſé de deux ſortes de brancards avec pluſieurs traverſes à jour dans le mi-lieu. Deux hommes par les manches le portent chargé de fumier, &c. Il est du Jardinage & de quantité d'Arts.

BAR *à caisse*, est celui sur lequel dans son milieu est pratiqué une caisse pour transporter terre, terrot, gasons, menues plantes en mottes, &c.

BARBARE ou EXOTIQUE. Ces deux mots veulent dire étranger. On appelle plante barbare ou exotique toutes les plantes d'outre-mer : on les nomme encore plantes grasses, à cause, peut-être, de leurs qualités onctueuses, comme on dit figues grasses pour cette même raison. Ces sortes de plantes sont censées barbares à notre égard, & ont été ainsi appellées à cause qu'elles ne se familiarisent jamais avec nous, ni avec les autres plantes, & parce qu'elles ne se conservent dans nos climats que par des soins particuliers & par industrie.

Il est quantité d'arbres, d'arbrisseaux, d'arbustes & de plantes particulieres, que les curieux font venir des lieux les plus éloignés, & qui trouvent maintenant place dans le Jardinage. Ce n'est que depuis un certain nombre d'années qu'on les a admis.

B

BASSIN. L'étymologie eſt dans le terme
même ; ſavoir, de ſein & de bas ; qui eſt
plus bas que ce qui l'environne. C'eſt tout
endroit de terre plus bas que la terre, voiſine,
ſoit qu'on le pratique exprès, ſoit autrement. Faire un baſſin autour d'un arbre,
c'eſt creuſer la terre de quelques pouces de
profondeur, & à une certaine diſtance de
la ſouche, pour dégorger une greffe enterrée.

Tout baſſin doit être tiré de long tout
autour de l'arbre, ſi l'on veut qu'il ne ſe
rebouche pas en peu de temps. La plupart
font des baſſins de la grandeur de la forme
d'un chapeau. Le même doit ſe pratiquer
pour les baſſins qu'on fait pour arroſer &
fumer les arbres, ſi l'on veut que le fumier
& l'eau fâſſent leur effet, & arrivent juſqu'aux racines. Mais au lieu de faire un
baſſin autour du tronc, qui ne pompe pas,
ou que foiblement, laiſſer une motte autour ; & en-deçà de cette motte, à l'endroit
où les racines pompent, creuſer pour y
dépoſer l'eau & le fumier.

BASSIN ſignifie encore une piece d'eau,
de quelque grandeur & de quelque forme
qu'elle ſoit.

BATARD, BATARDEAU, tige batarde. On ne fait trop l'étymologie de ce mot. C'eft un arbre dont la tige eft plus haute que celle d'un arbre nain, & moins haute que celle d'un arbre à demi-tige ; il tient le milieu entre l'arbre à demi-tige & l'arbre nain. Il n'eft pas mal de planter les potagers avec de pareils arbres : on peut labourer plus aifément autour ; le fruit d'en bas eft plus aéré, & le potager en eft moins ombragé & plus dégagé ; il a auffi plus de grace.

BATARDIERE, eft un terme de Jardinage plus ufité dans certains livres du Jardinage, que dans le langage commun. On dit plus volontiers & plus convenablement pépiniere. C'eft, dit-on, un endroit du jardin où l'on place près à près des arbres tout greffés, pour y recourir au befoin. La précaution eft fort fage.

BATTRE la terre ; c'eft avec un outil de bois plat, qui eft au bout d'un manche, donner de grands coups deffus pour la faire enfoncer, la rendre ferme & dure : c'eft ainfi qu'on en ufe pour les allées qu'on veut fabler.

BATTRE la terre , se dit encore quand ,
à force de marcher dessus , on la rend plus
dure.

SE BATTRE , en parlant de la terre , c'est
quand les grandes pluies , ou les pluies d'o-
rages frappent la superficie de la terre. On
dit alors terre battue qu'il faut ameublir
en la labourant , ou en la binant.

BECHE. Instrument du Jardinage avec
lequel on remue la terre. Il est de fer plat
& battu , haut d'environ 9 pouces ; & large
de 7 à 8 ; il a par en haut une douille pour
y mettre un manche. C'est de tous les
outils du Jardinage celui qui fait plus proprement & plus solidement l'ouvrage. Une
beche trop massive , large & épaisse fait
mal l'ouvrage , & elle assomme les bras.
Quand , à force d'avoir travaillé , elle est
trop usée , on n'avance point la be-
sogne.

BÉQUILLE , est un instrument de fer
recourbé , moins large que la ratissoire ;
mais recourbé en rond , & dont le manche est plus court. La béquille a pris ce
nom , parce que jadis au bout de son manche il y avoit un morceau de bois en
travers ,

travers, posé comme celui qui forme la béquille. Quelques Jardiniers ont conservé jusqu'à présent cette forme de manche, qui embarrasse plus qu'elle ne sert.

BÉQUILLER veut dire labourer avec la béquille.

BESOCHE ou PIOCHE, sont à peu près la même chose, excepté que la besoche est camuse, & la pioche est pointue. L'un & l'autre instrument sont fort connus dans le Jardinage : c'est pourquoi on n'en fait pas la description.

BINAGE, BINER, BINETTE. Vient du latin, qui veut dire faire deux fois une même chose. On a labouré fonciérement d'abord ; ensuite on recommence un autre labour moins foncier, & seulement superficiel. La BINETTE est un instrument du Jardinage, lequel est de fer, ayant d'un côté deux fourchons en forme de cornes, & de l'autre étant camus ; on s'en sert pour labourer légérement les menues plantes.

BINAGE, c'est le labour fait avec la binette. On dit donner un binage aux laitues, aux chicons, aux chicorées, &c.

D

Binage léger, binage profond. *Voyez* SER-
FOUETTE.

BINER , c'eft labourer avec la binette.

BLANC. Le blanc ou le meunier. C'eft
une maladie commune à quantité d'arbres
& de plantes. Elle eft une efpece de lepre
qui prend aux uns & aux autres, qui gagne
peu à peu , & qui fe communique aux
feuilles , aux bourgeons ou rameaux , &
aux fruits même des arbres. Cette maladie
les rend tout blancs , & couverts d'une
forte de matiere cotonneufe qui les empêche de profiter , & ce qu'on appelle la
tranfpiration des arbres , au moyen de quoi
ils ne peuvent fe reffentir des bienfaits de
l'air.

Parmi les plantes potageres , il en eft
beaucoup qui font incommodées du blanc,
les melons furtout & les concombres. Mais
de tous les arbres , celui auquel le blanc
eft le plus funefte , c'eft le pêcher. On n'a
pas encore jufqu'ici connu le fond de cette
maladie , ni le remede. On donne des idées
fur l'un & l'autre dans l'Ouvrage , & des
remedes immanquables.

BLANC fe dit auffi du fumier chanci ;

où l'on apperçoit quantité de petits fila-
mens blancs appliqués par couches, &
étendus fur chaques petites mottes de fumier, & qui font la matiere ou la matrice
des champignons. On les infere dans les
couches à champignons.

BOISEUX. Il vient du mot de bois. On
dit racines boifeufes, celles qui étant groffes, ont la confiftance du bois dur. *Voyez*
LIGNEUX.

BOMBÉ, BOMBER, vient de l'Architecture dans fa fignification propre. C'eft un
terme qui, dans le Jardinage, veut dire
élevé un peu en dos de bahut : on dit qu'il
faut que les allées du Jardinage foient bombées, c'eft-à-dire, plus élevées dans le milieu que fur les côtés ; outre qu'elles ont
plus de grace, jamais les eaux ne peuvent
y féjourner.

BOMBER fe dit des plates-bandes qui
doivent être plus chargées de terre dans le
milieu que fur les côtés. *Voyez* PLATES-
BANDES.

BORDER, BORDURES, fe difent des allées, des planches & des quarrés du Jardin. Il vient du mot de bord : former un

D 2

bord , de peur que quelque chofe ne fe répande , ou n'éboule. On dit qu'il faut border les allées, pour que les terres des planches & des quarrés ne fe répandent dans les allées , fur-tout fi elles font fablées.

Les bordures les plus communes des jardins font celles de buis. On fait des bordures avec toutes fortes de plantes qui montent peu , entr'autres le thym , l'hyffope , la fauge , la lavande & autres herbes odoriférantes ; on en fait avec le perfil, l'ofeille, les fraifiers , &c.

Maintenant on fait des bordures de parterres avec des planches de bois de chêne, épaiffes d'un bon pouce , & qu'on attache avec de petits avant - pieux enfoncés en terre : on laiffe ces planches faillantes de quelques pouces de plus que la terre , & on les peint en verd.

BORDER fe dit également des planches du jardin avec le dos de la beche , en mettant un cordeau le long de chaque planche : on bat la terre en la labourant , ou après qu'elle a été labourée , afin qu'elle ne fe répande pas , ni ne s'éboule dans les allées & dans les fentiers , & auffi afin que les

eaux des pluies & des arrofemens ne puiffent fe perdre.

BOSQUET, terme de Jardinage. Il vient
originairement du mot BOUQUET, & par
corruption BOSQUET. C'eft un efpace de
terrein garni d'arbres à plein vent non fruitiers & de charmilles par compartimens,
où l'on pratique des allées. Comme cet
affemblage d'arbres, d'arbriffeaux, d'arbuftes, & de diverfes plantes formant un
tout de verdure, reffemble à une forte de
bouquet, on a dit BOSQUET au lieu de
BOUQUET.

BOTANIQUE eft un mot grec qui fignifie la fcience des fimples, autrement
dit des plantes ufuelles, ou d'ufage, ainfi
que celle des plantes médicinales & de
fimple curiofité.

BOTANISTE, eft celui qui s'applique
à cette fcience. Tournefort eft un fameux
Botanifte.

BOUILLON. Ce terme eft nouveau &
inconnu dans le Jardinage. Il eft pris de
l'ufage commun, & employé dans fa fignification propre. On prend un bouillon
pour s'humecter, en même - temps que

pour se sustenter. Le même est par rapport aux plantes. Le bouillon dont il est ici question est composé d'onctueux, d'humectans & de corroborans, & voici comme il se fait.

Prendre pour un seul bouillon une couple de seaux d'eau, & les mettre dans un baquet ; y jetter ce qui suit :

Crottin de cheval la valeur d'un demi-boisseau, lequel mis en miette avec les mains & pulvérisé.

Crottin de mouton pulvérisé aussi, plein les deux mains.

Bouze de vache environ un demi-boisseau, laquelle bien délayée aussi avec les mains.

Terreau gras & vif de couche, *item* que dessus.

Par terreau *gras & vif* on entend celui qui n'a point été évaporé pour avoir été long-temps à l'air, au hâle, & délayé par les pluies, mais nouvellement amoncelé & mis en un tas, quand on a brisé les vieilles couches. Dans le cas de disette de celui-là, on le prend tel qu'on peut l'avoir ; mais on leve celui de la superficie pour plonger

& aller en fond. Il en est du terreau comme de quantité de nos alimens, qui se passent, étant gardés un certain temps, les uns plus, les autres moins.

Commencer par bien battre, & mêler le tout ensemble, puis le jetter dans le baquet, & avec les mains bien délayer.

Faire un bassin autour d'un arbre, non pas autour du tronc, dont la fonction principale n'est pas de pomper, mais de recevoir & de contenir les sucs; faire ce bassin en-deçà, environ à 6, 7 & 8 pouces du tronc, ôtant la terre jusqu'aux premieres racines, & verser le tout dans la jauge; & comme au fond du baquet il en reste toujours, le bien nettoyer avec les mains, & répandre le tout dans la jauge.

Quand l'imbition est faite, remettre la terre, afin que rien ne s'évapore.

Faire le semblable à tout ce qui en a besoin, arbres, arbustes, plantes en caisses & en pots.

Réitérer, si un premier bouillon ne suffit pas, ce qui est fort rare.

Le même a lieu pour les orangers malades.

D 4

Le voilà ce bouillon si souverain, si efficace, le voilà en petit pour un seul arbre.
Mais en a - t - on besoin pour un certain
nombre d'arbres ? On augmente la dose
de chaque ingrédient au prorata du nombre
d'arbres à médicamenter, le tout à vue de
pays ; un peu plus, ou un peu moins n'est
pas d'une grande conséquence : alors on
bat le tout ensemble avec divers outils.

C'est ainsi que dans la cure des maladies
humaines on emploie les juleps, les cor-
diaux, les stomachiques, les bouillons
pulmonaires, ceux faits avec les anti-
scorbutiques, les apozèmes, &c.

Mais il est une observation la plus importante ; savoir, que de même que dans
la médecine humaine, quand les parties
nobles sont attaquées irrémédiablement,
ces recettes ne peuvent rien, de même
le bouillon quant aux arbres épuisés &
ruinés. Mais comment les connoître ?
C'est ce qui sera dit dans le corps de l'Ouvrage.

On est assuré de guérir par le moyen de
ce bouillon, une quantité de maladies des
plantes & des arbres, telles la jaunisse, le

blanc , ou le meunier aux pêchers , les effets & les accidens caufés par la cloque, par les vents roux; &c.

Tels font la magie , le fortilege & les charlataneries de l'Auteur du préfent Dictionnaire, dont on fait chacun juge.

Il eft un autre bouillon de fon invention, lequel non moins efficace , & lequel fait avec les lavures de cuifine. Il eft rapporté en fon lieu. *Voyez* ISSUES DE CUISINE.

BOULES , arbres en boules. Ce font ceux qu'on tond effectivement en boules , & qu'on ne laiffe point croître. Auffi ces fortes d'arbres , toujours retenus & arrêtés, ne pouffent que du chiffonnage , & de fort petites feuilles , qui eft ce qu'on fouhaite. Ils ne profitent point de la tige , fi ce n'eft après de très-nombreufes années.

BOULINGRIN. Terme nouvellement introduit dans le Jardinage , & qui eft pris de l'anglois , quoiqu'en Angleterre ce mot ait une autre fignification que parmi nous. En Angleterre ce font des jeux de boules fur des gazons. En France ce font des efpaces particulieres de terreins où l'on pratique des compartimens de gazons pour l'ornement avec des ombrages.

BOURRELET & non BOURLET. C'eſt une ſorte d'excroiſſance ou d'élévation qui ſe forme à toutes les plaies des arbres, quand le recouvrement s'en fait. On l'a nommé bourrelet, à cauſe que la petite élévation que forme ce recouvrement d'une plaie, imite la figure de ces bourrelets mis au front des enfans, qui ſont ordinairement garnis de ce qu'on appelle de la bourre, ou qui l'étoient dans leur origine.

Outre ces ſortes de bourrelets, il y en a quantité d'autres qui ſe trouvent aux branches & aux bourgeons des arbres dans les endroits même d'où ces bourgeons ſont ſortis de l'arbre.

A toutes les greffes il ſe forme un bourrelet qui, à certains arbres, eſt ſouvent plus gros que la tige même. C'eſt un défaut & un déſavantage pour les arbres. On en dira la cauſe, la raiſon, & les moyens de les prévenir & de les éviter.

On dit faire bourrelet, quand par l'arrivée de la ſeve à un endroit récepé, il ſ

Fig.2.

Fig.3.

Fig.1.

A

fait peu à peu un recouvrement de la plaie.

Il est encore des bourrelets aux arbres, lesquels sont contre nature. Ce sont ceux qui sont en forme de grosses loupes. On peut aussi y remédier dans les commencemens ; mais quand ils sont formés, il n'est plus temps.

BOURGEON, Bourgeonner. Mot propre au Jardinage, & qui n'est employé ailleurs que par comparaison : l'on dit visage bourgeonné, & aussi né bourgeonné. On appelle bourgeon, la pousse de l'année qui provient d'un œil, ou bouton. Quand le bourgeon devient bois, on le nomme branche ; mais tant qu'il est verd, il se nomme bourgeon.

Quelques-uns peu instruits, confondent le mot de bourgeon & de bouton, mais mal à propos. Sans être versé dans le Jardinage, on sait que toujours un bourgeon vient d'un bouton ou œil, qui lui a donné l'être. Il faut pourtant excepter de cette regle générale ceux des bourgeons appellés faux-bourgeons, dont il sera parlé ci-après, qui naissent immédiatement de la peau ; mais qu'on en fasse la remarque, & l'on re-

*

connoîtra que toujours, soit à la tige, soit aux branches où croissent ces faux bourgeons, un petit bouton verd, renfermant le germe du bourgeon, a précédé. La différence de ce dernier avec les boutons produits suivant le cours ordinaire de la nature, c'est que jamais le bourgeon qui naît de cet œil ou bouton *adventice*, n'est franc comme l'autre. Toujours il est flâche & poreux; au lieu que le bourgeon contenu en petit dans l'œil, a été bien autrement travaillé. Pendant tout le temps que le germe a séjourné dans le bouton, il y a été cuit & digéré.

BOURGEONNER se dit, quand au printemps les yeux, ou boutons des arbres font paroître au-dehors un commencement de verdure, qui s'allonge par la suite.

On appelle faux bourgeons, toutes les pousses des arbres qui ne font pas sorties d'un œil, ou bouton, mais qui percent directement de l'écorce.

Parmi ces faux bourgeons, il en est qui font quelquefois très-précieux, dans le cas fur-tout où il faut garnir un vuide dans un arbre, ou même le renouveller.

D'ordinaire on détruit les faux bourgeons, à cause que, presque toujours, ils sont mal placés, & parce qu'ils font confusion ; mais il est des moyens sûrs pour, de ces faux bourgeons, faire des boutons à fruit. Ces moyens, on les dira dans le temps.

BOURGEONS LATÉRAUX, & BRANCHES LATÉRALES. Tels sont ceux qui croissent à droite & à gauche, & non sur le devant, ou parderriere, ni perpendiculairement, & d'à plomb à la tige & au tronc, mais sur les côtés. Les perpendiculaires, directes, verticales, & d'à plomb à la tige & au tronc, les supprimer : ils emporteroient l'arbre ; mais se retrancher sur les boutons & les branches de côté, ou latéraux. *Voyez* COLLATÉRAL.

BOURSES A FRUIT. On appelle ainsi certaines branches qui, aux poiriers & pommiers seulement, font de forme semblable à celles des bourses dont on fait usage pour y mettre de l'argent. Elles sont comme elles, étroites du haut & larges du bas. Ces bourses à fruit naissent toujours aux extrêmités des branches fructueuses, & elles portent des fruits durant plusieurs an-

nées. Heureux les arbres qui ont beaucoup
de ces fortes de bourfes ! Elles font des
fources de fécondité inépuifables. Les bourfes dans les arbres à fruit font des amas
d'une feve bien élabourée, tel que le lait
des mamelles y contenu pour la nourriture de l'enfant.

BOUSILLER, Bousilleur. Terme de
Maçonnerie formé de deux mots. Il fignifie
dans cet art, comme qui diroit, travailler
avec de la boue. Ce terme pris dans ce
fens, eft en ufage dans la Maçonnerie, &
n'a rien de défavantageux ; mais comme
dans tous les arts méchaniques on a tranfporté la fignification de ce mot à tout ce
qui eft fait groffiérement, & dans le gout
de ces fortes d'ouvrages avec de la boue ;
on lui a donné une idée peu favorable. En
Jardinage, & en tout autre art, boufiller
n'eft autre que faire mal & groffiérement
les ouvrages.

BOUSILLEUR, eft celui qui, pourvu que
l'ouvrage foit fait, ou paroiffe fait, travaille à
la hâte, fans gout, fans jugement, fans approprier l'ouvrage, & fans agir conféquemment
aux regles. Ce mot qui, dans le ftyle po-

pulaire, a quelque chofe de bas, eſt en
vogue dans le Jardinage; il eſt fort énergique, & ſa ſignification n'eſt que trop
ordinaire dans les ſuppôts de cet art.

BOUTON ou ŒIL. On ne voit pas
trop pourquoi on a donné l'un & l'autre
nom à cette partie des plantes, d'où naiſſent les branchages, les feuilles, les fleurs
& les fruits de toute plante. *Voyez ci-après*
BOUTURE.

Un bouton eſt une petite partie ſaillante
formée de la plus pure ſubſtance de la ſeve,
qui renferme l'embrion de tout rameau dans
toute plante, & qui n'eſt jamais produit,
ni formé que par l'entremiſe d'une feuille.

Voici une obſervation qui n'a point encore été faite nulle part, & qui eſt autant
curieuſe qu'importante; ſavoir, que comme il n'eſt point de boutons ſans feuilles, il n'eſt pas non plus de feuilles ſans
boutons. La feuille eſt faite pour le bouton, afin qu'elle le nourriſſe & le ſubſ-
tante, de même que le bouton eſt fait pour
la feuille, afin de recevoir d'elle ſa ſub-
ſiſtance. Sans feuille point de bouton; il
ne peut vivre, il faut qu'il avorte, & ſans

bouton la feuille feroit inutile , & deviendroit oifive. Voilà ce que le Jardinier ignore : qu'on en faffe la remarque , & l'on verra que la premiere chofe qui paroît quand tout arbre pouffe , & lorfque l'œil s'ouvre au printemps , ce font des feuilles ou des follicules aux fleurs pour adminiftrer la nourriture au bourgeon naiffant , à l'exception de la figue , qui pouffe fans feuilles. Il en fera dit la raifon ailleurs. L'hiver le bouton n'agit pas au dehors , parce qu'il eft privé de fa feuille qui eft fa mere nourrice , & en tout autre temps la feuille eft attachée au bouton tant qu'il n'eft pas tout-à-fait formé , & fitôt qu'il a fon complément , fa feuille tombe.

Telle eft la feule caufe de la chute des feuilles , quand elles tombent naturellement & fans caufe forcée. Tout ce que les uns & les autres , parmi les favans , ont imaginé dans leur cabinet au fujet de la chute des feuilles , eft purement gratuit de leur part. Il faut être fur le tas même pour fuivre la nature & la voir opérer. On prouve démonftrativement dans l'O

vrai

vrage cette origine , fans recourir à des expédiens imaginaires.

On compare les boutons , ou les yeux des plantes à des œufs , ou à des graines : en effet , tout ce qui fe paffe dans la formation d'un œuf & d'une graine , fe retrace dans la formation d'un bouton ; & de même tout ce qui fe paffe dans un œuf qui devient animal vivant , & dans une graine qui devient plante , fe peint également dans le bouton devenant bourgeon, fleur & fruit.

BOUTONS *à bois*. Ce font ces yeux que toujours accompagne une feuille , & qui jamais par eux-mêmes ne produifent des fruits , mais feulement des bourgeons , qui, pourtant bien ménagés , en donnent par la fuite. Ceci bien entendu , eft un paradoxe dans le Jardinage ; favoir , de convertir les boutons à bois en autant de boutons à fruit pour l'année d'après leur naiffance ; & voici une autre forte de paradoxe en apparence auffi ; favoir , qu'il ne tient qu'à tout Jardinier intelligent d'avoir , à volonté , des boutons à fruit à fes arbres. C'eft ce que nous démontrons

E

dans le Traité de la taille, où nous donnons les moyens fûrs & les plus naturels pour y parvenir. Ceci n'eft point hablerie ; on en appelle à l'expérience journaliere dans tous les endroits où nous opérons.

BOUTONS *à fruit*. Ce font des yeux qui ont toujours à côté d'eux plufieurs feuilles; mais qui font plus gros, plus nourris & plus faillans que les boutons à bois.

Les boutons à fruit dans les arbres à pepins, ont autour d'eux plufieurs feuilles de différentes grandeurs, & auffi plufieurs fleurs ; au lieu que les boutons des fruits à noyau n'ont qu'une, ou deux feuilles, & affez communément une feule fleur, ou deux enfemble, fi l'on en excepte les cerifiers & leurs femblables, qui ont des boutons à fruit au milieu de plufieurs feuilles & dont les fruits font grouppés, ou plufieurs enfemble en un tas.

BOUTONNER en Jardinage eft tout différent que bourgeonner. Il ne faut pas les confondre. Boutonner veut dire commencer à s'ouvrir, & à faire éclorre le germe renfermé dans le bouton. Ce germe, quand il eft forti du bouton, & lors qu'il a une certaine grandeur, s'appelle bourgeon. Les arbres boutonnent, quand leurs yeux se gonflent & grossissent, commencent à sortir de leurs enveloppes, & ils bourgeonnent quand ils font voir un peu de verdure, & lorsque les yeux produisent un petit montant, qui de jour à autre s'allonge, & va toujours en augmentant, jusqu'à ce qu'il devienne à la fin branche formée.

BOUTURES. Ce font les rejettons de tous les arbres quelconques, & de toutes les autres plantes, lesquels naissent, ou des racines, ou du tronc, & de la fouche, soit que ces rejettons aient des racines, ou non.

BOUTURE se prend encore pour toute branche & pour tout rameau détaché qu'on met en terre pour y prendre racine; c'est ainsi qu'on met en terre des rameaux de groseilliers, de fureaux, de jasmins, de juliennes, de giroflées jaunes, &c. & ils prennent racine. Aux artichaux, au lieu de dire boutures d'artichaux, on dit des œilletons; & à la vigne, on dit marcottes & croffettes, tant ce qui a racine, que ce qui n'en a pas.

E 2

Ce terme de bouture vient d'un vieux mot fort uſité encore parmi les gens de campagne ; ſavoir, *bouter*, pour dire mettre. *Boutez-vous là*, diſent-ils communément : *boutez votre chapiau*. A propos de quoi il faut obſerver que tous les noms des arts méchaniques ont été inventés par tous gens groſſiers, qui n'avoient d'autre but que de s'entendre eux-mêmes & entr'eux : au lieu que ceux des ſciences & des arts libéraux ſont, pour la plupart, ſignificatifs & compoſés originairement des plus anciennes langues, ſur-tout du grec & de l'arabe. Tels ſont les termes de la Médecine & de la Chirurgie, de l'Anatomie, la Chymie, la Pharmacie, la Botanique, l'Aſtronomie, & autres. Comme donc ce que nous nommons bouture, n'eſt autre choſe que de menus rameaux, pour la plupart, qu'on met, & qu'on pique en terre, les Jardiniers les ont appellées d'un mot qui leur eſt ordinaire, & qui leur a paru le plus expreſſif, comme qui diroit rameau qu'on boute en terre. Ils diſent *boutures*, comme ils diſent *aoûté*, pour ſignifier la formation & la conſiſtance de toute plante boiſeuſe.

ou ligneuse, qui est toute autre lors du mois d'Août qu'auparavant. Il en est de même d'une infinité d'autres.

BOUZE DE VACHE. Cet engrais fort gras & frais, convient dans les terres seches, légeres & sableuses ; le laisser pourrir auparavant, sans quoi il s'emploie mal, il est pourrissant & crud ; il forme alors ce qu'on appelle des *galettes* dans terre, qui sont long-temps à pourrir.

C'est avec la bouze de vache que se fait l'emplâtre de l'onguent S. Fiacre. *Voyez* EMPLATRE.

BRANCHAGES. Ce terme, & les suivans, sont propres au Jardinage. C'est l'assemblage de plusieurs branches ensemble, ou séparément, soit dans un même arbre, soit dans plusieurs.

BRANCHE, est un rameau saillant, faisant partie de tout arbre, lequel est produit par un œil, ou bouton, & qui, après avoir été bourgeon tendre, a pris la consistance de bois dur.

Trois sortes de branches sur tout arbre, des grosses, des moyennes & des petites.

Ces trois sortes de branches se partagent

E 3

en différentes claſſes ; ſavoir, BRANCHES *à bois* , leſquelles portent des boutons à bois.

BRANCHES *à fruit* , à cauſe qu'elles ont des boutons fructueux. Elles ont des marques diſtinctives ; ſavoir, des rides , ou des eſpeces d'anneaux à leur empattement.

BRANCHES *de faux bois* , ainſi appellées , parce que toujours elles percent à travers l'écorce , & non d'un œil , ou bouton.

BRANCHES *gourmandes* ou *gourmands* , à raiſon de ce qu'elles prennent toute la nourriture , & cauſent la diſette de leurs voiſines ; ſur celles-ci le jardinage commun eſt dans une grande erreur. Perſonne encore , excepté les gens de Montreuil , n'a connu la nature , l'uſage , les propriétés & les avantages qu'on peut tirer des branches gourmandes. Dans le Traité de la taille , nous apprenons à tirer des branches nommées gourmandes , tous les avantages poſſibles , de rendre , par leur moyen , les arbres d'une étendue immenſe , autant fructueux , & de longue durée : enfin , de n'avoir , par la ſuite , que des branches dans l'ordre de la nature , comme les arbres des

ANCHES

ntons à

illes ont
es mar-
, ou des
tement.
pellées,
travers
ion.
ît, à
toute la
de leurs
con-
tionne
atreuil,
proprié-
irer des
s de la
ranches
antage
ren, les
autant
fin, de
es dans
res de

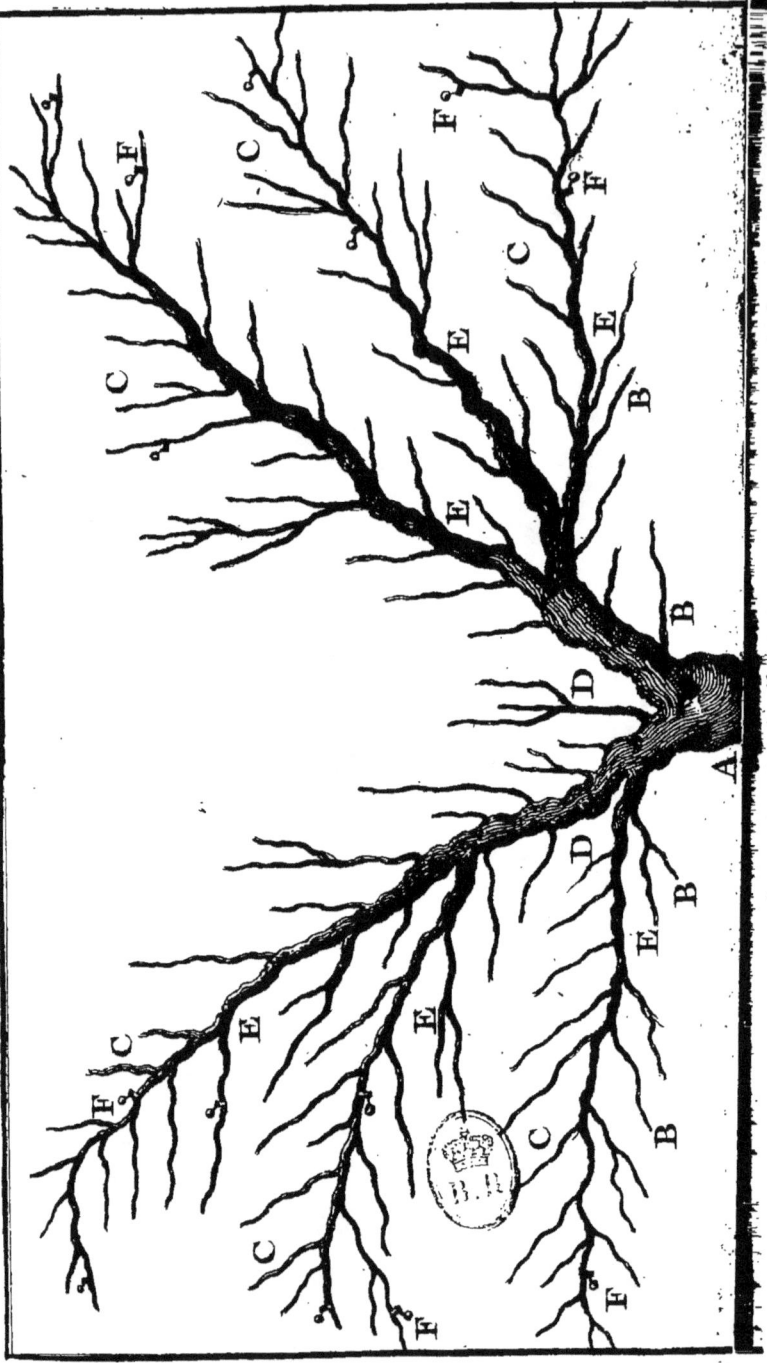

Pl. V.

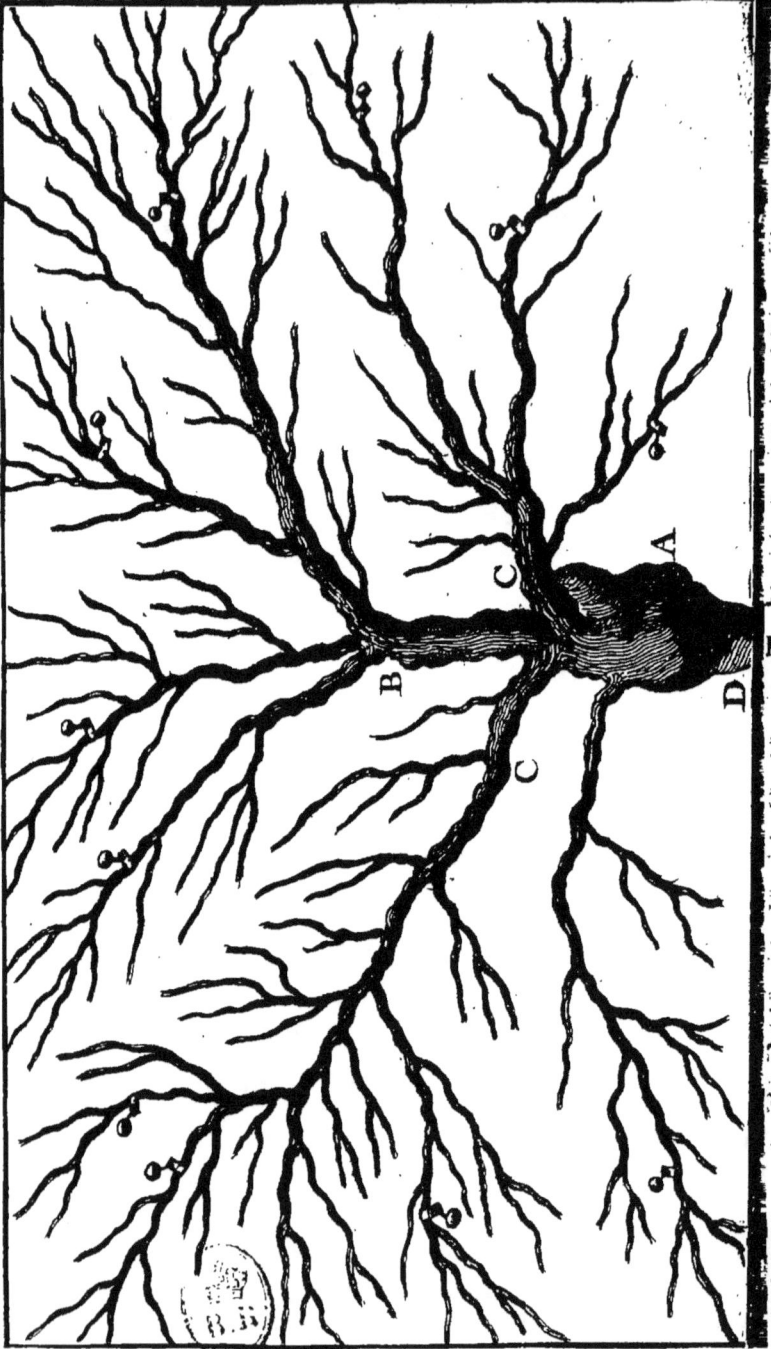

Pl. VI.

forêts & des vergers, ainſi que tous autres
qu'on ne taille point, & qui, pour cette
raiſon, n'ont point, ou que très-peu, de
gourmands. *Voyez* GOURMANDS.

BRANCHES *folles* ou *chiffonnes*. Ce ſont
de menues branchettes, qui ne ſont d'aucune valeur, ni d'aucun avantage pour les
arbres & qui naiſſent ſur des arbres malades,
ou ſur des arbres vigoureux; mais dont on a
rogné les bourgeons par les bouts, ou bien
encore ſur des arbres trop vigoureux, qui
regorgent de ſeve.

Deux autres ſortes de branches; ſavoir,
des branches perpendiculaires, directes,
verticales & d'à plomb à la tige & au tronc,
& des branches latérales. Perpendiculaires
veut dire en ligne droite, directe, qui partent immédiatement du tronc & de la tige:
verticales, d'un mot latin, qui veut dire
la tête, à raiſon de la façon de pouſſer de
ces branches, toujours placées à l'extrêmité
de l'arbre; enfin d'à plomb à la tige & au
tronc, à raiſon de ce que ces ſortes de
bourgeons & de branches s'élancent du bas
vers le haut, comme ſi on les eût poſées
avec le plomb même, comme quand les

ouvriers posent quoi que ce soit qui doit y être : latéral, ou de côté, c'est la même chose.

Dans le systême de Montreuil, outre ce partage des diverses branches, on en fait une nouvelle distribution, ainsi qu'il suit.

Aux arbres d'espaliers, on ne laisse que deux branches uniques, qu'on appelle *branches meres.*

Ces branches meres sont deux seules branches sur lesquelles, dès la premiere taille, on réduit tout l'arbre, l'une à droite, & l'autre à gauche en forme de fourche, ou représentant la figure d'un V un peu ouvert (1).

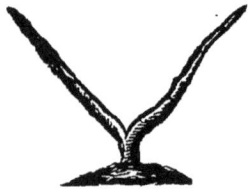

Ces deux branches meres, on les appelle encore *branches tirantes,* parce qu'elles tirent, & qu'elles reçoivent immédiatement de la greffe toute la substance, pour ensuite la répartir à toutes les autres qui naissent d'elles.

On distingue ensuite un second ordre de branches, qu'on nomme *membres,* ou *bran-*

(1) A ces arbres faire droit sur ces diverses sortes de branches.

ches montantes & descendantes. Ces membres
font des branches ménagées de distance en
distance sur les deux parties qui composent
l'V ouvert. Les branches montantes garnissant le dedans , & les branches descendantes garnissant le dehors , ainsi qu'on
va le représenter.

Ainsi donc , on supprime à tous les arbres d'espalier le canal direct de la seve ,
& jamais on ne laisse aucune branche perpendiculaire à la tige & au tronc. Toutes
les branches font ce qu'on appelle obliques , & toujours de côté.

Un troisieme ordre de branches acheve
la formation & la structure des arbres , suivant cette méthode de Montreuil. Ces
branches ils les appellent *branches-crochets* ,
parce que de la façon que ces sortes de
branches font placées sur ces membres ,
elles forment la figure d'autant de crochets. Ces dernieres garnissent tout l'arbre, & l'industrie du Jardinier est de ménager toutes choses de telle sorte , que toujours & par-tout il y ait de ces branches-
crochets , qui font les branches fructueuses.

Du premier coup d'œil on imagine la chofe bien difficile ; mais on va voir par la repréfentation de la figure, deux arbres difpofés de la forte, que rien n'eft plus fimple, ni plus aifé ; mais bien autrement entendu, & plus profitable que nos arbres dreffés en forme d'éventail, avec leurs branches perpendiculaires & d'à plomb à la tige & au tronc.

Ces branches-crochets fe partagent en diverfes autres fortes de branches, que l'on caractérife fuivant leurs différentes façons de pouffer, felon qu'elles font diverfement difpofées, & conformément à la place qu'elles tiennent fur l'arbre ; favoir :

Des branches fortes, ou gourmandes, des branches demi-fortes, ou demi-gourmandes, des branches appellées verticales, ou perpendiculaires, d'autres obliques, ou de côté.

Voici en deux mots tout le fyftême.

A la premiere année on fait prendre à un arbre d'efpalier la figure de l'V ouvert. Ce font les deux branches meres, ou branches tirantes, qui forment chacune un côté de cet V ouvert.

Les branches , appellées membres , qui font de deux fortes ; favoir , branches montantes & branches defcendantes , garniffant en-dedans & en-dehors l'V ouvert. Les branches montantes font ainfi placées en-dedans , & les branches defcendantes de la forte.

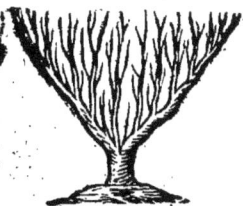

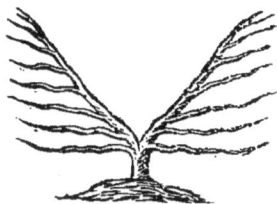

Les deux réunis font la figure préfente : s'il eft quelques branches en apparence perpendiculaires , il faut obferver qu'elles ne font point perpendiculaires directes , mais fur obliques ; ce qui fait un point effentiel.

Les arbres diringés univerfellement , fuivant la routine , font tout différens. Les branches y font difpofées comme autant de rayons qui partent du centre , fuivant la préfente figure. Mais il eft démontré par le raifonnement & l'expérience , que c'eft la gêne & la con-

trainte que la feve éprouve, qui la rendent féconde à raifon de ce qu'étant retardée dans fon cours, elle eft néceffairement cuite, digérée & filtrée ; & au contraire, arrivant fans obftacle dans des branches directes & des canaux perpendiculaires, elle y eft reçue fans être élabourée. C'eft la différence de l'eau d'une fontaine fablée, & de celle qui ne l'eft pas. Enfin de cette diftribution des unes & des autres de toutes ces branches, naiffent les différentes

branches - crochets, fortes, demi-fortes,& autres; ainfi qu'il eft repréfenté dans la figure.

Autres branches encore qu'on appelle des brindelles & des lambourdes.

Les *brindelles*. Ce terme, ainfi que le fuivant, font des termes d'art, particuliers au Jardinage. Ce font des branches à fruits qui font fort petites & trapues, ayant des feuilles ramaffées toutes enfemble, au milieu defquelles il eft toujours un bouton à fruit, ou plufieurs. Les fruits qui naiffent de ces brindelles font prefqu'affurés : ils font communément les plus gros & les plus

exquis. On en dit la raifon en temps &
lieu.

Les *lambourdes*. Ce font de petites branches maigres, longuettes, de la grofleur
d'un fétu, communes aux arbres à pepins
& à ceux à noyaux, ayant des yeux plus
gros & plus près-à-près que les branches à
bois, & qui jamais, dans les arbres de
fruit à pepin, ne s'élevent verticalement
comme elles ; mais qui naiffent d'ordinaire fur les côtés, & font placées comme
en dardant.

Les lambourdes font les fources fécondes des fruits. C'eft d'elles principalement
que naiffent les boutons à fruit.

On les caffe d'ordinaire par les bouts, afin
de les raccourcir, à deffein de les décharger, de peur qu'elles n'aient, par la fuite,
un trop grand nombre de boutons à fruits
à nourrir, lefquels avorteroient, à caufe
de leur multitude. Le Jardinier caffe ; mais
il ignore pourquoi. Tous imaginent que
c'eft ce caffement qui fait venir du fruit à
ces fortes de branches qui, caffées, ou non,
en donneroient toujours. Il fera ci-après
parlé en fon lieu du caffement.

Les lambourdes des arbres à pepins font liffes & unies ; au lieu que les brindelles, & les autres branches fructueufes de ces mêmes arbres, ont des rides, où des anneaux ; mais les boutons à fruit qu'elles produifent, en font abondamment pourvus.

BRANCHES *de réferve.* On appelle branche de réferve, toute branche laquelle eft entre deux branches à fruit, & qu'on taille fort courte, pour, l'année fuivante, fournir à la place de celles qui ont porté fruit ; faute de ce, les Jardiniers fe trouvent pris, & les arbres fe dénuent, foit du bas, foit par places, comme on ne le voit que trop dans tous les arbres des jardins.

Par le moyen d'une telle diftribution des branches, les gens de Montreuil & nous, ainfi que tous ceux à qui nous avons communiqué notre méthode, avons trouvé le fecret d'avoir non - feulement des arbres immenfes, portant des fruits en abondance ; mais des arbres d'une fanté vigoureufe & en embonpoint ; enfin des arbres de longue durée, fur-tout quand ils font ménagés un peu plus que ne font quel-

ques Cultivateurs qu'on accuſe de les pouſſer quelquefois un peu trop.

BRAS ſe dit des melons, concombres,
citrouilles, potirons, & autres plantes
rampantes ſemblables. Ce ſont les pouſſes
qui ſortent des aiſſelles des groſſes branches de ces ſortes de plantes qui s'étendent & s'allongent à la façon de nos bras,
& ſur leſquelles naiſſent les fruits. L'art
du Jardinier entend à les faire croître, & à
en tirer des fruits, qui nouent preſque infailliblement quand il eſt pourvu d'intelligence; au lieu qu'à force d'inciſer & de
charpenter, la plante a toutes les peines
imaginables à produire des fruits noués.

BRISE-VENTS. Le mot porte ſa ſignification. Les Jardiniers n'en connoiſſent
que d'une ſorte, qui ſont faits avec de la
paille. Il en eſt d'autres qui ſont des murailles, & qui ſont placées de maniere
qu'elles briſent les vents. Les premiers bri-
ſe-vents ſont en forme de paillaſſons fort
épais, que les Jardiniers & les Maraichers
placent debout, & qu'ils tiennent en état
par des échalats forts, ou par des pieux
fichés en terre. On les place à l'oppoſite des

mauvais vents autour des couches, ou autour des emplacemens qu'on veut garantir de leur souffle nuisible. *Voyez* ABRI.

A Montreuil les brise-vents sont des pans de muraille, placées à l'opposite des mauvais vents, comme ceux ci-dessus, qui ne sont faits qu'avec de la paille. De ces derniers les Montreuillois font usage aussi, mais dans les champs pour leurs fraisiers, de même que les Maraichers près de Paris, & quantité de Jardiniers de maisons pour entourer leurs melonnieres, afin de les garantir des mauvais vents.

BROU, terme d'art, est une écorce verte, ou verdâtre fort épaisse, ayant un gout amer, & qui couvre certains fruits, leur servant d'enveloppe. Il n'y a que les fruits à coquilles, ou ceux qui ont des enveloppes d'une sorte de cuir, tels que les noix & les marrons, qui ont des brous. Le fruit de l'amandier a un brou qui est tout velu ; le brou de la noix est fort uni, & celui du marron est armé de piquants.

Le brou est non-seulement une enveloppe pour entourer le fruit, & le garantir des accidens nuisibles ; mais encore le

magasin

magafin & le réfervoir des vivres & des provifions pour l'alimenter : fi bien que quand le brou d'une noix, d'une amande, d'une châtaigne a été maléficié par la grêle, le fruit s'en reffent, & profite d'au-tant moins. Quand le fruit eft tout-à-fait formé, le brou fe feche ; il s'ouvre pour faire paffage au fruit, qui tombe alors.

Le brou eft toujours amer & âcre, non pas, comme l'ont imaginé gratuitement quelques Naturaliftes, pour dégouter les animaux friands du fruit qu'il renferme ; mais par une fuite de la façon d'être du fruit, & analogiquement à la nature, à qui une telle feve eft néceffaire pour fa for-mation.

BROUETTE, BROUETTER. Ce terme eft du Jardinage, comme de toutes les au-tres vacations dans lefquelles on fe fert d'un pareil inftrument pour tranfporter di-vers fardeaux.

Voyez par-tout dans le Jardinage, dans les atteliers de Terraffiers & de maçon-neries, les diverfes fortes de brouettes.

Ce font les Charrons qui fabriquent ces inftrumens.

F

BROUETTER ; c'eſt avec la brouette, tranſporter quoi que ce ſoit, d'un lieu à un autre.

BROUIR, SE BROUIR. Il ſe dit des arbres, de leurs feuilles, de leurs fleurs & de leurs fruits nouvellement noués, que les mauvais vents, & ſur-tout les brouillards morfondans flétriſſent & deſſéchent. Ne point arracher les feuilles brouies ; mais les laiſſer tomber d'elles-mêmes. Ainſi le pratique-t-on à Montreuil, pour les raiſons les plus fortes.

BROUISSURE. C'eſt l'effet de ces mauvais vents & de ces brouillards empeſtés.

BRULURE des arbres d'eſpalliers, des pêchers ſur-tout, & des poiriers, pruniers, abricotiers, à l'expoſition particuliérement du midi. La vérité a ſur un galant homme, qui veut être utile, des droits que nulle conſidération humaine ne peut preſcrire. Voici un événement important dans le Jardinage ; il eſt journalier, univerſel, il eſt apperçu de tous, & nul encore n'en a connu la cauſe & le principe. Les gens de Montreuil ne ſont pas plus clairvoyans que les autres ſur ce point.

Ce phénomène du Jardinage, en même-temps apperçu & méconnu, nous a semblé d'une telle importance, que nous avons osé prendre l'essor à son sujet, au-delà peut-être, des bornes d'un Dictionnaire.

Le fait est que les arbres d'espalier, au midi sur-tout, sont brulés jusques dans la moëlle : la tige, la greffe, & toutes les grosses branches sont également rôties & grillées. Tous, sans en excepter un seul, accusent le soleil d'été de cet énorme forfait. Ils prétendent se garantir de cette brulure par quantité d'expédiens, dont les uns & les autres s'avisent. Le plus grand nombre empaille ses arbres, comme on empaille un cardon pour le faire blanchir ; quelques-uns mettent des tuiles pour faire ombrage sur les tiges courtes des arbres nains : il en est qui, sur les arbres de tiges & sur les nains, posent des douves & des planches. On en trouve qui emmaillotent les tiges, les uns avec de grosses toiles & du cuir, les autres avec de la toile cirée : nous-mêmes jadis, quand, esclaves de la routine aveugle, & novices dans le Jardinage, nous travaillions sans réfléchir,

avons fait la dépenfe de faire venir plufieurs charretées d'écorces d'arbres pour appliquer au-devant des arbres d'efpaliers à
notre campagne. Mais, chofe finguliere,
malgré tant de précautions, & tous ces
préfervatifs, les arbres n'en ont pas moins
brulé jufqu'ici, par-tout, comme à Montreuil, & l'on replante fans fin au midi.
A cette expofition, dit-on, les arbres ne
fe plaifent pas, & l'on ne perce point plus
avant : l'on ne fait pas attention que le
même a lieu aux autres expofitions.

Au levant & au couchant les arbres font
auffi brulés, mais bien moins ; on y met
également des garnitures, mais fans remédier au mal, faute de remonter à la
caufe.

La paille dont on entoure les tiges, outre qu'elle fert de refuge à une peuplade
infinie d'infectes, chenilles, vers, lima-
çons, perce-oreilles, pucerons, &c. non-
feulement prive la tige des bienfaits de
l'air, pour lequel elle eft faite, comme les
racines le font pour être bénéficiées par
l'humide de la terre ; mais elle occafionne
la brulure, comme on va le voir : en ou-

être, lors des humidités, cette paille qui reste mouillée en-dedans & dans le fond, ne sert qu'à morfondre la seve par la pourriture & la croupissure, & occasionne à la peau des taches livides produisant les chancres. Dépouillez l'un de ces arbres, & vous reconnoîtrez le fait par vous-même. Lors des gelées, quand cette paille est mouillée, elle gele nécessairement l'écorce sur qui elle est appliquée.

Considerez dans les espaliers un peu anciens, certains vieux pêchers étiques, qui n'ont plus, par derriere, qu'une petite pelure qui leur charie la seve : ils furent empaillés, la plupart, dans leur temps ; cependant ils n'ont pas moins brulé. Ainsi donc, la paille appliquée aux arbres d'espalier, loin d'être un préservatif, est, au contraire, nuisible par le fait même.

Les douves, les planches, les tuiles ne font pas si nuisibles que la paille ; mais elles font un mal réel en privant la tige des bienfaits de l'air, dont, par leur présence, le cours & la circulation ne peuvent plus avoir lieu, du moins que fort imparfaitement. Le Jardinier sensé qui raisonne

& qui examine , fait à ce sujet ses réflexions , pendant que le Jardinier butord,
imaginant que ces choses sont de vrais
préservatifs, reste dans son préjugé, & voit
périr ses arbres.

Quant aux maillots de grosses toiles
épaisses & de toiles cirées, c'est pis que tout
le reste, à raison de l'interception de l'air.
Ce sujet si important est plus amplement
traité en son lieu , quant au dénouement
& au parti à prendre contre cette brulure.

Nos bonnes gens de Montreuil, faute
d'avoir approfondi ce point, empaillent,
mettent, comme les autres, des tuiles &
des douves. Mais voici à ce sujet un raisonnement bien simple.

Si tous les préservatifs ne garantissent pas
les arbres de la brulure, la conclusion est
juste, en disant, donc cette brulure ne vient
pas du Soleil d'été. Or comment brulent-
ils ? C'est ce qu'il faut exposer.

Durant l'hiver il tombe sur les arbres en
général, & sur ceux d'espaliers des neiges
des gelées blanches, des givres, du grésil
& toutes sortes de frimats. Lors donc que
le soleil du midi paroît durant les grandes

gelées, toutes ces humidités fondent, & l'eau découle de branche en branche depuis le fommet fur la greffe & fur la tige, qui, par leur faillie, font une avance qui retient plus ou moins ces eaux, & à mefure que le foleil fe retire, & que la gelée ferre, ces eaux fe congelent fur toutes ces parties mouillées, & là par-tout on voit une incruftation de verglas, qui preffant fortement fur la peau, la morfond, la gele & la brule. Le lendemain le foleil dardant de nouveau, tant fur les nouveaux frimats de la nuit, que fur cette incruftation de verglas, fait fondre de nouveau auffi le tout, qui également fe congele, & ce toujours ainfi, tant que dure la gelée forte. Or ce font ces dégels fucceffifs, & ces congélations réitérées qui brulent ainfi les arbres d'efpaliers. Les autres arbres en l'air & les buiffons, fur qui pareilles fontes & congelations ne peuvent avoir lieu, ne font jamais brulés.

Il eft, quant à ce fujet, des moyens fûrs & efficaces, foit pour fe garantir des effets de cette gelée, foit pour guérir les arbres, quand ils ne font pas totalement brulés,

mais qu'ailleurs on enseigne ; il seroit trop
long de le faire ici. Nul observateur qui
ne reconnoisse le tout.

Mais pour vous convaincre de la vérité
du fait, jettez un coup d'œil sur tous vos arbres brulés, & vous reconnoîtrez ce qui suit.

Tous les arbres d'espalier à l'exposition
du midi, sont brulés en face du midi ; les
arbres qui sont à celle du levant, ne sont
brulés que médiocrement, mais seulement
de côté, ou même point ; mais bien du
côté où le midi les frappe , & ceux du couchant sont brulés du côté opposé à ceux du
levant, à l'endroit où le soleil y darde quand
il est à son midi.

Une autre observation bien importante
encore à faire , c'est sur la brulure & l'ex-
tinction presque annuelle de quantité de
boutons, ou d'yeux à l'exposition du midi. Elle a lieu plus ou moins, suivant que
la congélation dont il a été parlé, a eu plus
ou moins lieu aussi ; & voici , par rapport
à ces boutons, ce qui se passe.

A tous les boutons, ou yeux, il est une
petite éminence. Tous font saillie , & ils
font appliqués droit chacun sur la branche

leur mere , & ils dégénerent en pointe par
en haut. Or quand les humidités fondent
& fe congelent , comme il a été dit, celle
qui entoure le bouton fe congele aussi, &
alors elle ne fait qu'un avec cet œil & la
peau. Le germe de cet œil , qui eft un petit filet verd bien tendre , eft pris d'abord,
par conféquent il faut que l'œil périffe.

Pour vous affurer encore du fait , visitez
l'œil dans le temps dont on parle , & vous
le trouverez incrufté d'un vernis de glace ,
qui le rend brillant comme une perle. Le
Jardinier qui voit tout & n'apperçoit
rien , qui n'examine point , ni ne réfléchit,
fe doute bien qu'il faut que l'œil ait été
gelé ; mais il ne remonte pas au principe
pour s'en garantir.

Dans certaines années , où ces incruftations de glace avoient eu lieu plus que
dans d'autres , à caufe de l'abondance des
frimats ; les pêchers au midi étoient tellement brulés par-tout, qu'il n'étoit pas poffible d'y trouver un œil bon pour y tailler ,
& qu'il a fallu tailler fur les vieux bois, &
d'autres mouroient.

Autre obfervation , qu'on ne peut laiffer

en arriere ; favoir , d'abord que , quand
autour des arbres il y a de la paille , ces
humidités coulant le long de la tige , &
venant à fe congeler deffus la peau avec la
paille , elle brule bien davantage que fi
cette tige étoit ifolée & à nud. Le mal eft
grand , mais les fuites en font bien autrement fâcheufes ; en voici quelques-unes.

. A tous les endroits maléficiés par la gelée & par l'incruftation de verglas , la gomme ne manque pas de fluer ; elle cave &
carie , & le chancre augmente toujours en
étendant la plaie de la brulure.

Les pluies durant l'été , lefquelles ne
manquent pas de refter là , d'y féjourner
& de caver , par conféquent , de même
que toutes les humidités des hivers fui-
vans , augmentent encore l'excavation ; enfin les rayons du foleil venant à l'appui , ne
font que ce qu'on appelle RENGRÉGER le
mal.

De tout ce que deffus , communication par nous a été faite à tous , & il n'eft
pas un feul qui n'ouvre de grands yeux
d'étonnement , & qui ne convienne du fait;
mais aucun ne fe met en devoir de faifir

les expédiens par nous indiqués , soit pour s'en garantir , soit pour réparer le mal , ainsi que nous le prescrirons en son lieu.

BRULURE *du bout des branches*. C'est une maladie des arbres à laquelle il peut y avoir du remede , quand cette brulure vient du vice du fond de la terre , en ôtant la mauvaise , & en en mettant de la bonne à la place. On la connoît , cette brulure , quand les bouts sont tout noirs , ou charbonnés.

BRULURE *des racines aussi par les bouts*. Si cette maladie vient de la même origine , la cure est aussi la même. M. de la Quintinie prescrit , pour l'une & l'autre , d'ôter ces extrêmités noires.

Il est fort rare de voir des arbres ainsi maléficiés en revenir.

BUISSON. Le mot de buisson peut venir de buis , ou bouis , qui est composé de quantité de branches horizontales. Jadis on appelloit buisson , & on appelle encore de ce nom quantité de petits arbres touffus , qui se rencontrent dans les champs non cultivés ; on dit arbre en buisson. C'est un arbre qu'on coupe environ à un pied au-

deſſus de la greffe , & auquel on laiſſe venir des branches tout autour , qu'on évide
dans le milieu , lui faiſant prendre la figure
d'un godet. On dit buiſſon ouvert , rond ,
évaſé , dégagé , évidé. On donne dans
l'Ouvrage un Traité particulier des arbres en buiſſon pour les régir. Les gens
de Montreuil paſſent pour mieux entendre
les eſpaliers que les buiſſons.

BULBEUX. Terme de Botanique. C'eſt
une plante d'un tiſſu tout différent de celui des autres. Toute plante bulbeuſe eſt
compoſée de pluſieurs peaux particulieres,
appliquées les unes ſur les autres , en forme de fourreau chacune , s'enveloppant
mutuellement , & qui peuvent ſe ſéparer
& s'enlever , ayant pour racines un tiſſu
de petits filets blancs , qui jamais n'acquié-
rent , ni la conſiſtance , ni la dimenſion de
celles des autres plantes. Vous ôtez une
premiere enveloppe , qui eſt comme une
eſpece de robe , ou de tunique ; puis après
elle , vous en trouverez une ſemblable ,
& ainſi juſqu'à la derniere. Bulbe , ou oignon ſont ſynonymes. Plantes bulbeuſes ,
ou plantes à oignon , c'eſt la même choſe.

Tels les lis , les tulipes , les échalotes , l'ail , le poireau , la ciboule , &c.

BULLE vient d'ébullition , bouillonne-ment en Physique ; il se dit de l'air. Ainsi , quand l'eau frémit pour bouillir , on voit du fond du vase s'élever des especes de pe-tites bouteilles , de même quand le vin de Champagne pétille dans le verre. On dit l'air en bulles , l'air en masse. *Voyez* MOLÉ-CULES.

BUTTER , BUTTE ou ÉLÉVATION font également synonymes. C'est élever au pied d'un arbre un petit monceau de terre, pour empêcher que le vent ne le ballotte , ou que la sécheresse ne le prenne. On dit butter les artichaux , avant que de les couvrir avec du fumier durant l'hiver. C'est élever tout autour du pied une butte de terre à 5 ou 6 pouces de haut & d'égale épaisseur.

C

CAISSE en Jardinage, est un ouvrage
de figure quarrée, en bois, fait par un Me-
nuisier, lequel est composé de quatre pieds,
ou piliers, sur lesquels sont attachées des
planches, avec un fond aussi de planches,
le tout formant une sorte de boîte, qui n'a
point de dessus, pour la former. On la
remplit de terre pour y mettre certains arbres & des arbustes. *Voyez* ENCAISSE-
MENT.

CALIBRE, en terme de Jardinier physicien & d'Anatomie des plantes, a une
signification particuliere. Ce mot est pris
des arts, & est employé dans plusieurs
sciences. On dit calibre d'un canon, & aussi
le calibre des arteres & des veines. C'est en
Jardinage le moule intérieur des organes
des plantes, qui sert à modifier la seve pour
lui faire prendre diverses façons d'être. Suivant que les canaux destinés à contenir la
seve, ont différens diamétres, & que leurs

calibres sont diversement disposés, la sève
y coule plus ou moins, s'y modifie, s'y
combine, & y reçoit les différentes prépa-
rations, par le moyen desquelles elle se
moule; & telle est, en partie, la raison de
différentes configurations des plantes, ainsi
que leur gout si varié, de leurs qualités
diverses, leurs couleurs & odeurs. C'est
ainsi que dans les animaux quelconques,
terrestres, aëriens, aquatiques & amphi-
bies, les moules intérieurs, les différens
organes, les canaux, les vaisseaux, les instrumens de la préparation & de la cuisson
des alimens; (ces derniers, quoique souvent les mêmes dans nombre d'entr'eux,)
opèrent une différente conformation, suivant la différence de ces mêmes moules &
de leurs calibres, ainsi que suivant les em-
boîtemens de toutes les parties entr'elles,
leur assortiment & leur incastrement. *Voy.*
Moules, Couloirs, Organes & Ca-
nal.

CALICE *des fleurs*, appellé ainsi à cause
qu'il imite la figure du vase qui porte ce
nom; c'est l'enveloppe & l'étui qui contiennent tout ce qui compose la fleur.

CALLEUX, eſt tout corps particulier, ſur lequel croît une petite tumeur dure. Ce mot eſt pris de la Chirurgie, & il a, par rapport aux plantes, la même ſignification que dans cet art.

CALLOSITÉ, eſt cette petite eſpece de durillon, qui, comme dans quelques parties humaines, croiſſent également aux arbres.

Ces ſortes de calus, ou corps calleux, ſe guériſſent & ſe traitent, comme ceux des membres humains, & ils ont la même origine.

CALUS, ſont ces duretés qui ſe forment à la peau des arbres, comme les durillons dans nos mains.

CAMPANE, CAMPANER, FRANGER, FESTONNER ; le tout ſe dit des feuilles, des plantes & de leurs fleurs, qui ſont diverſement découpées à leurs extrêmités. Ce terme eſt de la Botanique.

CANAL. Par ce mot on entend tous les vaiſſeaux qui, dans les plantes, ſervent à recevoir & à contenir la ſeve, à la porter & reporter dans toutes les parties de chaque plante.

Le

Les vaisseaux des plantes sont sans nombre, comme dans le corps humain, & ils
n'ont dans leur genre les mêmes fonctions.
On ne les respecte pas assez dans le Jardinage ; au lieu de les ménager & d'en profiter, on en dépouille les arbres, ne laissant
presque rien à leurs branchages à mesure
qu'ils poussent.

CANAL *direct de la seve.* C'est cette sorte
de branches qui poussent d'à plomb à la
tige & au tronc, lesquelles il faut nécessairement supprimer, si l'on veut avoir des
arbres vigoureux, de belle figure, amplement fructueux, & de longue durée. *Voyez*
à la lettre B au mot BRANCHE, la figure
d'un arbre à la Montreuil, où le canal direct de la seve est supprimé : il est ici une
observation à faire en passant ; savoir,
qu'on peut, & qu'on doit même laisser aux
arbres des branches directes montant verticalement, & d'à plomb à la tige & au
tronc en deux rencontres ; 1°. quand elles
sont nécessaires pour garnir le milieu de
l'arbre ; 2°. quand elles ne sont pas perpendiculaires en partant de la tige & du
tronc ; mais perpendiculaires sur obliques.

G

C

Ces dernieres ne font jamais furieufes comme les premieres. *Voyez* BRANCHE.

CAPSULE. Terme de Botanique. Il fe dit des fruits à pepins. C'eft un diminutif d'un mot latin, qui veut dire bourfe, & capfule eft la même chofe que petite bourfe. C'eft ce qui, dans les fruits à pepins, fe trouve toujours au milieu de l'intérieur du fruit. Là font de petites loges, ou cloifons féparées par une double membrane parchemineufe, en forme de petites écailles concaves, dans lefquelles font renfermés, au centre du fruit, les pepins. Quelles précautions la nature ne prend-elle pas pour mettre en fureté la graine, qui eft le premier principe de la multiplication des végétaux ! Il faut que la pulpe, ou la chair de tout fruit périffe, avant que l'efpoir de la plante coure aucun rifque.

CARIE, CARIÉ, SE CARIER. Ce terme eft emprunté du mot de carrieres, où l'on tire diverfes matieres pétrifiées. C'eft de-là que ce mot a été pris par la Médecine & la Chirurgie, parce qu'en effet l'humeur vicieufe qui altere & creufe les chairs, ou les os, les détruit & les confume.

La carie est l'effet d'une humeur âcre & mordante, causée par une seve vicieuse, qui altere l'écorce, le parenchyme, la partie ligneuse & la moëlle, ou l'une, ou l'autre de ces choses. Semblable à l'humeur qui, dans nos corps, corrompt le sang & produit les ulceres, la carie cave toujours, & gagne au pourtour; elle fait périr souvent les branches, & même les arbres. Telle, en particulier, la gomme aux cerisiers, pêchers, abricotiers, pruniers, ainsi que dans les arbres appellés résineux, lorsque la seve est déplacée, & qu'elle n'a plus son cours.

Pour s'opposer aux progrès de cette humeur vitieuse, & empêcher qu'elle ne ronge la branche, il n'y a qu'à ôter soigneusement la gomme, & elle ne fait plus de mal. C'est ainsi que dans nos corps on arrête le cours d'une humeur semblable, & que par des remedes convenables, on empêche le pus de faire plus de progrès.

CARIER, c'est miner en-dedans, ronger, mordre & détacher les parcelles du bois, produire, en un mot, intérieurement dans les fibres des plantes , ainſi qu'il a été dit , le même que font par leur travail les ouvriers employés à fouiller les carrieres.

SE CARIER. C'eſt quand une humeur mordante provenant d'une ſeve virulente, ou à l'occaſion d'une plaie faite à un arbre , & par le moyen des pluies , des roſées , des gelées & du ſoleil , cette plaie devient profonde de plus en plus.

CARRIERES. Ce qu'on appelle ainſi dans les fruits , n'eſt autre choſe que l'amas des ſucs qui ſe pétrifient par une calcination , telle que celle des gravelles dans les tonneaux de vin. Le plus grand nombre des poires eſt pierreux , les unes plus, les autres moins. Le fruit du coignaſſier n'eſt qu'un tiſſu de pierres & une ſorte de carriere. Toutes les poires ſauvages ſont telles , ainſi que les poires à cidre. De ce phénomene de la nature concernant la formation des pierres dans certains fruits & non dans d'autres , il n'eſt pas trop poſſible de rendre raiſon , pas plus que de la formation du noyau , & des coques les plus dures en certains fruits , de même que d la converſion & de la métamorphoſe de la lymphe des arbres formant leur bois dur. La ſeve n'eſt, en elle-même, qu'une lymphe fort épurée ; comment ſe congele-t-elle de la ſorte juſqu'à acquérir une qualité oſſeuſe, & parvenir à la dureté d'un caillou ?

CASSER , Cassement. Ces deux mots ont ici une autre ſignification que dans l'uſage ordinaire. Ce mot de caſſer , dans le ſens dans lequel il va être expliqué, eſt peu connu, ou fort mal entendu dans le Jardinage.

Casser , c'eſt rompre & éclater à deſſein un rameau de la pouſſe, ou une branche de la pouſſe précédente, en appuyant avec le pouce ſur le tranchant de la ſerpette. Ce caſſement doit être fait environ à un demi-pouce de l'endroit où le rameau qu'on caſſe a pris naiſſance , directement au-deſſus de ce qu'on appelle les ſous-yeux. En caſſant de la ſorte à la fin de Mai juſqu'à la mi-Juin , & par-delà encore, on eſt aſſuré que des ſous-yeux il pouſſera infailliblement , ou une lambourde , ou une brindille , ou des boutons à fruit pour les années ſuivantes , & quelquefois toutes

G 3

ces trois choses à la fois à un même arbre?
Mais ce cassement n'a lieu communément
que pour les arbres à pepins.

Si l'on coupe, au lieu de casser, la seve
recouvre la plaie, & il repousse une nouvelle branche, ou de nouveaux bourgeons,
qui forment ce qu'on appelle des têtes de
saules, ou des toupillons de petites branches qui défigurent & épuisent l'arbre ;
mais quand on casse de la forte, alors les
petites esquilles, ou les fragmens qui restent, empêchent la seve de recouvrir, &
les sous-yeux s'ouvrent pour donner, ainsi
qu'il vient d'être dit, ou une lambourde,
ou une brindille, ou des boutons à fruit
pour les années suivantes, & très-souvent
le tout ensemble.

Casser est encore l'action de supprimer
le bout d'une lambourde. *Voyez* Lambourdes.

Le cassement a lieu quelquefois aussi à
l'égard de certains bourgeons, & des gourmands en bien des occasions ; mais il faut
être bien réservé pour l'employer à propos
non-seulement dans ces occasions, mais
dans celles dont on vient de parler : que

qu'un qui casseroit trop, seroit sûr d'avoir
des fruits à tout rompre ; mais il épuise-
roit bientôt ses arbres, comme quelques
Jardiniers ont fait, abusant de ce secret im-
manquable pour avoir du fruit. Les Jardiniers taillent les branches du tour des
buissons, & leurs arbres font des toupillons hérissés de branches à bois toujours sté-
riles ; mais il faut casser ces branches seulement par le petit bout, & l'on a des
fruits à l'infini pour l'année suivante ; alors
il faut tailler, mais comment ? C'est ce
qu'on montre à faire en temps & lieu.

CATAPLASME pris de la Médecine. En
fait de Jardinage, c'est l'application de la
bouze de vache, ou du terreau gras, ou
de bonne terre sur les plaies des arbres. On
l'appelle ONGUENT SAINT FIACRE. *Voyez*
B, à la fin de l'article de BANDAGE.

CAUTERE, est une opération nouvelle
du Jardinage ; elle est fort simple, & produit des effets autant admirables qu'avantageux : ce mot est pris de la Chirurgie.

Le cautere du Jardinage a été inventé
pour faire percer des boutons & des bourgeons à l'écorce d'un arbre, ou d'une bran-

che qui en eft dénuée. Toutefois il faut que
la partie de l'arbre fur laquelle on applique
le cautere foit vive, qu'elle ne foit point, ni
feche, ni trop vieille, ni écailleufe. Il eft
un temps requis, & une façon de s'y prendre pour cette opération. Le détail en feroit ici trop long. Il fuffit de dire quant
à préfent que cette opération differe peu de
ce qu'on appelle la faignée des arbres ; elle
eft la même quant au fond. Elle eft auffi,
jufqu'à un certain point, la même que la
facrification. *Voyez* SAIGNÉE, SACRIFICA-
TION.

CAYEU, CAYEUX, termes d'art. Ce
font les petits oignons qui croiffent au pied
des maîtres oignons, & qui fervent à leur
multiplication. *Voyez* BULBEUX.

CENTRAL. Feu central de la terre. Par
feu central de la terre, on entend une chaleur interne, qui eft dans le centre de la
terre. C'eft cet élément répandu univerfellement dans la nature, lequel eft également dans la terre, & auquel vient fe
joindre la chaleur du foleil, celle des fumiers & des autres engrais. C'eft, à proprement parler, la chaleur naturelle de la

En qu[...]
pp[...]ue
[...]nt, n[...]
e. Il e[...]
y pren[...]
en fe[...]
quan[...]
peu de[...]
elle
[...]E,
[...]le
[...]CA[...]

Ce[...]
pied[...]
leu[...]

Pa[...]
cha[...]
de la[...]
ntre[...]
egale[...]
ent le[...]
des f[...]
propr[...]
e de f[...]

Pl. VII. Page 10

J. Robert delin. et sculps.

térre, comme on conçoit celle du corps humain.

CERCEAU, mettre des cerceaux pour former les arbres.

On ignore quel eft l'inventeur des cerceaux pour dreffer les arbres, & pour la façon d'en ufer ; mais ce qu'il y a de fûr, c'eft qu'aucun écrivain du Jardinage n'en fait mention, qu'on ne les voit d'ufage nulle part. Quelques Jardiniers, pour faire fortir une branche qui fe porte trop en-dedans, & faire rentrer celle qui fort trop, lancent en travers des baguettes, qui forcent ces fortes de branches à rentrer, ou à fortir ; mais nul encore qui ait appliqué aux arbres des cerceaux qui retiennent toutes les branches pour faire un tout régulier, fuivant la figure ci-jointe. Ce qu'il y a de certain encore, c'eft qu'il eft de toute impoffibilité de former les buiffons, & même les têtes des tiges que l'on taille, à moins de recourir aux cerceaux. On eft communément des 7, 8, 9, ou 10 ans à les former à la ferpette ; & comme, pour y parvenir, on eft forcé de leur ôter quantité de bois, & de les taillader continuellement,

pendant ce temps-là on n'a point de fruit
ou que fort peu ; d'ailleurs on afflige le
arbres par quantité de coupes & de plaies
qui toujours les tarabuſtent & leur nui-
ſent. Avec le ſecours des cerceaux, on leu
fait prendre une figure convenable ; &
quand les branches ont pris leur pli, o
les ôte : cependant les arbres portent fruit
& comme on ne les tourmente point pa
des inciſions réitérées, & auſſi, parce qu'o
leur ôte peu de bois, ils groſſiſſent prodi-
gieuſement de la tige.

On obſervera ici qu'on ne preſcrit le
cerceaux que pour les ſeuls arbres de figure baroque qui pouſſent follement.
Quant à ceux qui ſe portent à bien, il n'e
eſt que faire.

On emploie des cerceaux à futailles ; ſa
voir, pour les petits arbres des cerceaux
demi-muids, & à muids pour les forts ar
bres, & dans le cas de beſoin, pour cer
tains arbres très-forts, tout-à-fait déjettés
des cerceaux à cuve.

On donne des leçons à ce ſujet dans l
Traité de la taille.

CHAMP, à CHAMP. Se dit de la faço

le femer ; c'eſt-à-dire, à la volée, en jet-
tant ſa graine & l'éparpillant de toutes
parts, comme quand on feme le bled.

On dit auſſi *fumer à champ*, pour dire
fumer en couvrant de fumier toute la
ſuperficie de quelqu'eſpace de terre. C'eſt
la différence de fumer par rigoles, ou ce
qu'on appelle à vive jauge. *Voyez* VIVE
JAUGE.

CHANCI, RACINES CHANCIES :
ce ſont celles qui, étant éclatées, ſe
moiſiſſent en terre, & où ſe forme une
humidité blanchâtre, qui les fait noircir
en-dedans & pourrir. Beaucoup de jeunes
arbres périſſent par-là, & ce par la négligence des Jardiniers qui plantent ſans y
regarder auparavant.

Les racines ſe chanciſſent encore, quoiqu'elles ne ſoient pas éclatées, quand l'humidité de la terre eſt trop grande, quand
les vers, ou d'autres animaux dans la terre
les rongent, quand, par mal-adreſſe, en
labourant trop près d'elles, on leur fait
des bleſſures, & auſſi en quantité d'autres
manieres.

Il eſt des remedes contre les chanciſſures
des racines.

CHANCRE , Chancreux , vient de
la Médecine & de la Chirurgie. Le chancre
eſt dans les plantes, comme dans nos corps
une eſpece d'ulcere malin , formant une
forte de galle cauſée par une humeur âcre
& mordante , lequel détruit peu-à-peu la
ſubſtance intérieure d'une branche, ou même
me d'un arbre.

Les chancres ſont plus , ou moins grands;
ils attaquent indifféremment toutes ſortes
d'arbres & de plantes ; mais les arbres gommeux y ſont plus ſujets que d'autres. Il
eſt des moyens ſûrs de prévenir & de guérir les chancres.

CHANCREUX veut dire, ou ayant des
chancres , ou qui eſt ſujet à en avoir. Il
eſt des poiriers fort chancreux, tels les beur-
rés , les bergamottes & les royales d'automne.

CHARGER *un arbre , arbre trop chargé*,
terme pris dans ſa ſignification propre.

CHARGER *un arbre ,* c'eſt lui laiſſer trop
de bois, ou trop de fruits.

En lui laiſſant trop de bois, au delà de ſa
portée, on l'épuiſe.

En lui faisant porter trop de fruits, on n'a que des fruits mesquins.

Il est un juste milieu pour l'un & pour l'autre.

CHARLATAN du Jardinage est, dans son genre, le même que charlatan dans la Médecine & dans la Chirurgie. C'est un Ouvrier du Jardinage qui se vante d'avoir des secrets, à qui il attribue des vertus qu'ils n'ont pas, & qui en impose grossiérement.

Il n'est que trop de charlatans du Jardinage, Moines, Prêtres & gens de tous états. A les entendre, ils ont des recettes & des secrets prétendus pour produire des prodiges, & tout avorte dans l'exécution.

Il en est un entr'autres qui s'est donné follement à lui-même le vain titre de Médecin des arbres, & qui s'est fait annoncer pour tel dans le Journal Économique de Septembre 1751. Il faisoit, disoit-il, prendre médecine aux arbres, en leur administrant des purgatifs pour leur faire faire des évacuations copieuses, &c. Quelques personnes en ont été dupes, & le sort de cet

emphatique a été de devenir l'objet , & du l
mépris univerſel de ceux de ſon village , & à
la proie de l'affreuſe indigence. *Voyez* HA-
BLEUR , TOPIQUE.

CHARRUE , DEMI-CHARRUE. La char-
rue des jardins differe de la charrue de labour , & n'a qu'un petit ſoc , ſervant ,
ſoit à bras , ſoit avec un cheval pour ratiſ-
ſer les grandes allées des jardins & des
parcs.

La demi-charrue n'eſt , à proprement
parler , qu'une ratiſſoire fort large , mon-
tée avec un chaſſis de bois.

Des unes & des autres , il en eſt de toutes façons , ſuivant les Ouvriers qui les travaillent , ou ſelon le gout des Jardiniers qui
les font faire.

CHASSIS *de jardinage* , terme de menuiſerie. Ce ſont des aſſemblages de morceaux
de bois de chêne emboîtés , ordinairement
peints en verd , & garnis en-deſſus de vi-
trages à petits , ou à moyens carreaux en
plomb , & qui ſervent à renfermer , ſoit
des plantes curieuſes , qu'on ne peut conſerver que par leur móyen , ſoit pour faire

avancer les plantes de primeur. On peut
les voir chez une foule de curieux.

Il en eſt de différentes ſortes, & ils ſont
une invention fort nouvelle dans le Jardinage. Ils nous viennent des Anglois & des
Hollandois : nos Jardiniers ne s'y entendent
guere ; par la ſuite ils pourront y mordre.

CHATON. Terme de Botanique. Il ſe
dit de certains arbres. Ce ſont des group-
pes, ou amas de petites fleurs en forme de
guirlandes, qui ſont dans le genre des menſtrues ; ils précedent les fleurs véritables &
fécondes. C'eſt ainſi qu'on les voit aux
noyers, noiſettiers, aveliniers, cornouil-
iers, &c. *Voyez* MENSTRUES, FAUSSES-
FLEURS.

CHATON eſt auſſi un terme de Fleuriſte,
pour ſignifier l'enveloppe qui renferme certaines graines. Cette enveloppe ſe fend
pour laiſſer la graine ſe répandre quand elle
eſt mure. On dit chaton d'une tulipe.

CHATRER. Terme fort groſſier du Jardinage. Les Jardiniers qui ſavent parler
convenablement, ſe ſervent de termes plus
ſéans : en parlant des pois en fleurs, qu'on
arrête par les bouts pour les avancer, ils

difent PINCER, ARRÊTER, & auffi en
parlant d'une motte, de quelque plante
en pot, ou en caiffe, qu'on tranfporte ailleurs, ou qu'on change de pot & de caiffe
ils difent *réduire la motte, la rafraîchir :* fi le
terme eft moins révoltant, l'action n'en
vaut pas mieux. *Voyez* MOTTE.

CHENILLE, ÉCHENILLER, ÉCHENIL-
LOIR. Cet animal eft le fléau des arbres
dont il dévore la verdure. Diverfes fortes
de chenilles, de toutes figures, groffeurs &
couleurs.

L'animal dépofe fes œufs, ou par pa-
quets, en les garniffant fur les branches
d'une membrane parchemineufe, difficile
à déchirer ; ou il les met par tas empilés
les uns fur les autres, les garniffant par
deffus d'un duvet cotonneux pour les garantir des humidités qui coulent fur ce duvet ; ou enfin il forme autour des branches
une efpece de bague compofée d'œufs, les
joignant chacun, & attachés avec un
gluant, qui fe durcit à l'air, & qu'on
ne peut brifer que difficilement. Ces derniers on les nomme bagues dans le Jardinage, parce qu'ils en ont la figure. D I

quelqu

quelque façon que ce soit, il faut les détruire, & c'est ce qu'on appelle ECHENIL-
LER.

C'est durant l'hiver qu'il faut les chercher
les œufs, & les détruire ; mais au printemps, il faut y veiller bien autrement encore ; & comme il n'est pas toujours poffible, sur-tout pour les arbres qui sont
vastes & fort étendus, d'atteindre par-tout,
on se sert d'un échenilloir.

L'échenilloir est un bâton gros comme
le pouce, de deux pieds de long, & qui,
par son extrêmité, est garni de bourre, ou
de crin, recouvert avec du chamois. Un
homme avec une échelle dans l'arbre, ta-
pe, avec ce bout ainsi garni, sur chaque
branche, lorsque les chenilles sont éclofes,
& fait tomber à terre tous ces insectes,
qu'ensuite on écrase : au moyen de cette
garniture, on n'appréhende pas d'endommager la peau des branches. On recommence de la sorte, tant que les chenilles
continuent à éclorre. Dans les arbres qui
sont à la portée, on les saisit, & on les
écrase.

On appelle encore échenilloir une sorte

H

de ciseaux montés sur un long bâton ; à la
partie supérieure des ciseaux, est attachée
une corde qu'on tire pour ouvrir ces ciseaux ; & quand on a placé sur la partie inférieure la branche où est le paquet de chenille, on lâche la corde, à l'instant la branche où est le paquet de chenille est coupée
par le tranchant de l'outil. Il tombe, on
le ramasse, & on le brule. Il en est de diverses autres sortes ; un entr'autres, qui est
monté aussi au bout d'un long bâton, &
lequel est en bec renversé avec un double
tranchant en-dessus & en-dessous ; par son
moyen on coupe la branche où est le paquet de chenille. Ce sont les Couteliers
qui fabriquent ces sortes d'échenilloirs.

CHEVELU. On nomme ainsi les racines les plus petites des plantes, à cause
qu'elles ne sont pas plus grosses que des
cheveux. Le chevelu est nécessaire aux arbres, & l'on fait mal de l'ôter en plantant.
Tous les Jardiniers confondent ce chevelu
avec les racines fibreuses. M. de la Quintinie faisoit autrement, il le supprimoit,
& donne des préceptes en conséquence.
Ce grand homme suivoit l'usage de son

temps , fans autre examen ; ou bien il avoit un fentiment particulier à cet égard , comme à bien d'autres. *Voyez* RACINES.

CHICOT. Ce terme eft d'ufage commun. On dit , en parlant d'une dent caffée , dont la racine refte dans fon alvéole , enlever un chicot. Par chicot on entend , ou une branche d'arbre pleine de nœuds & qui ne profite plus , ou une femblable branche qui eft morte , & qu'on laiffe , mal-à-propos , fur l'arbre.

Le chicot eft différent de l'argot , en ce que le chicot eft une branche morte , feche , vieille , ou mourante , défectueufe en tout genre , remplie de chancres , &c. ou une partie confidérable d'une telle branche , que par négligence on n'a pas ôtée ; au lieu qu'un argot n'eft que le fimple tronçon d'une femblable branche , ou de toute autre qui n'a pas été coupée tout près de l'écorce. Quant à ces chicots , ils font également préjudiciables , & leur préfence fur les arbres eft auffi dangereufe ; rien néanmoins de plus commun que les uns & les autres fur les arbres. *Voyez* ARGOT.

CHICOTER , en terme de Jardinage , a

plusieurs significations. Chicoter, c'est taillader maladroitement les arbres, leur laisser beaucoup de chicots par paresse. Chicoter se dit aussi quand un Jardinier soigneux enleve avec la scie à main les chicots qui ont été laissés sur les arbres par un
mauvais Ouvrier. On dit encore chicoter
dans le Jardinage, pour dire s'amuser pour
son plaisir à quantité de petites occupations dans le jardin.

CICATRICE, Cicatriser, terme de
Chirurgie. La cicatrice est la marque qui
reste après la guérison d'une plaie à un
arbre.

CICATRISER, veut dire se fermer &
se guérir, en parlant d'une plaie. Quand
une plaie cicatrise à un arbre, il se fait la
même chose qu'en nous, lorsque le suc
nourricier fait de nouvelles chairs & une
nouvelle peau, & que la plaie se recouvre.
Aux arbres c'est un petit bourrelet qui se forme par la seve, & qui va toujours en augmentant jusqu'à parfait recouvrement. C'est un
bon signe quand ce bourrelet se forme, & un
mauvais signe, quand la plaie se seche, &
quand la peau ne se recouvre pas. Jamais

ne doit faire de plaies un peu confidérables aux arbres fans y mettre l'emplâtre d'onguent Saint Fiacre; le recouvrement s'en fait bien plus furement & plus promptement.

CIRCULATION & CIRCULER, vient d'un mot latin, qui veut dire couler autour de quelque chofe. On dit circulation de la feve, comme on dit circulation du fang. C'eft une queftion de favoir, fi la feve pouffée des racines dans les branches, circule à la façon du fang dans les animaux vivans.

CISEAUX A TONDRE. Ce font des cifeaux de la forme ordinaire, excepté qu'ils font plus longs & plus larges. Les deux branches du manche font renverfées & emmanchées avec du bois. On s'en fert pour tondre les menus arbres, arbriffeaux & arbuftes, & toutes les bordures de buis, &c. Ils ont communément un pied de lamme, & ceux pour les maffifs en ont deux & trois de longueur.

CLOCHÉ, CLOCHÉE, CLOCHER & DÉCLOCHER. Les cloches des Jardins font des inftrumens de verre faits en forme de cloches d'airain, ayant un bouton en deffus pour les tenir.

Il n'y a pas plus de 40 à 50 ans qu'on fait des cloches de verre d'une feule piece. On avoit auparavant des cloches faites avec des affemblages de plomb à petit carreaux de verre. Il eft encore dans quelques Communautés Religieufes pauvres, de ces fortes de cloches d'affemblage.

On dit une cloche de melons; ou de laitues; c'eft-à-dire, la quantité de ces fortes de chofes qui peuvent être contenues fous une cloche.

On dit auffi mes laitues font encore clochées; il fait trop froid pour les déclocher.

CLOCHER, verbe actif, veut dire mettre quoi que ce foit fous des cloches pour venir plutôt, ou pour être à couvert du froid.

Déclocher, c'eft ôter les cloches de deffus les plants quand les dangers font paffés. Je n'ai pas, dit-on, encore décloché, ou j'ai décloché déja mes mélons.

CLOQUE, CLOQUÉ, FEUILLES CLOQUÉES, SE CLOQUER; il faut dire ainfi & non pas CLOQUETÉ, ni RECROQUEVILLÉ. Tous les fameux Jardiniers, & MM. de l'Académie l'ont ainfi décidé. Ce

terme eſt d'uſage commun , & dans la Chirurgie , on dit des cloques dans les mains ,
quand ayant la peau tendre , on fait des
travaux rudes ; également encore il ſe dit
de l'effet des brulures.

La cloque eſt une maladie qui prend aux
feuilles, & ſur-tout aux feuilles des pêchers,
& qui dure aſſez long-temps. Les cauſes de la
cloque ſont les mauvais vents , les gelées
printanieres & les brouillards morfondans.

L'effet de la cloque eſt de coffiner les
feuilles , de les replier , de les remplir de
boſſes , de creux & d'inégalités , d'en changer la couleur verte en une autre toute
livide.

Les ſuites ſont de ſervir de retraite à des
pucerons ſans nombre , & de dépouiller
ſucceſſivement les arbres de leurs feuilles :
les autres qui pouſſent à leur place , font
avorter tous les yeux du bas , & il ne faut
pas eſpérer de fruit ſur ces yeux pour l'année d'après la cloque.

Les Charlatans du Jardinage prétendent
garantir de la cloque, & aucun encore n'y
a réuſſi. Il eſt quelques remedes pour adoucir le mal , mais non pour l'empêcher & le

H 4

prévenir. Malheur à ceux trop crédules qui
se laiffent enjoler par ces hableurs, qui les
trompent ; ils perdent & leur argent & leurs
arbres. *Voyez* BROUIR.

COAGULATION , SE COAGULER. Il
vient du latin , & fignifie épaiffiffement,
s'épaiffir , fe condenfer. Ce mot a lieu pour
tous les liquides qui acquierent de la confiftance. C'eft ainfi que la feve , ceffant
d'avoir fon cours , devient gomme dans
l'amandier , le pêcher , le prunier , le ce-
rifier & autres. Tel notre fang quand il eft
hors de nos veines , lequel fe fige & fe coagule. *Voyez* GOMME.

COFFINER, SE COFFINER, pris du latin
cophinus , qui veut dire panier. C'eft quand,
à l'occafion de quelques mauvais vents , ou
par défaut de fanté de la part d'un arbre ,
les feuilles fe replient en dedans en forme
de panier creux.

La trop grande féchereffe fait coffiner
les feuilles ; elles fe replient encore ainfi en
forme de cornets de papier quand elles fe
préparent à tomber avant l'hiver.

COLLATÉRAL , BRANCHES COLLA-
TÉRALES , BOURGEONS COLLATÉRAUX ,

pris du latin, & qui signifie de côté. On
appelle de ce nom en Jardinage les branches
& les bourgeons qui, au lieu de pousser droit
en montant, croissent & s'étendent sur les
côtés. Tels sont nombre de petites branches
appellées branches *folles* & branches chiffonnes qui pullulent de toutes parts aux arbres
auxquels, suivant la routine, un trop grand
nombre de Jardiniers rogne, arrête & pince
les extrêmités des bourgeons ; ce qui est la
ruine des arbres & la cause de leur stérilité.

 Il est des circonstances dans lesquelles on
est forcé, & de rogner par les bouts, quand
les bourgeons sont farcis & infectés de pucerons & de punaises, & de faire usage de
ces bourgeons collatéraux, faute d'autres ;
mais il est des regles pour en faire emploi.

 COLLET, ou PETIT COL, c'est la même chose. Terme d'Anatomie adapté au
Jardinage. On ne s'en sert pas pour les arbres, & à leur place, on dit le tronc, ou
la souche ; mais il se dit des menues plantes.
C'est la partie, où commencent à être
attachées les racines. On dit qu'en mettant
les choux en terre, il les faut planter jusqu'au collet, c'est-à-dire, le plus bas qu'il

est possible. Le même est pour les laitues, chicorées, chicons, melons, concombres & autres, qui toujours se déchaussent & sortent de terre en poussant : néanmoins en les enterrant trop, on leur nuit grandement, la souche, ou le tronc étant faite pour être bénéficiée jusqu'à un certain point par l'air, & non morfondue & trop humectée par l'humide de la terre qui la pourriroit.

COMBINAISON, Combiné, Combiner, tiré d'un mot latin, qui, dans sa signification propre, veut dire assembler plusieurs choses deux à deux ; mais on a donné à ce terme un sens beaucoup plus étendu. Combiner, c'est arranger diversement, comparant plusieurs choses ensemble, mettant les unes & les autres, tantôt devant, tantôt après, changeant, diversifiant, transposant.

Le mot de combinaison dans le sens particulier de la seve considérée sous différens rapports, n'est autre que les diverses modifications, les formes & les façons successives d'être de cette même seve dans les plantes, lesquelles on compare, & qu'

n'on considere sous différens rapports.
On appelle seve combinée, quand elle se
métamorphose en tant de façons diverses
pour produire les odeurs, les couleurs, les
saveurs, les formes & les qualités différentes.

COMPACTE est un mot tiré du latin,
qui veut dire serré, pressé, ramassé, lié,
uni, assemblé, joint, mis en paquet.

CONCEPTIF, FACULTÉ CONCEPTIVE,
pris du latin, qui veut dire concevoir. De
fort graves Auteurs prétendent fort sérieu-
sement qu'il est dans les plantes, comme
dans les animaux, deux sexes distinctifs;
qu'il est des plantes mâles & femelles,
que dans les plantes femelles il est des parties internes & externes, propres à la con-
ception. *Voyez* MALE.

CONCRÉTION vient du latin, & si-
nifie en Physique formation & excroissance
de quelque corps dur & étranger : rien de
plus commun, sur-tout dans les arbres,
ainsi qu'à notre égard. La gravelle, la pierre
dans la vessie sont des concrétions. Les pé-
trifications qui se trouvent dans quantité
de poires & dans le fruit du coignassier sont
autant de concrétions.

CONDENSATION, Condenser. Mot
latin, terme de Philofophie & de Chymie
qui fignifie, à peu près, le même que compacte. Le froid condenfe les plantes : lors
des gelées, toutes les plantes qui font
fur terre paroiffent en un bien plus petit
volume qu'avant, du moins les verdures;
car cette condenfation dans les arbres &
dans les groffes plantes ne nous eft pas
fenfible que dans les autres; & lorfqu'aux
gelées fuccéde un air doux, ces plantes
refferrées auparavant, fe dilatent & fe ra-
réfient, occupant fur terre un efpace plus
ample.

CONDUIT *organique de la feve.* Ce mot
eft pris de l'Hydraulique par comparaifon
avec les conduits, ou les conduites qui charient les eaux d'une fource, ou d'un réfervoir en différens lieux. Il eft pris auffi de
l'Anatomie humaine par comparaifon aux
conduits qui fervent à porter les liquides
dans les différentes parties du corps humain.
Voyez CANAL DIRECT DE LA SEVE.

Nous appercevons dans les plantes, tant
avec le fecours du microfcope, que par
l'expérience & les effets, qu'il eft en elles

les conduits femblables à ceux des corps animés, & qu'il eſt nombre de parties organiques, de tubes, de vaſes, par-tout, le tuyaux, de canaux, qui tous ont chacun leurs fonctions propres.

CONFIGURATION, CONFIGURER, CONFIGURÉ. Mot latin, pour dire les diverſes façons d'être, la ſtructure & la compoſition, tant interne qu'externe, des parties qui forment quoi que ce puiſſe être.

La configuration des plantes, leurs moles, ou figures dépendent des couloirs de la ſeve, qui, originairement, eſt néanmoins la même dans tous. *Voyez* CALIBRES, MOULES, &c.

CONGELATIONS, CONGELER & CONGELÉ. Mot pris encore du latin, qui veut dire *geler avec*. Il a, dans le Jardinage, une autre ſignification que dans la Chymie. Ce qu'on appelle ainſi en Jardinage, c'eſt quand les frimats, après être tombés ſur les arbres, gelent & dégelent ſucceſſivement, puis à l'inſtant regelent, & ainſi à pluſieurs repriſes. L'écorce ſe congele alors, & noircit en dedans : les boutons, ou les yeux des arbres ſont brulés par la gelée ; ils s'é-

teignent & avortent. Cette écorce ainſ
brûlée, se détache, & il arrive ce qu'on
voit communément à tous les pêchers
ſur-tout à ceux qui ſont expoſés au midi
Voyez BRULURE.

CONGLUTINATION, pris du latin
terme de Chymie. C'eſt la liaiſon & l'u
nion de deux, ou de pluſieurs choſes en
ſemble, par le moyen de quelque corps
gluant, colleux & qui poiſſe. C'eſt par l
voie de la conglutination que les diverſe
écorces des greffes & des arbres greffés ſont
collées & ſoudées enſemble pour ne faire
plus qu'un.

CONTEXTURE vient du latin. C'eſ
l'arrangement ordonné de toutes parties ſ
rapportant enſemble, leur compoſition
leur aſſemblage & leur tiſſu. *Voyez* CONFI
GURATION.

CONTOUR. Les contours des feuille
ſont tous les circuits qui ſont exprimés ſu
chaque feuille par tous les linéamens, ou
lignes qui y ſont décrits. Ces linéamen
ſont ſaillans au revers de la feuille, & noi
ſur le plat & le deſſus. Il faut que la ſève
parcoure tous ces différens contours, quel

que pétits qu'ils foient , & qu'elle foit affi-
née pour y être introduite. De ces contours
il en eft qu'on ne peut voir que par le microfcope.

CONTOURNÉ , tiré de la Phyfique &
de l'Anatomie. Il vient du latin , qui fignifie tourné de travers. Ce terme a lieu quant
au paliffage. On appelle branches contour-
nées celles qui font forcées , & à qui l'on
a donné des entorfes pour les amener où
elles ne pouvoient , ni ne devoient être
placées.

On dit encore *pofture contournée* , quand,
travaillant en quelqu'endroit , on n'eft pas
fon aife : on s'expofe en s'allongeant trop
& en fe gênant , à mal travailler , & à éclater , ou caffer quelque branche.

Toujours quand on travaille , il faut fe
mettre à la portée de l'ouvrage , & n'être
point pareffeux de changer fon échelle , ou
le fe mettre en belle pofture pour agir à fon
aife.

CONTRACTION , mot pris du latin ,
qui veut dire , tirer à l'encontre. On dit en
erme d'Anatomie , contraction de nerfs ,
& dans le même fens on dit en Jardinage

contraction des branches, quand, au lieu
d'être mises suivant l'ordre de la nature, elles sont gênées, forcées, torses. Ce terme
a lieu en parlant du palissage vicieux.

Le mot de *contraction* a, dans le Jardinage, le même sens que dans la Physique &
dans toutes les autres sciences, ainsi que
dans les arts. *Contraction*, ou rapprochement & serement des parties sont la
même chose. Le parchemin, le cuir,
la corne, &c. se contractent, & se crispent
à la chaleur. Ainsi, lors des grandes séche-
resses, des vents violens & des rayons brulans du soleil, de même lors des grands
froids tous les végétaux se *contractent*, toutes leurs parties perdent leur mobilité &
leur ressort. De même quand l'impression
de l'air les frappe trop vivement. On lev
des arbres hors de terre (car nous n'*arra-
chons* point, pas même les moindres herbages,) ils sont quelque temps sans être
plantés, on les fait voyager, souvent au
loin; alors, de toute nécessité, l'air les frappe, flétrit la peau & *contracte* toutes les parties, tant internes qu'externes. Que fait-o
alors dans le Jardinage ? On plante sar

avo

avoir égard à nulle de ces considérations (*viens si tu peux* , dit-on.) Mais que faisons-nous à ces plantes dont les parties sont racornies ? Nous les baignons pendant une demi-journée , ou pendant une nuit , puis nous les laissons ressuyer une couple d'heure pour ne point faire une sorte de mastic avec la terre sur les racines , après quoi nous plantons : nous faisons plus ; après avoir planté , nous arrosons amplement à différens temps. Aussi par tels moyens & autres que nous enseignons dans notre Ouvrage , & dont nous rendons raison , tout prospere en nos mains , & voilà à quoi servent toutes les différentes notions de Physique par nous enseignées, mais Physique *ins-trumentale & expérimentale*, tendant toujours à l'opération , ainsi qu'à la perfection de l'ouvrage. Un Jardinier *leve* du plant de fleurs, ou de légumes pour mettre en place ; dès que son plant a senti l'air , soudain il se flétrit ; il n'a qu'à le bassiner avant que de le planter , la fanne & les racines reprennent leur ressort. L'arrosement subséquent après la plantation y fait ; mais la petite mouillure , telle qu'on la prescrit ici , fait une

grande avance , & , à coup sûr , ne peut r
nuire.

CONTRE-ESPALIER. C'eſt un treillage
que communément on pratique au-devan
d'un eſpalier à quelque diſtance propor
tionnée du mur , afin que les arbres , ou
les vignes qu'on plante à ce treillage , ne
s'entre-nuiſent point. Ces contre-eſpalier
ont , d'ordinaire , quatre pieds de haut
& doivent être du moins à 9 pieds du mur
Les arbres qu'on y plante , ne doivent ja
mais être en face de ceux du mur , maï
en échiquier en face du vuide qui eſt entr
deux.

Il eſt des contre-eſpaliers formés ſeule
ment avec des arbres ſans treillage , & ce
arbres , on les dreſſe afin qu'ils ſe formen
en éventail , de même que ceux qui ſon
attachés ſur le treillage.

Quiconque forme un contre-eſpalier
quelques bonnes expoſitions que ce puiſſ
être , doit eſpacer les arbres d'icelui a
double de ceux du mur. Si , par ſuppoſ
tion , à un mur de 8 à 9 pieds de haut
les arbres ſont plantés à 12 pieds , ceux d
contre-eſpaliers , qui n'en ont que quat

de haut , doivent être à 24 ; autrement les arbres étant plus preffés les uns contre les autres, qu'il n'y a d'efpace pour les contenir, ne feront que du bois, & ne donneront pas de fruit, à raifon de ce qu'on fera toujours obligé de les tenir de court par en haut , pour les tirer & allonger fur les côtés.

Jamais contre-efpaliers de pêchers n'a réuffi. Les arbres font prefque tous les ans brouis par les vents coulis qui paffent entr'eux & l'efpalier. Cependant , malgré ce peu de fuccès, quantité de Jardiniers engagent leurs maîtres dans cette folle dépenfe.

Quelques-uns fe font avifés , pour obvier cet inconvénient , de placer par derriere , le long de leurs contre-efpaliers, des paillaffons plaqués fur le treillage , ce qui n'eft pas du tout joli à voir ; mais , malgré leurs précautions , les pêches n'y prennent pas autant de couleurs, n'y font pas auffi bonnes , n'y muriffent pas auffi promptement que ceux de l'efpalier. De plus , les arbres , quelques précautions qu'on prenne , y font fujets à fe dépouiller du bas , à raifon des

humidités froides de la terre, dont de toute
nécessité, ils se ressentent, n'ayant pas,
comme à l'espalier, la réflexion du soleil
par en bas.

La vigne fait au mieux en contre espalier,
parce qu'elle pousse plus tard que le pêcher.
Mais il faut avoir soin d'espacer ses vignes
au moins à 12 ou 15 pieds. Au lieu de les
palisser en montant perpendiculairement
les bourgeons, qui alors ont tout d'un coup
atteint le haut du treillage, & qu'on est
toujours obligé de rogner ; il faut les tirer
latéralement en les alongeant tant & plus.
Alors on a amplement des raisins les plus
beaux. Les vignes profitent merveilleusement, & tellement, qu'au bout de 5, 6
ou 7 années, on est obligé de les mettre
24 pieds ; mais en palissant perpendiculairement, on est privé de tous ces avantages ; & voilà de quoi nul Jardinier ne
s'avise.

COQUE, en parlant des fruits, veut
dire coquille. Il est des graines qui ont des
especes de coques fort dures.

COQUES, quand il est question d'insecte
telles que celles des chenilles de jardin

font la même chofe que les coques de vers à foie ; ce mot eft d'ufage commun.

CORBEIL, *pêches de Corbeil.* C'eft une petite ville fort ancienne à 7 lieues de Paris, & à 3 ou 4 de Melun, où il fe fait un grand trafic de pêches, qu'on envoie par la riviere de Seine à Paris. Ces pêches viennent de noyaux dans les vignes, & font le partage du menu peuple. Il s'en trouve quelquefois de paffables.

CORBEILLES, tiré de l'ufage commun. En Jardinage ce font de petits paniers pour cueillir des menues provifions, fournitures de falades, certains petits fruits, fraifes, framboifes, grofeilles, raifins, &c.

CORBEILLE en Jardinage encore fe dit de certains ornemens de Jardin qui font d'invention fort récente. Ce font certaines élévations de terre, qu'on retient avec des bandes d'ofiers peintes en verd, où fur cette terre on fait venir des fleurs. Au lieu d'ofier, on les fait auffi en petits treillages décorés.

CORDEAU eft un diminutif du mot de corde. Dans le Jardinage, c'eft une certaine quantité de corde de moyenne groffeur, atta-

chée à deux bâtons par chacun des bouts.
Ces bâtons font pointus : on les fiche en
terre pour régler les plantations , les plates-bandes , les bordures , les glacis , les
rayons , les tranchées , &c. Par ce moyen
on fait tout correctement & réguliérement.
Voyez TENDRE.

CORNES. Ce font les liens que produit
la vigne , & qui font fourchus à leurs extrêmités en forme de deux cornes. Ceux
qui font curieux de leurs vignes , & qui
veulent avoir de beaux raifins , ôtent foigneufement les cornes à la vigne , parce
qu'elles confument beaucoup de feve. *Voy.*
VRILLE.

CORPUSCULE , mot dérivé du latin ,
& qui eft diminutif du mot *corps* , comme
qui diroit *petit corps.* Ce mot appartient à
la Phyfique. Il eft de ces fortes de petits
corps , ou corpufcules à l'infini , lefquels
nous ne pouvons appercevoir , mais dont
l'exiftence eft d'ailleurs démontrée. Les
odeurs ne parviennent à nous que par le
moyen de ces corpufcules qui s'échappent
à tout moment des fleurs , ou des autres
fujets contenant en eux des odeurs parti-

culieres. L'air eſt plein de ces corpuſcules de toute nature, qui émanent à tout inſtant de chacune des parties de la matiere. Ce ſont de tels corpuſcules que laiſſe après ſoi le gibier qui affecte le ſentiment du chien pour le ſuivre à la piſte. C'eſt encore par le moyen de tels corpuſcules qu'un chien reconnoît ſon maître & le diſtingue de tout autre. Nous ferons voir dans notre écrit comment ces corpuſcules, ou ces eſpeces d'atomes qui proviennent de l'air, ſont, ou favorables, ou nuiſibles aux végétaux. *Voyez* ATOME.

CORROSIF. Il vient du latin, & veut dire *ronger.*

Il eſt des humeurs corroſives dans les plantes, ou une ſeve corroſive, comme il eſt dans notre ſang & dans nos humeurs des qualités corroſives. La gomme eſt corroſive ; elle cauſe des éroſions, ou corroſions dans les parties des arbres où elle ſe dépoſe. Là elle cave & carie, ſi le Jardinier n'a pas ſoin de l'ôter. Telle en nous une humeur vicieuſe qui ſe dépoſe ſur quelque partie de nous-même & qui y cauſe la gangrene.

CORTICAL , terme de Phyſique , qui vient d'un mot latin , qui ſignifie écorce. Cortical veut dire ayant de l'écorce , tenant de la nature de l'écorce , & faiſant la fonction de l'écorce. En Médecine on dit ſubſtance corticale du cerveau & des reins.

COSSATS & non ÉCOSSATS , comme COSSE & non ÉCOSSE , quoiqu'on dit ÉCOSSER. Les coſſats ſont les enveloppes des graines. On appelle coſſats en verd , ou en ſec ces enveloppes où ſont renfermées les graines vertes & ſeches , & l'on dit bottes de coſſats , ou fagots de coſſats , quand, après les avoir battus , les coſſes ſont vuides , & qu'on les lie par bottes , ſoit pour nourrir les animaux , ſoit pour bruler.

On dit auſſi gouſſes pour ſignifier les coſſats , également ſiliques. On appelle gouſſe d'ail , l'aſſemblage de pluſieurs de ces petits oignons réunis.

COSTIERE. Ce mot porte ſa ſignification. Il vient du mot de côté , dont il eſt un compoſé & un diminutif : on dit une belle côte où l'on fait de bon vin. La côte des Céleſtins à Mantes eſt fort renommée pour le vin. Il veut dire un endroit du jar-

din qui eſt bien expoſé, & à l'abri des mauvais vents. *Voyez* ABRI, ADOS.

COTONNEUX. Ce mot a deux ſens. On
dit fruits cotonneux, ou cotonnés, ceux
qui ont un poil, ou un duvet en forme de
coton, comme les pêches & les coings,
comme le bois de la vigne, qu'on appelle
meunier. On appelle fruits cotonneux dans
un autre ſens, ceux qui ſont pâteux & ſans
goût.

COUCHE vient du verbe coucher. C'eſt
un amas de fumier qu'on aſſemble par lits
à la hauteur, longueur & largeur requiſes,
lequel on laiſſe s'échauffer, & que communément on couvre d'une certaine épaiſſeur de terreau, pour enſuite y ſemer &
planter ce qui ne pourroit venir en pleine
terre. La largeur d'une couche eſt communément de 4 pieds, ſa hauteur de deux, &
quant à la longueur, elle eſt arbitraire.

Les couches pourroient être beaucoup
mieux façonnées que ſuivant l'uſage & la
routine.

1°. Au lieu d'aſſeoir & de poſer ſimplement à volonté chaque lit de fumier, piétiner fortement chaque lit pour affaiſſer le

fumier ; d'abord afin que la chaleur y tienne
plus long-temps , ensuite de peur qu'en
s'affaissant , elle ne se déjette & ne se de-
verse , ce qui n'arrive que trop.

2°. Au lieu aussi de faire les couches iso-
lées de 4 pieds, & de n'y point mettre de
réchaut, ou de ne l'y mettre qu'après coup,
quand la couche se refroidit , faire sa couche & son réchaut tout ensemble ; savoir
de 6 pieds , au lieu de 4 , dont 2 seroient
un à chaque côté , servant à la fois de réchaut & de sentier.

3°. Au lieu encore de les faire seulement
de 2 pieds de haut réduits à un pied, quand
l'affaissement est fait , les faire à la hauteur
de 3 ; alors les couches ne seroient pas morfondues par l'humide de la terre , & par les
vapeurs qu'elle exhale , & aussi par le froid
qu'elle ne manque pas d'envoyer dans le
temps. De même lors des chaleurs & des
coups de soleil , le plant n'auroit point
également à souffrir de la réverbération
de la terre. Cela consomme plus de fumier ; aussi ne donnons-nous le présent
avis qu'à ceux qui ont du fumier en commandement.

4°. Au lieu de garnir les couches de terreau feulement, qui n'a que des fucs trop
déliés, y mettre une terre factice, à peu
près comme pour les orangers ; mais non
fi ferme & fi compacte. Employer pour ce,
terres de taupieres. *Voyez* TAUPIERES.

5°. Ajouter à ceci, qu'au lieu de femer
fur couche les melons, concombres, &
autres pour les changer de couche, éven-
tant les racines, les femer dans de petits
pots à bafilic, lefquels on enterre rafe-bord
dans la terre factice, & en dernier, qu'on
dépote, & dont on met la motte fans la
châtrer, comme on dit, laiffant autour &
en-deffous de la motte tous les petits filets
blancs y repliés, & lefquels prennent enfuite leur direction, ne faifant fimplement
qu'acoter légérement la terre près de la
motte fans appuyer contre, de peur de la
brifer.

COUCHE fe dit de la peinture qu'on met fur
les treillages du jardin. Le Jardinier alors doit
veiller à ce que les Peintres ne barbouillent
point fes arbres. Il doit les tirer en-devant,
de façon que le Peintre puiffe imprimer fa
couleur derriere les arbres, fans les endom-

mager ; prendre garde , en tirant trop fort
de décoller.

COULER , tiré de l'ufage ordinaire
comme d'une fontaine , ou d'un ruiffeau
dont les eaux n'arrêtent point. Ce mot
dans le Jardinage , a deux fens. Il fignifie
d'abord ne point nouer en parlant des fruits.
On dit que la vigne coule quand la fleu
ne tient pas , ou quand, étant nouée , le
grain tombe. On dit auffi , mes melon
ont coulé , pas un n'a tenu. On dit coulur
de la vigne.

COULER, en fait de paliffage , a un au
tre fens. C'eft quand on paliffe une bran
che le long d'une voifine qui n'eft pas fran
che , & qu'on fera obligé de couper, en l
fubftituant la bonne. On voit , par exem
ple, une groffe branche qui ne pouffe point
ou qui ne fait que des pouffes mefquines
elle eft défectueufe en tout genre : à côt
de cette groffe branche , ou de toute auti
dans le cas femblable , l'arbre a fait éclorre
ou un gourmand , ou une bonne branch
fructueufe ; on la coule tout du long d
la branche moribonde , & l'année d'après
la taille , on jette à bas la mauvaife ; alo

celle qu'on a coulée le long d'elle, foit qu'elle ait été attachée avec du jonc, foit qu'elle ait été paliffée à la loque, prend fa place, & remplit le vuide de celle-là. Couler, fuivant M. de la Quintinie, n'eft pas *croifer. Voyez ce dernier mot ci-après.* Croifer fans néceffité eft un grand défaut ; mais couler adroitement un rameau dont on a, ou dont on peut avoir befoin, & qui fe préfente avantageufement, eft une marque le génie, de réflexion & de prévoyance dans le Jardinier. Le plus grand nombre ignore même jufqu'à ce terme de couler, ainfi que l'action elle-même.

COULOIRS. Il vient d'un mot latin, qui fignifie couler. Dans la Phyfique & dans l'Anatomie on entend par couloirs les différentes parties qui fervent à filtrer les liquides, & à les épurer de la même maniere que par le moyen de l'art on paffe, on coule & on filtre les liqueurs pour les clarifier. Le même a lieu dans les parties qui compofent l'intérieur des plantes pour perfectionner la feve. *Voyez* CANAL, CONDUIT.

COUPE, FAUSSE COUPE & COUPER.

C'eſt l'action de retrancher toute branche, ou tout bourgeon, ſoit avec la ſerpe, ſoit avec la ſcie à main, ſoit avec la ſerpette; ou bien par ce mot, on entend la choſe même coupée, & l'action de faire une coupe. Tel Jardinier, dit-on, a une bonne coupe, une coupe excellente, pour dire qu'il s'y prend avec adreſſe pour couper. M. de la Quintinie, parlant de la taille des arbres dit, *tout le monde coupe, & peu ſavent tailler.* Lui-même, on peut le dire, étoit un grand coupeur : il eſt aiſé de le voir dans les planches gravées de ſon livre, où ſont repréſentées ſes diverſes coupes. Il écourtoit & dénuoit tellement les arbres, qu'il ne leur laiſſoit preſque rien. C'étoit la faute de ſon ſiecle, où l'on ne ſavoit que violenter & détruire la nature : ce n'eſt pas que d'ailleurs ce coriphée du Jardinage n'ait de grandes parties. Quiconque aujourd'hui tailleroit à *la Quintinie*, n'auroit que des arbres hideux, & point de fruit ; enfin, ni arbres, ni fruits. Depuis un ſiecle, que ce grand Écrivain du Jardinage a paru, combien dans ſon genre n'a-t-on point enchéri? Que de découvertes dans les ſciences & les arts!

Fausse-Coupe, est toute branche coupée trop en bec de flûte, & qu'on a trop tirée & alongée en ôtant trop de bois ; d'où s'enſuit, de néceſſité, la difficulté du recouvrement de la plaie, ſouvent la mort de la branche, & preſque toujours l'avortement du bouton.

COUPER, c'eſt, avec un inſtrument tranchant, ſéparer une branche de l'arbre, ſoit du tronc, ſoit des meres-branches, ſoit en raccourciſſant l'extrêmité d'aucunes d'elles.

COURBURE *des branches*, invention nouvelle dans le Jardinage. Ce mot s'entend de lui-même. Quand une branche pouſſe trop, & qu'elle eſt franche, c'eſt-à-dire, ſans aucun chancre, ni défaut, qui puiſſe la faire caſſer en la pliant, il n'y a qu'à la courber en la forçant un peu ; par ce moyen, l'on en amortit la trop grande vigueur. De même un gourmand qu'on veut dompter, il n'y a qu'à le courber, & lui faire faire le cerceau ; l'on eſt ſûr qu'il ceſſera de pouſſer. On donne la façon, & l'on preſcrit le temps de courber ainſi les branches dans les diverſes circonſtances où

cette opération a lieu , & l'on en détaille
les effets. C'est une des plus curieuses & 2
des plus avantageuses opérations du Jardinage , laquelle non pratiquée, & fort peu
connue par le commun des Jardiniers.

Il n'est pas hors de propos de dire ici
comment & sur quoi fondé, cette invention s'est présentée à nous. Ce qui est à
dire à ce sujet ne passera pas les bornes pres-
crites pour un Dictionnaire , raisonné sur-
tout : quoi qu'il en soit , il est bien inté-
ressant.

Espions perpétuels de la nature , nous la
suivons d'arrache - pied , comme on dit ;
elle seule nous guide. En contemplant fortuitement des arbres à plein-vent de divers
âges , qui avoient fait de fort amples pousses très-alongées & très-nourries , nous re-
marquâmes , entr'autres choses , que d'année en année chacun de ces arbres courboit
horizontalement ses branchages , soit par
le poids d'iceux , soit par la pesanteur du
fruit , des feuilles , des bourgeons , & celle
des pluies : nous apperçûmes que celles des
branches du milieu de ces arbres , lesquelles
étant droites , montoient par voie de
, perpendicularité

perpendicularité, étoient du double en groffeur en comparaifon des horizontales. Alors,
que de conféquences à la vue d'un tel phénomene : elles tiendroient trop de place ici.
Ces branches montantes avoient des fruits;
mais les horizontales étoient bien autrement fécondes, & elles fe courboient de
plus en plus, à proportion de la charge du
fruit. Les années fuivantes nous confiderâ-
mes ces mêmes arbres, ainfi que nombre
d'autres, & notre expérience ne fit que fe
confirmer de plus en plus. Il n'eft qui que
ce foit, qui, en fe promenant dans la
campagne, ne puiffe faire la même obfervation que nous. Mais qu'avons-nous fait ?
Loin de nous contenter de jetter un coup
d'œil ftérile fur un tel événement, nous en
avons fait notre profit, ainfi qu'il fuit.

Singes de la nature, nous avons été en
fuivant d'après elle. Nous avons courbé exprès des branches de toute nature, fortes,
demi-fortes, foibles, des bois jeunes &
des vieux, des pouffes de l'année même,
des gourmands fur-tout pour les mâter, &
les mettre à fruit pour l'année d'après, &
toujours avec le même fuccès, fouvent des

K

arbres en entier, qui ne donnoient rien, & 5
qui, par ce moyen, sont devenus fructueux au possible. Il n'est point de moyen
plus prompt, plus sûr, ni plus efficac
que cette courbure pour une autre opération, à laquelle tous, dans le Jardinage
font extrêmement embarrassés ; savoir
pour mettre l'équilibre dans un arbre, qu
pousse tout d'un côté & rien de l'autre. D
cette courbure des branches & de ses effets nous rendons, en son lieu, un compt
exact, & qui va de pair avec ce qu'on appelle démonstration ; & nous enseignon
la façon d'y procéder. Si c'étoit ici le lieu
nous ferions voir comment, par cette cour
bure, l'écorce pressant fortement en-dessus
& sur le parenchyme, & sur la partie l
gneuse, intercepte le cours de la seve, &
en même temps en-dessous opérant néce
sairement des rides à la peau, comment
elle *obstrue* le passage de cette même seve
puis nous ferions voir les divers effets qui
immanquablement, s'en ensuivent.

Une autre fois voulant garnir de verdu
un baldaquin, à même des branches d'u
arbre voisin, nous les courbâmes forteme

... avec des cordages pour les attirer ; l'arbre
... cessa de pousser : donc, dîmes-nous, en
... courbant sobrement & sagement, nous
... opérerons un ralentissement dans la seve ;
... tel qu'il le faut pour rendre fertile tout ar-
... bre fougueux, & toujours nous avons
... réussi.

COURONNÉ. Ce terme a dans le Jardinage une signification différente que dans
les eaux & forêts. On appelle, en Jardinage, fruits couronnés ceux qui étant trop
dégarnis de feuilles, & exposés, par conséquent, aux coups brulans du soleil en été,
sont brulés sur la peau & dans l'intérieur,
souvent jusqu'au noyau. Par conséquent il
faut user de beaucoup de prudence pour
découvrir, & aussi pour palisser avec précaution. Les poires sont sujettes aussi à être
couronnées de la sorte par des coups de soleil. Jamais un tel couronnement ne peut
avoir lieu de la part de tout Jardinier at-
tentif & prévoyant, ni sous un maître ins-
truit, qui prend intérêt à ses Jardins. Quelques poignées de cossats de pois jettés çà &
là sur l'arbre pour briser les rayons du soleil, suffisent, & rien de plutôt fait. On

donne ailleurs d'autres expédiens encore. *Voyez* ÉFEUILLER.

COURONNER *un arbre*, suivant le dicton universel de tous les Jardiniers, c'est tailler toutes les branches, fortes, ou foibles, à la même hauteur, de façon que tout arbre taillé présente par en haut une surface égale ; ils taillent, par conséquent, une branche qui a 6 pieds de haut & 1 pouce de gros, par supposition, à 6 pouces seulement, & une qui n'est pas plus grosse qu'un fétu, également à 6 pouces. Voilà donc l'arbre couronné, & le Jardinier s'admirant dans son ouvrage, est bien content de lui-même. Or qu'arrive-t-il ? A la pousse la grosse branche, réduite à 6 pouces, dont le canal regorge de seve, fait des jets prodigieux ; la petite, au contraire, dont le diametre est très-circonscrit, & qui, par conséquent, ne peut contenir qu'une quantité de seve fort bornée, ne fait que de petits jets fluets & mesquins. Que deviendront donc alors le couronnement fait à la taille ? Un tel arbre pendant l'hiver, & dans le temps où l'on ne fréquente pas les jardins, paroît couronné & symmétrisé, & lors la pouſſe, il eſt hideux & épaulé; quand tout le monde le voit, & ſouvent pour toujours. Le principe & la regle, qui ne ſont autres que le bon ſens, c'eſt de tailler chaque branche ſuivant ſa force, ſauf, lors de la pouſſe à rabattre & ravaler, comme il ſera dit en ſon lieu. Il faut avouer que la pratique du Jardinage eſt bien informe, & que par-tout regne dans cet art l'ignorance groſſiere & la ſtupidité. Il n'eſt pas poſſible de tirer delà les Jardiniers vulgaires, & de corriger ſur l'article la populace jardiniere. Que les Maîtres donc uſent de leur autorité pour empêcher la ruine totale de leurs arbres.

Il eſt encore un autre couronnement où la routine n'agit pas moins à rebours du bon ſens; ſavoir, de tailler auſſi dans le même goût à l'égalité, toutes les pouſſes du tour des buiſſons; & c'eſt ce que les Jardiniers vulgaires appellent *double couronne.* Suivant notre méthode, on ne taille point les branches du tour; mais on caſſe, ſauf à rapprocher, comme il ſera dit auſſi en temps & lieu.

COURSON. Terme du Jardinage qui porte avec lui ſa ſignification. C'eſt tout

K 3

rameau d'arbre coupé tout court. Quand on veut avoir à quelqu'endroit d'un arbre une branche bien forte, il n'y a qu'à la tailler à un œil, ou deux, & l'on est sûr d'avoir du fort bois pour garnir où besoin est. Il est quelquefois nécessaire de tailler en courson, mais autant dangereux de le faire sans nécessité. L'arbre alors pousse autant de gourmands qu'on a fait de coursons.

COUTEAU. On dit fruits à couteau en parlant des poires & des pommes bonnes à manger crues, pour les distinguer de ceux de ces mêmes fruits qui ne font bons qu'à cuire, ou à faire du cidre.

On dit laitues à couteau, celles qu'on seme dru pour faire de petites salades qu'on coupe avec un couteau dans la primeur.

COUTEAU de bois, de buis, d'ivoire pour gratter la mousse, le noir de la punaise & son couvein, sur tous arbres & vignes d'espalier, de même que celui du tigre. Il faut y procéder après une grande pluie, lors d'un brouillard épais, ou mouiller amplement avec une éponge à plus d'un se reprise en grattant, jusqu'à ce que l'écorce devienne lisse, belle & luisante. Quand les pores de la peau sont bouchés, il n'y a plus de transpiration, & il n'y a plus lieu à l'action de l'air, qui est l'un des plus puissans mobiles de la végétation.

COUVEIN. *Voyez* MOUCHE NOIRE, PUCERON, PUNAISE, TIGRE.

COUVERTURES en fait de jardinage, est tout ce que l'art a inventé pour garantir les arbres, les fleurs, les fruits noués, les bourgeons & les légumes contre les influences malignes de l'air. On dit couvrir avec de la grande litiere, avec des paillassons, &c. *Voyez* ABRI.

CREVASSES, SE CREVASSER. Pris du langage commun, & employé dans le Jardinage. Crevasses dans le langage commun, se font des gerçures & des fentes qui viennent à la peau, sur-tout aux mains, & qui sont occasionnées, soit par le froid, soit par la grande sécheresse. Le même a lieu fréquemment dans les végétaux.

Deux sortes de crevasses dans le Jardinage, les unes aux arbres, & les autres à la terre.

Aux arbres pareillement deux fortes d[...]
crevaſſes, celles qui viennent de trop d[...]
feve, & qu'on appelle fentes, dont il fer[...]
fait mention amplement dans le corps d[...]
l'Ouvrage ; & les autres, qui ont pou[...]
principe la difette de feve, lorfque les bran[...]
ches deviennent paralytiques en certains en[...]
droits, on voit la peau qui fe feche, & l'[...]
corce eft crevaſſée en pluſieurs endroits.

Les crevaſſes de la terre ont lieu lors de[...]
grandes fechereffes.

Un Jardinier entendu a grand foin d[...]
mettre de la miette de terre dans les cre[...]
vaſſes qui fe font alors au pied des arbres[...]
ou proche d'eux ; par ce moyen les racine[...]
font confervées, le pompement des fu[...]
n'a plus lieu, du moins par les crevaſſe[...]
Voyez FENTE, où ce fujet eft plus ampl[...]
ment traité.

CRIBLE, tiré de l'ufage commun, ain[...]
que de la Médecine. On appelle crible dan[...]
les plantes, comme dans le corps humain[...]
certaines parties internes d'elles-mêmes[...]
travers lefquelles paffent le fuc nourricie[...]
& les liqueurs. Il eft des fucs qui dans leu[...]
paffage doivent recevoir une certaine pr[...]

paration. C'eſt ainſi que , ſuivant l'idée de la Médecine , le chyle paſſe à travers les glandes du méſentaire , comme par autant de cribles, pour y recevoir une nouvelle préparation.

Les cribles les plus univerſels des plantes, ce ſont les feuilles. Ce point n'a pas encore été ſuffiſamment entendu dans la Phyſique & dans l'Anatomie du Jardinage: il eſt néanmoins inconteſtable ; on le démontre en ſon lieu. Quelques Phyſiciens 'ont entendu juſqu'à un certain point ; mais donnant dans un autre excès , ils attribuent aux feuilles des prérogatives qu'elles n'ont pas , & ce pour n'avoir point exercé , & pour n'avoir vu que quelques effets paſſagers. On en revient toujours à ce dicton , *nature veut être ſuivie.*

CRISPATION vient du mot de crêpe. Le crêpe eſt une étoffe particuliere , qui , au lieu d'être unie comme les autres , eſt au contraire inégale & toute raboteuſe ; elle prête , s'allonge & ſe tire. Elle eſt plus ordinairement teinte en noir , & ſert pour les habillemens de deuil. De la façon dont une telle étoffe eſt travaillée , & du nom qui lui a été donné, a été pris, le mot de crifpation, pour exprimer la façon d'être de quantité de feuilles, de plantes, & de parties d'elles-mêmes, qui ne font pas dans leur état naturel. C'eft ainfi que la plante appellée fenfitive, fe contracte, & fe retire en fe crifpant, quand elle fent l'attouchement humain : & c'eft ainfi que le froid, la gelée, la neige & les vents deffréchans & brulans, font retirer les feuilles de quantité de plantes lors des hivers.

CRISTALLINE (humeur). C'eft, en Jardinage, le fuc nourricier qui s'épaiffit dans la peau de l'amande d'un noyau. D'abord il s'y forme une humeur glaireufe, blanchâtre & tranfparente comme le criftal ; aprè quoi, peu à peu, elle s'épaiffit, fe durcit, & devient enfin une amande formée.

CROCHETS, Branches - crochets Voyez BRANCHES.

CROCHETS de fer. A tous les treillage on fcelle d'ordinaire dans le mur des crochets de fer tels qu'ils font d'ufage, & l'on ne peut qu'applaudir. Mais quand les mur ont de bons enduits, foit qu'ils foient en plâtre, foit qu'ils foient à chaux & à fable

...oit qu'ils soient construits avec de la pierre ...endre & de la brique, les cloux à crochets ...ont préférables. Voici comme on s'y ...prend. On choisit dans les murs de pierre ...ure, faits avec la chaux & le sable, un bon ...oint, & l'on chasse à force une cheville de ...ois de chêne, dans laquelle on fait entrer ...n bon clou à crochet, qui serre mieux & bien ...lus juste que les crochets scellés. C'est bien ...plutôt fait, moins couteux, moins embarrassant, & plus de durée. Dans la pierre ...endre rien de plus facile encore. Mais si ...on a affaire à des murs de terre seulement, ... faut sceller des crochets suivant l'usage.

CROISER. Ce mot vient de Croix; il ...eut dire placer quelque chose en forme de *croix*, mettre quoi que ce soit en travers ...un sur l'autre, en imitant la figure d'u-...e + : c'est un terme usité pour le palissage ...ant d'hiver que d'été. On appelle *croiser*, ...aire passer une branche, ou des branches, ...n bourgeon, ou des bourgeons, les uns ...par-dessus, les autres à contre-sens, au lieu ...e les placer chacun suivant leur département. Tous, sans exception, conviennent ...e la difformité d'un tel travail: néanmoins

le plus grand nombre attache les branche l:
& les pouffes, comme ils trouvent : c'e '
plutôt fait que de les démêler d'enfemb lr
pour leur chercher leur place.

Rien de plus ordinaire dans tous les ja
dins que des vignes, dont les pouffes entr
laffées enjambent les unes fur les autres

L'un des effets de la croifure, outre
confufion & la difformité, c'eft la priv
tion d'air pour les bourgeons & les fruits

Croifer fans néceffité eft une faute ; ma
favoir croifer à propos dans la néceffité, e
une grande perfection. Il vaut mieux cro
fer, que de laiffer la muraille vuide.

Il faut mettre une grande différence e
tre ce qu'on appelle *couler* en Jardinage
croifer. Des branches croifées, enjamba
en travers les unes fur les autres, comm
font la plûpart, rien de plus infâme. (
défaut effentiel, qui fait prendre un fá
pli aux branches en les contournant,
très-difficile à corriger quand le bois
aoûté. Souvent il caffe quand on veut le
mettre dans fon fens naturel. *Voyez* Cou
LER.

CROISSANT. C'eft un inftrument co

pant ufité dans le Jardinage , lequel imite le croiſſant de la lune par ſa forme & ſa figure. Il a une douille , & eſt emmanché d'un morceau de bois long pour atteindre au loin. Un Ouvrier , à tour de bras , donne des coups ſur les branches & ſur les bourgeons qu'il veut abattre , & il les inciſe à pied droit pour faire une belle eſplanade de verdure. *Voyez* ÉLAGUER & ÉLAGUEUR.

CROTTIN DE MOUTON. Il convient aux terres froides & humides. Il faut comme la fiente de pigeon , qu'il ſoit pendant un an ou deux dans un trou au nord pour pourrir. Dépoſé ſur terre ſans être pourri, comme il n'eſt que trop ordinaire, il ſeche, il s'évapore & eſt en pure perte.

CROTTIN DE CHEVAL. Il eſt excellent pour toutes les terres en plus , ou moindre quantité , ſuivant la nature des terres plus chaudes , ou plus froides , ſeches , ou humides. Il faut le faire pourrir dans un trou au nord.

CROUTE. *Voyez* AMEUBLIR LA TERRE.

CUEILLOIR. C'eſt un panier à anſe ,

plus évafé du haut , & qui fert pour conte
nir ce que l'on cueille fur les arbres & dar
le jardin.

CUTICULE vient du latin , qui veut dir
petite peau. En terme d'Anatomie,c'eft un
peau mince & fine,qui couvre la peau,ou l
cuir. Il eft aux plantes une femblable cu
ticule , ainfi qu'à tous les fruits. Elle fen
dans les végétaux , comme dans les an
maux , de doublure à la peau , de peu
qu'elle ne foit offenfée.

D

DARD ou AIGUILLE fe difent des fleur
quelconques. C'eft ce petit filet blanc , o
ces petits filets , qui font dans les fleurs de
fruits , & qui reftent tant que le fruit n'e
pas noué. Comme ils s'élevent droit
on leur a donné le nom de dard. Sitô
que le fruit eft noué , le dard fe feche. Il e
eft de même des graines ; tant que la coff
de la graine n'eft pas formée, le dard refte
& il difparoît quand il n'a plus befoin d'

être. Quand le dard est sain, & que cette aiguille est droite, on a bon augure de la fleur ; mais quand le dard est penché & flétri avant le temps où il doit l'être, la fleur tombe, ou avorte.

On dit darder en Jardinage, quand cette aiguille est en bon état. On dit encore darder en parlant des branches, qui, au lieu de s'élever, pointent en devant, ou de côté, comme un javelot, ou une fleche.

DÉCAISSER veut dire ôter quelque plante que ce soit d'une caisse, soit pour la changer de caisse, soit pour la mettre en pleine terre. La façon de décaisser les plantes est des plus vicieuses, en ce qu'on massacre les racines. Il est fort possible de les ménager tout autrement.

DÉCAISSEMENT *des orangers & autres plantes*; il y auroit bien à rectifier à cet égard; on donne des regles à ce sujet dans le Traité de l'Orangerie.

DÉCHARNER. Ce mot est pris métaphoriquement, & employé dans sa signification propre par application aux arbres à qui l'on ôte trop de bois, & qu'aussi l'on

taille trop courts. O combien de ces forte n
d'arbres, lesquels travaillés suivant la rou o
tine, on ne leur laisse presque rien, &
toujours ils poussent à faux & en pur n
perte pour eux. De tels arbres, outre qu'i 'u
font hideux, rapportent peu, durent peu
font catereux, & ne donnent que des frui n
mesquins.

Revenir à la grande maxime ; savoir, d
ne tailler les arbres que le moins qu'il e
possible, ne les tourmenter non plus à l
pousse, comme on fait encore ; mais leu
laisser le plus de bois qu'il est possible p
proportion à leur vigueur.

DÉCHAUSSER. Il vient de l'usage o
dinaire. On appelle se déchausser, quan
on quitte ce qui entouroit le pied. En Ja
dinage, déchausser un arbre, ou une pla
te, c'est ôter autour du pied & du tronc
terre qui ne doit pas y être, & qui occ
sionne une humidité morfondante, emp
chant les influences d'en haut & la chaleu
du soleil. On dit déchausser un arbre que
conque, soit greffé, soit non greffé, quar
on lui ôte la terre du pied qu'il a de tro
C

On dit auffi dans le même fens dégorger,
en parlant des greffes & des arbres, ou dégager.

DÉCOLLER , pris de l'ufage commun,
& tranfporté dans le Jardinage. Il fe dit
quand , par quelqu'accident que ce foit ,
la tige d'un arbre eft emportée , ou quand
un bourgeon fe caffe au collet où il a
pris naiffance ; on le dit encore des
plantes que les gros vers rongent rafe
terre.

On dit , en parlant des greffes , le vent
m'a décollé une belle greffe ; auffi c'eft ce
qui arrive quand la feve s'y porte avec trop
d'abondance : alors il faut les raffurer en
les attachant à un échalas , à une perche ;
u à une gaulette. Mais il eft une façon de
le faire , pour que l'arbre ne foit point ef-
tropié en touchant à la perche ; favoir , de
garnir & de matelaffer l'arbre avec mouffe,
u chiffons aux endroits où l'arbre touche
la perche. *Voyez* TUTEUR.

DEMI-OSSEUX. }
DEMI-LIGNEUX. } *Voyez* RACINES.

DÉPLANTER , c'eft le contraire de

L

planter , c'eſt ſon oppoſé. Déplanter et
lever de terre avec précaution ce qu'on
veut replanter ; on arrache ce qu'on jug
à propos , & qu'on n'a pas envie de ména
ger. Que d'arracheurs & point de déplan
teurs ! *Voyez* ARRACHER.

DÉPOTER , ou ôter une plante d'un pot
c'eſt la même choſe.

Soit qu'on décaiſſe , ſoit qu'on dépote
ménager ſoigneuſement les racines , & e
dépotant , ſe garder d'endommager la mot
te , ne point la châtrer , comme on dit gro
ſiérement , & comme encore plus , on l
fait dans le Jardinage , en coupant la mott
tout autour. Les Jardiniers ne ſavent pas qu
ées filets blancs qui entourent de toutes part
la motte , ſé détachent quand la plante e
miſe en pleine terre , ou dans un vaſe plu
étendu , & prennent leur direction du côt
de la terre nouvelle.

DÉVERSÉ. *Voyez* GLACIS.

DIAMETRE , terme de Géométrie.
ſignifie , dans l'uſage commun & en Jard
nage , le tiers de la circonférence , ou d
tour de tout ce qui eſt rond. Par exempl
on dit qu'il ne faut pas planter aucun a

bre fruitier qui n'ait deux pouces de gros,
ou de diametre. Comme donc le diametre
eft le tiers de la circonférence ; un arbre de
deux pouces de gros, ou de diametre, aura
fix pouces de tour, ou de circonférence,
ainfi qu'il eft ici repréfenté.

Diametre faifant le tiers de la circonférence.

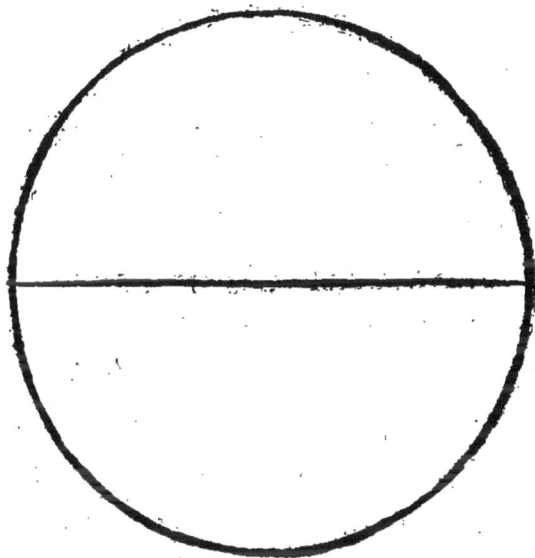

DIRECTION *primordiale des arbres.* Le
mot de direction vient du latin, & fignifie
gouvernement. Les arbres ont, ainfi que
les enfans, befoin d'éducation, & d'être
dirigés, dès leur enfance, pour fe porter à
bien ; mais malheureufement peu de Jar-

L 2

diniers entendent cette direction, qui consiste dans la connoissance & dans le choix des pousses avantageuses, ainsi que dans l'industrie, pour leur en faire produire de telles.

De cette direction primitive dépend non-seulement la belle figure de l'arbre pour toujours, mais encore sa santé, sa vigueur & un très-prompt rapport ; au lieu qu'en mutilant continuellement, en rognant, pinçant, repinçant & arrêtant par les bouts dès la jeunesse des arbres, & par après, comme on a la fureur de le faire, on les fait avorter dès la naissance même ; les arbres ne veulent point être ainsi tourmentés, incisés & écourtés sans fin.

DISSÉMINÉ, Feu disséminé. Il vient du latin, qui veut dire répandu, épars, semé par petites parties de côté d'autre. Le feu est un élément universellement répandu dans toute la nature. Nul objet créé où il ne soit, & l'air le contient & le porte partout. Le fumier s'échauffe, quand il est entassé ; est-il épars, point de chaleur. Vous serrez du foin trop verd, il s'enflamme, &

met le feu à la grange. Vous frottez bien fort une clef, par exemple, fur un morceau de bois, cette clef & ce morceau de bois s'échauffent au point de bruler fortement, fi on l'applique fur la chair. Vous entaffez des herbages de toute forte, ils s'échauffent au point que vous ne pouvez y tenir la main. Il eft une foule innombrable d'exemples femblables, qui démontrent l'exiftence de ce feu difféminé dans la nature.

DISSIMILAIRES. *Voyez* FEUILLES.

DRAGEONNER, DRAGEONS; termes de l'art. On entend par ces termes les pouffes multipliées des arbres vigoureux qui percent de toutes parts, & des écorces, & de la tige, & du pied. *Voyez* BOUTURE.

DRESSER, dans fa fignification propre, veut dire rendre droit; mais en Jardinage il a plufieurs fignifications.

DRESSER *un jardin*; c'eft le former.

DRESSER *une allée*; c'eft quand il y a des creux & des boffes, les réformer, ou quand elle eft plus haute, ou plus baffe à un bout qu'à l'autre, ou dans fon mi-

L 3

lieu & ailleurs ; mettre le tout de nouveau.

On dit dreſſer des arbres, comme on dit
dreſſer un cheval au manege, un chien pour
la chaſſe, &c. C'eſt à l'égard des arbres,
non-feulement les tenir droits & d'alligne-
ment, mais les former de jeuneſſe pour
leur faire prendre la figure qu'ils doivent
avoir pour jamais ; c'eſt encore les bien
conduire, panſer, tailler, ébourgeonner,
&c.

DRESSER *des paliſſades* ; c'eſt, en les ton-
dant, avoir ſoin qu'elles ne ſoient pas dé-
rangées, qu'elles ne ſe déverſent pas,
qu'elles ne ſoient pas creuſes en des endroits, & bombées dans d'autres.

DRESSER *une branche qui pend*, ou *qui ſe*
jette de côté ; c'eſt l'attacher de la façon qui
convient pour lui faire prendre un bon
pli.

DRESSER *une planche* ; c'eſt, après qu'elle
a été labourée, & avant que de la ſemer,
lui donner un coup de rateau ; mais avec le
rateau à groſſes dents, puis la diſpoſer pour
la ſemer, en tirant des lignes deſſus avec le

cordeau, quand c'eft pour femer en rigole; pour planter c'eft le même.

On dit encore dreffer un piege pour prendre des animaux nuifibles au jardin; dreffer un 4 de chiffre pour prendre les loirs qui mangent les fruits, & pour les mulots, &c.

DISTRIBUTION *proportionnelle des branches & des racines :* ceci eft la pierre de touche du Jardinage. C'eft le point le plus important, peut-être, & cependant le plus ignoré.

DISTRIBUER *proportionnellement les branches aux arbres, ainfi que les bourgeons durant la pouffe ;* c'eft en laiffer fuffifamment aux uns fuivant leur vigueur, & aux autres n'en laiffer pas plus qu'il ne faut, quand ils font foibles, favoir d'ailleurs faire le difcernement des bois à laiffer, ou à ôter, toutes chofes pour lefquelles il ne faut pas être novice dans le Jardinage, non plus que pour le fuivant; c'eft en un mot tenir un jufte équilibre dans toutes les parties de l'arbre, afin que tout foit plein à la fois, fans que rien mal à propos domine.

DISTRIBUER *proportionnellement les racines ;* c'eft, avant que de planter un arbre, diriger

avec art celles qui font mal placées, qui fe
couperoient, qui fe croifent & qui s'entre-
laffent; mais ce n'eft pas les mutiler, ni les
écourter, comme font tant de Jardiniers.
Jamais on ne doit planter qu'en laiffant les
racines de toute leur longueur, rafraîchif-
fant feulement la petite extrêmité de celles
qui font fracturées, & où fe trouvent des
filandres, mais à l'épaiffeur d'un fou neuf.

On dit encore diftribution proportionnelle de la feve dans les branches. Elle dépend du génie, de l'adreffe & de l'intelligence du Jardinier. Il eft le maître de la diriger de façon qu'un arbre ne s'emporte
d'aucune de toutes les manieres dont on n'a
que trop d'exemples dans le Jardinage.

DOS D'ANE; c'eft une élévation de terre
plus haute dans le milieu que des côtés.
Voyez DOS DE BAHUT.

E

EBOTTER , terme de Jardinage : il veut
dire abattre , en partie , les branches d'un
arbre. L'ébottement se fait quand, en coupant un arbre, on ne lui laisse que les plus
grosses branches taillées fort courtes. C'est,
par rapport à un arbre , comme son dernier sacrement. Si, après une telle opération , il ne se remet pas , il n'est plus bon
qu'à chauffer son maître. Aux plaies ne pas
oublier l'onguent Saint-Fiacre ; rarement
a-t-on vu un arbre ébotté réussir ; la raison
qu'on en donne ailleurs est palpable. Cependant on ébotte tant & plus dans le Jardinage , à tort , à travers pour , dit-on ,
mettre à fruit les arbres , ou pour leur faire
pousser du bois ; & quoique jamais l'un &
l'autre n'arrive, on ne laisse pas toujours
que de recourir à ce triste expédient.

ÉBOURGEONNEMENT, ÉBOURGEON-
NER. C'est l'art de supprimer avec gout &
avec discernement les bourgeons surnu-

méraires pour ne laisser en place que les nécessaires, ou les plus convenables.

L'ébourgeonnement est un art particulier, d'où dépendent & la belle figure d'un
arbre, sa fécondité & sa santé.

Il va de pair avec la taille des arbres pour
l'importance, s'il ne l'emporte pas. Mais
qui est-ce qui le possede cet art ?

M. de la Quintinie, fameux Jardinier jadis de Louis XIV, & qui a beaucoup écri
sur le Jardinage, veut qu'on ébourgeonne
les arbres en buisson, comme ceux des espaliers & contre-espaliers : a-t-il raison, n'
l'a-t-il pas ? C'est ce qu'on verra dans notre
Traité de l'Ébourgeonnement. Ceux qui
ne les ébourgeonnent pas ont grandement
raison, parce qu'ils ne s'y entendent pas.

L'ébourgeonnement est l'art des arts.

ÉCHALAS. Vignes échalassées des jardins différentes de celles des champs ; elle
doivent être symmétrisées & au cordeau. O
dit échalas de quartier, parce qu'ils son
faits avec des bois fendus en quatre, & éch
las de cœur de chêne, parce qu'ils sont fo
més de la partie intérieure du bois, & no
de celle où est l'écorce. Ces derniers son

s meilleurs. On dit ficher un échalas, les
tirer de terre, les aiguiſer : ils doivent être
au moins de 6 pouces avant dans la terre ;
ou 9 encore mieux, alors on frappe avec
un maillet.

ÉCHALAS poſés tranſverſalement dans
les murailles. *Voyez* AUVENT.

ÉCHENILLOIR. *Voyez* CHENILLE.

ÉCHIQUIER. *Voyez* QUINCONCES.

ÉCLATEMENT, mot d'uſage. Il vient
du verbe éclater. Il eſt de notre invention.
Nous l'avons établi & introduit dans le
Jardinage ſur des faits conſtans, pour dompter & réduire les branches intempérantes
& les bourgeons fougueux d'un arbre qui
s'emporte. Il ſe fait en pliant, comme ſi
l'on vouloit caſſer tout-à-fait, & ſitôt que
la branche, ou le bourgeon a craqué, l'on
s'arrête, & l'on rapproche enſuite les parties disjontes qu'on lie enſemble avec oſier,
ou jonc, & un peu d'onguent Saint-Fiacre ;
par ce moyen la branche eſt domptée & ne
meurt pas.

ÉCLISSES. *Voyez* BANDAGES.

ÉCOBUE, inſtrument d'Agriculture &
le Jardinage, autant connu & célebre dans

l'Anjou, qu'il l'eſt peu par-tout ailleurs
Cet outil admirable, le partage des biens
aimés du Ciel, nous a été manifeſté par
M. le Marquis de Turbilli, Fondateur de
Sociétés d'Agriculture en France, qui, depuis leur établiſſement, ont ſi bien mérit
de cet art pour l'exploitation des terres,
pour la multiplication des grains, & les dé-
frichemens, que déſormais notre France
ne peut manquer d'être le grenier au moins
de toute l'Europe.

L'écobue eſt un inſtrument de fer, qui
eſt recourbé à peu près comme une houe,
& qui a un long manche de bois. Il ſuffit d
poſſéder un bien pour n'en point uſer. Nos
Laboureurs & nos Manouvriers, au lieu d
ſavoir gré à ce bienfaiteur de l'Agricultur
d'une telle découverte, ont laiſſé l'Anjou
ſeul en poſſeſſion de cet Inſtrument tant
vanté dans le livre de ſon inſtituteur. Nou
renvoyons à ce livre ceux qui deſireroient
en ſavoir davantage : ce livre, qui a mérit
les ſuffrages d'un corps célébre, compoſé
ſans doute, de tous gens conſommés dans
l'Agriculture.

ÉCORCE. Ce mot vient du latin *cortex*

ui veut dire auſſi écaille. Ce terme eſt appliqué ſpécialement aux arbres, & ſe dit
également de quelques fruits. C'eſt la partie extérieure de tout arbre qui lui ſert de
couverture & d'enveloppe, au-deſſous de
laquelle eſt la peau, & après elle la partie
ligneuſe, ou le bois. A raiſon de ce que
l'écorce des arbres eſt communément épaiſſe, on a employé ce mot pour ſignifier
l'enveloppe extérieure de certains fruits,
& l'on dit d'un melon qu'il a une écorce
fine, ou épaiſſe, unie, ou brodée, &c. On
dit auſſi écorce de citron, d'orange. Mais
on ne dit pas l'écorce d'une poire, d'une
pomme, d'un navet, d'une rave, &c. Il
faut donc mettre une différence entre peau
& écorce.

Il eſt des écorces unies, & telles on les voit
dans les jeunes arbres, & dans ceux du moyen
âge, environ juſqu'à 9 ou 10 ans, après quoi
elles deviennent graveleuſes, raboteuſes &
écailleuſes. Ces ſortes d'écailles ſont, par fragmens; elles ſe pourriſſent peu à peu, &
tombent ſucceſſivement, étant pouſſées dehors par d'autres qui ſe forment au fur à
meſure. C'eſt une tranſpiration ſucceſſive

des arbres, qui est à leur égard, comme
la mue est à l'égard des animaux. Mais
comme dans ces derniers la mue est pério-
dique, & n'a lieu que dans un temps préa-
fixe ; au contraire cette mue des arbres est
dans tout le cours de chaque année.

ÉCROUTER la terre. *Voyez* AMEU-
BLIR.

ÉCUSSON. Il se dit des greffes. On dit
greffe en écusson, autrement dit à œil dormant, parce que l'écusson qu'on leve
sur une branche pour l'appliquer sur un
autre arbre, ressemble, par sa figure, à l'é-
cusson des armoiries du blason. On ne dit
pas ici la façon de greffer en écusson, soit
ce qu'on appelle à la pousse, soit à œil
dormant, & autres : le moindre paysan
fait & le met en pratique mieux que ne
l'enseignent tous les livres. On apprend
cette opération en la voyant faire, plutôt que par tous les préceptes & les descriptions les plus détaillées. *Voyez* GREFFE.

EFFEUILLER. C'est, peut-être, une des
opérations la plus délicate & la plus scru-
breuse du Jardinage. C'est l'art de supprimer habilement les feuilles qui peuvent

s'oppoſer à la maturité des fruits , & à leur
beau coloris.

On ne doit jamais arracher les feuilles ,
ſi ce n'eſt aux branches , ou rameaux inutiles ; mais les couper à moitié , ou vers la
queue à ceux des bourgeons dont on attend
du fruit , ou ſur leſquels on prévoit qu'on
taillera l'année ſuivante. On coupe ces feuilles avec l'ongle , ou avec des ciſeaux. Un
bouton à fruit effeuillé avec feuilles arra-
chées , ou avorté , c'eſt la même choſe. La
feuille eſt la mere nourrice du bouton ;
vous lui ôtez cette nourrice , il faut qu'il
creve de diſette & de faim. Si une autre
feuille naît à la place de celle que vous avez
ôtée , comme il eſt infaillible , cette feuille
eſt formée de la ſubſtance même du bouton : & telle eſt la raiſon pour laquelle il
avorte. L'expérience décide. Il eſt auſſi un
ordre & une méthode pour effeuiller avec
modération.

Dans le Jardinage, c'eſt aſſez la coutume
d'effeuiller les raiſins pour les avancer &
leur faire prendre couleur. Il eſt une foule
de Jardiniers qui les effeuillent au point
qu'il ne reſte pas une ſeule feuille. Le fait

est qu'ils cessent de profiter, qu'ils n'ont plus de gout, qu'ils se fanent & se rident. Ce qu'on avance ici est incontestable ; il gît en fait : cependant nul de ceux qui suivent cette pratique si déraisonnable, ne veut se rendre ; ils prétendent que quand même les feuilles y seroient, le même arriveroit. Nous renvoyons ces hommes grossiers au moindre des Vignerons. Ils ont grand soin, quand ils effeuillent, de laisser des feuilles de distance en distance pour porter la nourriture. Ces Vignerons les instruiront encore d'un autre fait incontestable à ce sujet ; savoir, que quand les feuilles de la vigne, ou séchent, ou tombent, le raisin ne murit plus, il faut faire vendanger.

Autre pratique semblable à ce sujet pour les concombres & les melons (car dans le Jardinage tout est routine, usage, caprice, prévention.) Nous nous gardons bien de confondre ici quantité de gens sensés qui honorent l'art & en font la gloire. Ces autres, qui n'ont que le nom de Jardiniers, ne manquent pas, dès qu'un concombre, ou un melon a du fruit noué, de couper les feuilles tout autour ; ils croient avancer ;

au s

au contraire ils retardent la progreſſion, &, par conféquent, la maturité, en ôtant les meres nourrices du fruit. Il eſt bon d'ôter ce touffu, faiſant trop d'ombrage, mais avec diſcrétion & retenue.

Le même eſt pour les pêches : ſi l'on n'a pas ſoin, outre ce qui eſt dit de la façon l'effeuiller, de laiſſer autour de la pêche dans le voiſinage, des feuilles pour ſervir d'auvents & de paraſols, une foule d'elles eſt ce qu'on appelle couronnée, c'eſt-à-dire, brulée juſqu'au noyau, & ces fruits ne ſont pas mangeables. Cependant rien de plus commun qu'un tel événement.

EFFONDRER *la terre*. Le terme exprime par lui-même l'action ſignifiée. C'eſt la creuſer en fond, afin que s'il eſt de la grou, du tuf, du ſable, de la glaiſe, des pierres, des cailloux, de la craie, &c. on les enleve pour y ſubſtituer de la bonne terre.

Jamais on ne doit planter ſans avoir effondré. Quiconque y manque, a temps pour s'en repentir, & plante plus d'une ois.

EFFRITER, terme de l'art. Terre effritée, eſt une terre appauvrie, dénuée de ſucs,

M

& qu'on a trop fait porter fans la remon c
ter , & fans la renouveller par des engrais in

On effrite encore la terre , fuivant M. d
la Quintinié , à force de la labourer trop
Trop de labour nuit , en ce que la terre n'
plus de corps , & elle devient ce qu'on ap
pelle veule ; & voilà en quoi peche le fyf
tême d'un Docteur de nos jours , qui ,
telle fin que de raifon , prefcrit des labour
fans fin , banniffant tout engrais. M. de l
Quintinie en favoit bien autant que ce not
veau, dogmatifant dans le fond de fon ca
binet : auffi tel fyftême avorta en naiffan
En labourant ainfi coup fur coup , on n
donne pas le temps , dit M. de la Quint
nie , aux engrais de l'air qui ont bénéfici
le deffus , de paffer dans l'intérieur de l
terre. De plus , ajoute-t-il , vous remettez
de toute néceffité , en-deffus les mauvaif
herbes que vous aviez enfouies , ou leur
graines. Il eft un milieu dans tout.

ÉJECTION vient d'un mot latin, qui veu
dire jeter, mettre dehors, pouffer dehors. C
terme eft tiré de la Médecine, & s'appliqu
par analogie, aux arbres : de même qu'e
nous par tous les différens vaiffeaux, & par l

pores de la peau, les humeurs, les parties superflues & les spiritueuses, ainsi que les vaporeuses s'échappent perpétuellement, & vont se perdre en l'air, de même dans les végétaux : quantité de semblables parties sont poussées dehors & reçues par l'air. Les odeurs qui émanent des plantes odorantes & des fleurs en font foi. De plus, la double transpiration a également pour principe cette éjection. Les feuilles qu'on croit tomber par défaut de seve, sont poussées & jettées dehors, quand le boyau umbilical, par lequel leur étoit apportée la nourriture, est bouché. La seve qui le remplit pousse par voie d'éjection la feuille au dehors. C'est ainsi que nos cheveux sont poussés dehors, & que nous devenons chauves, quand, intérieurement, le canal qui portoit la nourriture aux cheveux, se bouche, & en se fermant, le pousse dehors.

ÉLAGAGE, terme de Jardinage. C'est l'art de décharger à propos, avec discernement & avec goût, les gros bois de trop, ainsi qu'il suit.

ÉLAGUER, c'est éclaircir un arbre en lui ôtant les branches qui font confusion.

M 2

C'eſt le décharger de ſa quantité trop grande de bois au milieu, au côtés & aux pourtour, avec gout & diſcernement, non à boulevue & ſans regle.

Quand on élague, couper toujours près de l'écorce ; ne point pourtant l'approcher trop ; ne jamais laiſſer non plus d'argots, ni chicots, & employer l'emplâtre d'onguent Saint-Fiacre. On dit auſſi élaguer une paliſſade, quand elle eſt trop touffue & trop épaiſſe, lorſqu'on la décharge & qu'on l'évide, ſans néanmoins la rapprocher.

ÉLAGUEUR, terme d'art, comme deſſus. Les Élagueurs ſont des Ouvriers du Jardinage qui, avec le croiſſant, ou les ciſeaux à tondre, dreſſent, uniſſent, forment des paliſſades, des avenues, des berceaux, des compartimens de verdure, & tous les arbres de ſimple ornement.

Rien de plus rare que de trouver de bons Élagueurs ; cette ſorte d'hommes ne raiſonne en façon quelconque ſur leurs opérations. Ils taillent, ils abattent, ils ſabrent ſans gout & ſans diſcernement. Mais ce que nous ne pouvons ſouffrir dans leur travail, c'eſt cette miſérable habitude de laiſſer par-tout des potenceaux & des gibets, qui font horreur, & rendent un arbre le plus difforme. Ces gibets ne produifent que des toupillons hériffés de branchettes, qui ne peuvent jamais s'allonger & former une belle verdure ; mais qui font une foule énorme de nids de pies & de têtes de fau- les. Les propriétaires de ces fortes de bois & d'avenues devroient bien ouvrir les yeux fur de tels abus, & ne pas s'en rap- porter à des hommes, qui ne favent que charpenter. Il vaudroit beaucoup mieux abattre tout-à-fait ces branches ainfi mu- tilées ; du moins l'arbre poufferoit d'autres jets, qui feroient francs & de bon aloi, donnant un agréable ombrage. Parmi ces gibets, ces potenceaux & ces argots qu'ils laiffent aux arbres, la plupart, loin de fournir de la verdure, meurt ; ils le voient fans ceffe, & cela ne les corrige pas. Don- nez-y un coup d'œil, & vous le reconnoî- trez par vous-mêmes. Nous donnons dans notre Ouvrage un Traité de l'Élagage à la fuite de celui de l'Ébourgeonnement.

ÉLAGUURE. Ce font les branchages dont il vient d'être parlé.

M 3

ÉLANCÉ, S'ÉLANCER, ARBRE ÉLAN-
CÉ, BRANCHE ÉLANCÉE. Ce terme est
tiré de l'usage commun, & employé par
application dans le Jardinage. Arbres &
branches élancés, c'est quand l'un & l'autre
s'élèvent trop sans être fournis du bas, sans
profiter en grosseur par proportion à la hauteur. Il faut alors rabattre sur le jeune bois
du bas. *Voyez* ÉTIOLÉ.

S'ÉLANCER se dit de la seve, quand au
lieu de fournir également par-tout, elle se
porte toute avec impétuosité vers le haut,
laissant le bas dans la disette. Il est des
moyens pour la retenir, mais très-ignorés
de tous.

On veut faire monter un jeune arbre,
pour en faire un arbre de tige ; que fait-on
d'ordinaire ? On coupe depuis le bas jusqu'à
la tête du jeune arbre toutes les pousses, &
la tige s'élance, sans pouvoir se soutenir ;
mais les bons Pépiniéristes laissent, de distance en distance, des branches-crochets
servant à attraire la seve ; & dans la suite
ils les jettent à bas.

ÉLASTICITÉ, mot tiré du grec. Il signifie ressort : on dit élasticité de l'air ; on

dit encore élastique tout ce qui se meut par la vertu & le pouvoir du ressort.

EMBRYON, terme d'Anatomie, qui veut dire tout être vivant, qui, dans le sein de la mere, n'est pas encore formé, & où l'on n'apperçoit, quand il en est déhors, qu'un commencement de formation. On confond assez communément le fétus avec l'embryon. Quoi qu'il en soit, on emploie le mot d'embryon, dans l'Anatomie des plantes, pour signifier tout fruit dès qu'il est noué.

Il faut supposer, comme un point incontestable, que tout ce qui a vie ne se reproduit, ne se renouvelle, ne se multiplie, ne se conserve, & ne se perpétue que par voie de génération. Comme donc les fruits sont réellement des êtres vivans, contenant en eux-mêmes un germe de vie, principe de leur reproduction; savoir, leurs graines, qui sont des êtres vivans & organisés, en partie, il faut qu'eux-mêmes soient vivans,& qu'ils aient un commencement de formation, ensuite leur naissance; puisque passant par les degrés de l'enfance, de l'adolescence, & de la puberté,

M 4

ils arrivent auffi à la vieilleffe. Tout dans la nature végétant, comme dans le refte, eft un tiffu de merveilles fans fin.

ÉMIÉ, ÉMIER, au lieu d'ÉMIETTER, quoiqu'on dife MIETTE. On dit émier par préférence, à caufe du mot de mie de pain. Émier la terre, c'eft en la labourant, la divifer en menues parcelles; c'eft caffer les mottes à mefure qu'elles fe rencontrent, & les mettre en poudre, comme de la mie de pain broyée dans les mains.

Jamais, en plantant un arbre, on ne doit jetter fur les racines que de la miette, point de mottes, ni de pierres.

EMMANNEQUINER, terme de Jardinage. C'eft tirer de terre un arbre, arbufte, arbriffeau, &c. pour les mettre dans un mannequin, lequel, par la fuite, on leve de terre pour le placer ailleurs. Mais on ne doit emmannequiner aucun arbre, ni aucune plante à longues racines, à raifon de ce que, pour cet effet, on eft obligé de couper les racines, qui font le premier principe de vie dans les plantes. C'eft pour cette raifon, que jamais on ne doit planter d'arbres en mannequin de chez les Jardiniers fleuriftes, lefquels rarement réuffiffent, pour avoir été écourtés par les racines , & de plus , pour avoir été nourris dans le ter-reau à force d'eau. *Voyez* MANNEQUIN.

ÉMONDER vient du latin , qui veut dire rendre pur : c'eft nettoyer un arbre , ôter non pas les bourgeons fuperflus , ce qui appartient à l'ébourgeonnement , mais e débarraffer & le décharger des membres morts , des chicots , des argots , des on-glets , des chancres , des gommes , des ga-es , & de tout ce qui eft difforme , ou nuif-ible , comme auffi le débarraffer de la pu-naife , des pucerons , des chenilles , des vers qui s'entortillent dans les feuilles, des perce-oreilles qui déchiquetent ces dernieres , des mouffes qui les abyment , en les rongeant & en morfondant la feve , &c. & c'eft ce quoi l'on s'occupe le moins dans le Jar-dinage.

ÉMOUSSER , en Jardinage , veut dire ôter la mouffe aux arbres. *Voyez* MOUSSE.

EMPLATRE , terme de Médecine & de Chirurgie. C'eft tout médicament fimple ou compofé de quoi que ce puiffe être , de ce qui eft jugé propre à la guérifon des

plaies, & lequel est appliqué extérieurement sur icelles. Le même est précisément
pour les végétaux qui ont des plaies. Or
peut dire que jusqu'ici la Médecine & la
Chirurgie du Jardinage ont été fort mal
exercées, & nullement entendues. Quel
est le livre du Jardinage qui a encore traité
ex professo, des maladies & des plaies des
arbres, de l'origine, des causes & des effets
des unes & des autres ? Quelqu'un d'eux a-
t-il fait une étude particuliere de la con
texture & de l'assemblage des parties, tant
internes, qu'externes qui les composent
pour s'y conformer dans l'application des
remedes convenables ? On a bien travaillé
jusqu'ici à les hacher, les morceler & les
déchiqueter ; mais non à les conserver, les
panser, les médicamenter & les guérir.
Nous voyons, au contraire, que dans le
peu dont on s'est avisé pour leur cure, on
a pris tout le contre-pied de ce qu'il falloit
pour les guérir.

Sans entrer dans aucun détail de recettes
quelconques hazardées sans examen, que
l'on considere, loin de toute prévention,
la cire verte employée pour les plaies de

orangers , & l'on reconnoîtra que, loin de
leur être utile , elle leur eſt très-préjudicia-
ble. 1°. La cire , par elle-même , eſt un
eſſicatif : par conſéquent , elle ne peut
attirer la ſeve , & doit reculer la guériſon.
2°. Elle eſt en même-temps un *graiſſeux* ,
qui jamais ne peut faire alliage avec aucun
liquide , telle que la ſeve. 3°. Perſonne n'i-
gnore que le verd-de-gris , qui ſert à verdir
cette cire , ne ſoit un poiſon. Le peu qu'il
en entre , ne peut être que dommageable.
Auſſi les plaies des orangers ainſi panſées ,
ont des temps infinis à guérir ; au lieu qu'a-
vec la bouze de vache , elles cicatriſent d'a-
bord. Un peu de jugement ſuffit pour comprendre que tout ce qu'on appelle *graiſſeux* ,
ne peut jamais s'allier avec aucun ſéreux ,
& que la ſeve étant ſéreuſe , ne peut ſym-
patiſer jamais avec , ni poix , ni huile , ni
beurre , ni réſine , ni graiſſe , &c. Enfin ,
quelque précaution qu'on prenne , il n'eſt
pas poſſible d'empêcher toutes ces matieres
onctueuſes & graiſſeuſes , & de fondre lors
es ardeurs brulantes du ſoleil en Juillet &
Août , du moins aux endroits des plaies où
il darde à plomb. Alors les parties graſſes qui

font fondues, s'étendent horizontalement
& imbibent une grande place, & bouchen
au dehors les pores de la peau, & en de
dans elles abreuvent le parenchyme, don
les parties font fpongieufes, & la feve, q
eft féreufe, ne peut plus y paffer.

Ce point important eft difcuté ailleur
& mis dans tout fon jour. *Voyez* ONGUEN
SAINT-FIACRE.

EMPOTTER, EMPOTTÉ, ou mis ave
de la terre dans un pot, c'eft la même chof
Voyez POT.

EMPORTÉ, S'EMPORTER, tiré du lan
gage ordinaire, & employé ici par méta
phore. On dit d'un cheval fougueux, qu'
s'emporte, d'un chien de chaffe le même
&c. Un arbre s'emporte, quand il
pouffe que du haut, & point, ou peu d
bas & des côtés. Alors il faut le rabattr
Il eft un art pour empêcher que jamais u
arbre ne s'emporte. *Voyez* ÉLANCÉ, DI
TRIBUTION PROPORTIONNELLE.

ENCAISSEMENT, ENCAISSER, term
de Jardinage, il veut dire mettre dans u
caiffe avec de la terre. On dit encaiffer
oranger, quand on le met dans une cai

neuve. On appelle encore encaisser un oranger, ou toute autre plante, quand la terre étant usée, on les tire de leur caisse avec la motte de terre, dont on ôte toute la vieille terre pour en mettre de la neuve à la place. Cette opération, pour être bien faite, requiert des talens.

On appelle demi-encaissement, quand, au lieu d'ôter la terre, on ôte seulement celle du tour de l'arbre pour en mettre de la neuve : on l'appelle aussi demi-change.

ENFOUIR, terme de Jardinage & d'Agriculture ; c'est comme qui diroit fouir dedans.

Enfouir est différent d'enterrer. Enfouir, c'est cacher dans la terre seulement en superficie, au lieu qu'enterrer, c'est mettre avant dans la terre.

On dit enterrer un arbre, & enfouir des graines & des semences pour les faire germer. Un Laboureur en envoyant herser ses grains, dit qu'il faut les enfouir, de peur que les pigeons, & autres, ne les mangent; mais il ne dit pas enterrer ses grains, non plus que le Jardinier enfouir un arbre.

ENGORGEMENT, ENGORGER. Ce

terme a la même signification dans le Jardinage que dans la Médecine, lorfqu'il fe
fait en nous des obftructions par abondance
d'humeurs. Il eft de femblables engorge-
mens de feve dans les plantes. Ils ont pour
principe dans les végétaux trop de plénitude
dans les conduits & dans les canaux de la
feve. C'eft ainfi que quand on n'a pas foin
de lâcher une greffe en coupant la ligature
par derriere, il s'y forme un engorgement,
une obftruction, & ce qu'on appelle ftran-
gulation, ou étranglement. Ils ont également pour principe quelque vice particulier de la feve, qui eft arrêtée & interceptée
dans fon cours en quelque partie d'eux-
mêmes ; & telle eft la raifon pour laquelle
tant de branches d'arbres ont des efpeces de
paralyfies dans divers endroits d'elles-
mêmes, & où l'écorce fe feche. Ces parties, affez communément, ne reprennent
pas vie, & l'on eft obligé de les réceper plus
bas à quelqu'endroit bien vivant. On verra
dans le cours de l'Ouvrage comment, à
force d'ôter continuellement aux arbres
leurs pouffes, & leur faifant plaies fur
plaies, qui, en cicatrifant, forment de

bourrelets fans fin, la feve n'a plus fon cours, étant privée de fes canaux & de fes récipiens.

ENGORGEMENT *des greffes dans la terre.* Combien de greffes enterrées dans tous les jardins ? De 100 arbres, qu'on en faffe foi-même la remarque, il y en a communément 80 dont les greffes font *engorgées.* On plante fans réflexion, à la hâte, & des arbres à racines écourtées. Si l'on réfléchiffoit en plantant, on obferveroit que toute terre remuée fe plombe & s'affaiffe d'un pouce par pied. Que, par fuppofition, le trou de l'arbre ait 4 pieds de fouille, infailliblement la terre s'affaiffera de 4 pouces. Si donc le Jardinier, au lieu de mettre fa greffe à 4 pouces plus haut, comme il le devroit, la met à fleur de terre, ainfi que nous ont coutume de faire, il eft démontré que l'arbre, entraîné par la terre, defcendra de 4 pouces avec elle. Tout d'ailleurs fe fait trop à la hâte dans le Jardinage pour mefurer des yeux, à vue de pays, le niveau de la terre avec l'emplacement, ou la pofition de la greffe : pourvu qu'on expédie, qu'importe. Enfin, tous les Jardiniers ne plan-

tant que des arbres à racines écourtées,
n'eſt pas étonnant que de tels arbres deſcen-
dent plus aiſément que ceux qui les ont de
toute longueur. Mais pourquoi une greffe
enterrée eſt-elle nuiſible à l'arbre ? Le voi-
en deux mots.

Toujours un arbre eſt mal à ſon aiſe,
quand la partie de lui-même, fabriqué
par la nature, pour jouir des bienfai
& du ſec de l'air, eſt imbibée, détren-
pée & morfondue par l'humide de la terre
C'eſt la même que dans l'oppoſé, ſi les racines, au lieu d'être cachées dans terre
étoient en plein air & au ſoleil, pour q
elles ne ſont point faites : ceci n'eſt ici qu'e-
quiſſé.

Voici des faits conſtans, par rapport a
greffes enterrées, dont nous rendons ra
ſon ailleurs, & dont on ne peut diſco
venir.

Les arbres à greffes engorgées dans terr
ou ne donnent point de fruit, ou n'e
donnent que peu, ou que de mauvais.

L'expérience apprend en outre, à quico
que eſt obſervateur, que de tels arbres ſo
ſujets communément à quantité d'infirmit

& de maladies, la jauniffe fur-tout; ils dépériffent peu à peu & languiffent, nombre de leurs branches meurt d'année en année; puis tout l'arbre.

Les baffins qu'on fait aux pieds des arbres pour dégorger les greffes, font une foible reffource, comme on le fait voir en fon lieu.

Déformais on ne fera point excufable d'enterrer les greffes, à moins qu'on ne le veuille de propos délibéré. Nous donnons, dans notre Traité de la Plantation, une regle infaillible, dictée par la nature elle-même, pour planter avec toute la précifion & la correction poffibles. Il eft étonnant que perfonne encore n'ait faifi ce point où la nature, de toutes parts, fait entendre démonftrativement fa voix. On en jugera.

ENGRAIS. *Voyez* AMENDEMENT.

ENTE, ENTER (1), c'eft la même chofe que greffe & greffer; quoique des gens myftérieux prétendent y mettre de la différence, c'eft un raifonnement de quelques-uns, qui ne fait point loi. Quelques Jardiniers

(1) Voyez le Traité des Greffes de M. de la Quintinie, partie, p. 60 & fuivantes.

N

du vieux temps difent encore enture. On fe fert auffi du mot d'infertion, pour dire greffe : ce dernier mot, qui vient du latin, exprime bien l'action d'enter, en inférant un autre fruit.

L'ente, ou l'action d'enter, eft une opération du Jardinage, par laquelle en plaçant, d'une certaine façon, un œil, ou un bout de rameau d'une autre arbre fur une branche d'un arbre d'un autre efpece, on change l'efpece de celui fur lequel on greffe.

On ente, ou l'on greffe également les arbriffeaux & les arbuftes ; un jafmin d'Efpagne, par exemple, fur un jafmin commun, foit en fente, foit en écuffon, foi en approche. On greffe auffi la vigne ; mai en pied & dans le tronc même : autremen l'ancien fujet repoufferoit toujours, & ruineroit la greffe. On peut greffer auffi le fleurs & les herbages même ; mais à quell fin ?

Il eft quantité de fortes de façons d'ente & de greffer.

Les anciens greffoient des fruits fur le arbres des forêts ; mais ces fortes d'entes n durent qu'un temps, après quoi elles pe r ffent.

i

Le mot d'enté, ou de greffe se prend également pour l'arbre même enté, ou greffé.
J'ai, dit-on, quantité de fort belles entes
dans mon jardin ; mes greffes, ou mes entes de l'année derniere font merveilles,
pour dire mes arbres greffés, ou entés.
Voyez ÉCUSSON, FENTE.

Au sujet des entes, ou des greffes, *voyez*
tous les livres du Jardinage, qui entrent à
leur sujet dans le plus ample détail ; entr'autres un petit Dictionnaire d'Agriculture & de Jardinage, &c. A Paris, chez
David le jeune, à l'entrée du quai des Au-
gustins, au S. Esprit, M. DCC. LI., où,
&c. avec planches gravées.

Là, comme dans les autres livres du Jardinage, on trouvera toutes les autres façons
le greffer dans le plus grand détail ; ce qui
nous dispense d'y entrer, parce que cela
nous meneroit trop loin.

Qu'on ne pense pas que, parce que nous
renvoyons à ces sortes d'Ouvrages, & particuliérement à ce petit Dictionnaire, nous
prétendions autoriser le peu d'exactitude
dans les opérations les plus essentielles du
Jardinage, dont les maximes font toutes

différentes des nôtres. Nous y renvoyons
feulement pour les opérations méchaniques, fans titer à conféquence pour le refte.
De ces fortes de livres on ne peut tirer aucun avantage pour les opérations du Jardinage, qui ne font, ni raifonnées, ni réfléchies, mais purement machinales, d'a-
près une routine aveugle.

ÉPATTÉ, s'ÉPATTER. L'origine du mo
& fa fignification s'annoncent d'eux-mêmes ; il vient de patte. Il veut dire s'étendre & s'alonger ; de même qu'une patte
de quelqu'animal que ce foit, qui s'étale
en marchant fur terre. Ce mot fe dit principalement du bled, & auffi de celles de
plantes qui rampent fur terre. On dit auff
chicorée épattée, celle qui s'étale & s'a-
longe fur terre.

Ce mot a lieu encore pour la plantation
des afperges. On dit *épatter* fon plant d'afperges, en étendant exactement, & en ef-
paçant les racines.

ÉPAULÉ, ÉPAULER. Ce terme pris d
langage commun, a le même fens ici ; o
dit bête épaulée. Arbre épaulé, eft celu
qui eft tout de côté, parce que la moit

de lui-même, ou une partie notable péri par quelqu'accident. Jamais il ne fut aucun arbre épaulé, que par la faute du Jardinier en plus d'une maniere : ou bien il n'a pas eu soin de ménager toujours, comme on fait à Montreuil, des branches & des bois de réserve, en cas d'accident ; ou bien il a mal conduit son arbre de longue main sans le renouveller, voyant du bois veule & défectueux ; ou encore par mal-adresse, il aura cassé & éclaté une grosse branche, faute de précaution & de ménagement ; ou enfin l'arbre étant épaulé par cas fortuit, par accident, il ne l'a pas redressé en le dépalissant en entier, & le repalissant, si c'est un arbre d'espalier ; & si c'est un buisson, en attirant des branches du côté du vuide.

ÉPIDERME. *Voyez* SURPEAU.

ESPALIER. On ne voit pas trop l'origine de ce mot dans le Jardinage. Il pourroit venir d'esplanade, terme de fortification, avec lequel il a quelque rapport. M. de la Quintinie dit que les espaliers n'étoient pas fort anciens dans son temps, & qu'il les a vus presque naître. En effet, dans tous les

anciens Châteaux on n'y voit pas d'efpaliers
anciens. Les murs n'étoient pas revêtus d'aucuns arbres. Les Seigneurs étant toujours
en guerre les uns avec les autres, ne fon-
geoient qu'à fe défendre & à fe mettre en
affurance contre leurs ennemis, ou bien
les autres avoient pour clôtures de larges
foffés fort profonds, tels qu'on les voit encore dans quantité de vieux Châteaux.

ESPALIER eft une muraille au pied de laquelle on plante des arbres qu'on attache
fur icelle, foit à un treillage, foit de quelqu'autre maniere que ce puiffe être. Quand
on plante des arbres en efpaliers, il faut les
déverfer en les plantant en-deçà du mur,
à la diftance de 9 pouces, ou environ, autrement les racines touchant au
mur, ne pourroient point agir. De plus,
quelque pluie qui puiffe tomber, jamais ils
ne s'en reffentent, quand ils font plantés à
plomb du mur.

Ne jamais planter un arbre de tige entre
deux nains, à moins que la muraille n'ait 10
à 12 pieds de haut. Aux murailles même de
12 pieds de haut, des nains bien conduits doivent, au bout de 9 ou 10 ans au plus, avoir
atteint le mur.

La direction des espaliers est un des chefs-d'œuvre du Jardinage. Rien de plus rare qu'un bel espalier, bien conduit suivant les regles de l'art. Pour en juger, il faut être connoisseur. On se pique de gout, & l'on se passionne pour un oignon de fleur, une plante rare & étrangere, & l'on ne sait pas priser le travail entendu & régulier d'un espalier formant le plus superbe coup d'œil. Que de gens, même dans les rangs les plus distingués, qui ne font que des profanes en ce genre !

ESQUILLE. C'est la même chose dans un sens, quant au Jardinage, que dans la Chirurgie. On appelle esquilles dans le Jardinage, certains petits filets, & certaines parties inégales, qui restent toujours à toute extrêmité d'un rameau cassé. Ce sont ces esquilles qui, formant des inégalités, empêchent que jamais la seve ne recouvre la branche à l'endroit où elle a été cassée. *Voyez* CASSEMENT des branches & des bourgeons.

ESSORER, s'ESSORER, ou s'ESSUYER, c'est la même chose ; il se dit des terres qu'on ne doit pas travailler après de longues

humidités, qu'elles n'aient été reſſuyées pa x
le hâle & les vents.

ÉTIOLÉ, S'ÉTIOLER, terme de l'art
On dit arbre étiolé, branche étiolée, quand
l'un & l'autre ne forment que des jets meſ
quins, maigres & allongés. Il ſe dit auſſ
des plantes qui ont été ſemées trop dru, &
qui ne font que s'allonger ſans groſſir. *Voye*
ÉLANCÉ.

ÉTRIPER *un arbre.* On ne voit pas trop
l'étymologie de ce mot. C'eſt faire quelque
choſe de plus que de l'élaguer, & quelque
choſe de moins que de l'ébotter ; c'eſt-à
dire, lui ôter des branches de diſtance en
diſtance pour le rajeunir, lui en faiſant
pouſſer de nouvelles, & rabaiſſer les autre
en les coupant où il peut y avoir du bor
bois. Beaucoup de Jardiniers confondent
toutes ces choſes. Si un arbre, pour avoir
été toujours inciſé & dépouillé de ſon bois
à meſure qu'il a pouſſé, n'a pas donné de
fruit, eſpere-t-on qu'en l'étripant, pour
le rajeunir, il deviendra fécond, quand ce
nouveau bois ſera traité de la même maniere que le précédent ? Nous pouvons af-
firmer que, depuis plus de 40 ans de travail

x d'expérience dans le Jardinage , nous avons bien vu des arbres étripés , ébottés , récepés , étronçonnés , & mutilés de toutes façons imaginables ; mais que nous n'en avons pas vu un seul réuffir.

ÉTRONÇONNER *un arbre* , c'eft ne lui laiffer que le tronc ; c'eft lui couper la tête quand il eft nouvellement planté , ou bien quand les racines étant bien faines encore, & lorfque fon bois eft ufé , le réceper fur la fouche pour le renouveller. Tels arbres , à moins qu'ils ne foient d'âge moyen & bien vigoureux , ne tiennent pas contre une telle opération ; peu à peu ils meurent , à l'exception de certains vieux pêchers fur amandier & quelques autres.

Les arbres des bois en coupe dans les forêts, font coupés rafe terre, & ils repouffent. Il n'en eft pas de même des arbres fruitiers des jardins , ils font plus délicats ; on en appelle, à ce fujet, à l'expérience. De plus , quand on coupe les arbres de forêts , ils repouffent , parce qu'on les récepe dans le tronc même rafe terre , comme il vient d'être dit , & ils font de nouveaux jets ; au lieu que les arbres fruitiers , étant coupés au-deſſus du tronc, où la peau eſt bien plus dure, la ſeve ne perce point d'ordinaire, & ne pouvant s'y faire paſſage, elle retourne aux racines, & l'arbre meurt par en haut. Ce point eſt ignoré dans le Jardinage.

Voici, à ce ſujet, une obſervation qui mérite de trouver place ici, quoique Dictionnaire, il eſt intitulé *raiſonné*. C'eſt, par rapport aux vieux arbres étronçonnés, qui d'ordinaire meurent. Voici ce que chacun peut obſerver à par ſoi.

Quand on tire de terre quantité de ces ſortes d'arbres, de même que nombre d'autres ceſſant de pouſſer tout-à-fait, ou mourans par la tête, il en eſt quantité à qui on voit des racines immenſes les plus ſaines & les mieux nourries, tandis qu'aux arbres les mieux portans qu'on veut détruire, le même ne ſe rencontre point. On eſt touché de compaſſion à la vue d'un tel ſpectacle, quand on ignore le ſous-œuvre caché de la nature. Voilà le fait, il eſt à la portée de tous; mais ce ſous-œuvre caché de la nature quel eſt-il ? On le diſcute dans l'Ouvrage. On avance ſeulement ici, qu'on ne peut rendre raison d'un tel phénomene, qu'en supposant que dans ces sortes d'arbres les sucs sont pompés, comme à l'ordinaire, par les racines ; mais que ne pouvant plus arriver dans la tige, dont les canaux épuisés sont obstrus & bouchés, la seve reflue dans ces mêmes racines, & telle paroît être la raison de leurs embonpoint excessif.

ÉVASÉ, terme d'usage : il vient du mot vase, comme qui diroit ayant la figure d'un vase, tel qu'un verre à boire. Il se dit des arbres en buisson, & même de certaines tiges qu'on taille. L'art du Jardinier est de faire prendre à ces arbres la figure d'un gobelet, ou d'un verre à boire. Pour y parvenir, l'unique moyen c'est d'y mettre des cerceaux ; autrement on est des 10 à 12 ans à former un buisson. *V.* CERCEAU, BUISSON.

ÉVENTAIL, *arbre en éventail*. C'est un arbre qui imite, dans sa figure, celle de l'éventail, instrument, ou ornement des femmes, pour agiter l'air autour de leur visage, en faisant du vent, afin de se rafraîchir durant l'été.

Jusqu'ici l'on a dressé en éventail tous

les arbres d'espaliers, au moyen de quoi
on n'a eu que des arbres manqués & estro-
piés. Dans la méthode de Montreuil, chacune des branches forme un éventail : les
branches qu'on appelle verticales, & qui
sont perpendiculaires à la tige & au tronc
toujours ont dévoré & anéanti celles des
côtés. *Voyez* BRANCHE, & la figure qui est
à l'endroit même.

ÉVENTER *la seve*; expression familiere
dans le Jardinage. C'est faire de trop grandes plaies aux arbres, ou bien tirer ses coupes & ses tailles trop en longueur. Toute
coupe, toute taille, pour être bien faites,
doivent toujours être courtes, & prises un
peu de près, & les tailles doivent être tant
soit peu en bec de flûte. Tel est le senti-
ment de M. de la Quintinie ; & quand le
Jardinier alonge trop sa coupe, on dit qu'i
évente la seve, & l'on a raison. *Voye*
FAUSSE-COUPE.

ÉVIDÉ, ÉVIDER, viennent du mot de
vide. Les arbres en buisson, à qui l'on ne
laisse point, dans leur milieu, des branches
s'appellent des arbres évidés. On dit évide
un arbre, quand on éclaircit le trop gran

nombre de branches. On dit oranger bien évidé. *Voyez* ÉVASÉ.

EXCAVATION. Ce mot vient du verbe *caver*. Il signifie dans le sens propre une fouille de terre en forme de cave. C'est l'action de creuser la terre en fond ; mais pris dans un sens d'application, il veut dire miner, ronger, carier. C'est dans ce dernier sens qu'un Ancien a dit :

Gutta cavat lapidem, non vi, sed sæpe cadendo.

Et c'est cette pensée que Quinaut a rendue en ces termes, *l'eau qui tombe goutte à goutte, perce le plus dur rocher.* Voilà précisément ce qui arrive aux plantes quelconques, dont les parties internes incisées sont à découvert, quand, mal à propos, ou par accident, leur sont faites des plaies graves, ou toutes autres qu'on n'a pas soin de panser avec l'appareil d'onguent S. Fiacre. Il arrive alors le même qu'en pareil cas aux animaux raisonnables & irraisonnables, quand le sang putréfié, ou une humeur acre & mordante ronge, cave & carie les chairs & les os. Ce sujet (on ne fait que l'effleurer ici,) est un des plus importans par rapport

à tous les arbres quelconques , & des plus
intéreſſans pour ceux des jardins.

L'excavation dont on parle , & dont on
va donner quelques exemples en paſſant,
eſt dans les arbres , ce qu'eſt , en Chirurgie,
la gangrene dans les chairs & l'exfoliation
dans les os , quand , à l'occaſion d'une humeur purulente , les chairs ſont minées &
les os cariés. Examinez ce qui ſe paſſe jour-
naliérement dans vos arbres , & que , ſans
le remarquer , ou ſans y remédier , les Jardiniers voient à tout inſtant dans leurs jardins.

Tous les arbres qu'on appelle *gommeux*,
tels que les ceriſiers , pêchers , abricotiers,
amandiers , pruniers , & autres ſemblables,
lorſque la gomme , qui n'eſt autre qu'une
ſeve extravaſée , découle le long d'une branche , ſont minés & cavés au point d'y cau-
ſer un chancre corrodant , qui pénétre juſqu'à la moëlle , qui trop ſouvent fait mourir la branche , & quelquefois tout l'arbre.
Si donc le Jardinier , viſitant ſes arbres,
avoit l'attention de l'enlever cette gomme,
ce qui eſt la plus petite choſe du monde,

vos arbres en santé donneroient fruits & prospéreroient.

On fait des plaies énormes aux arbres quelconques, sans y mettre d'appareil; qu'arrive-t-il alors ? La seve hors de son cours s'extravase; cette seve, comme notre sang hors de nos veines, qui, frappé par l'air, se corrompt, se putréfie, se convertit en une humeur sanieuse, qui coule le long des branches & de la tige, & qui mine dedans & dehors. Voyez une foule d'arbres ainsi traités parmi ceux de vos jardins qu'on récepe, qu'on ébotte & qu'on étronçonne, quand ils sont d'une certaine grosseur, le bois tombe en canelle, ou bien est comme du liege, ou enfin se pourrit.

Voyez tous les arbres des boulevarts de Paris, ceux des grands chemins qu'on taille de la sorte, & vous y remarquerez cet écoulement de seve dont il vient d'être parlé. On la voit suinter de la plaie, & se répandre sur la tige. On y apperçoit une tache livide, d'une couleur blafarde, qui dure long-temps, même après la plaie fermée.

Qu'est-ce autre chose dans les eaux & forêts, que ce qu'on appelle *couronnement de* arbres ? finon une feve appauvrie, telle que dans les humains un fang fondu, un fang diffous par une humeur corrofive. A ce fortes d'arbres les extrêmités deffechées n pouffent plus, & grand nombre d'iceux el pourri en dedans.

Feue Mademoifelle, Comteffe de Cha rolois, à Atys, près de Paris, vendit fur pie un certain nombre d'ormes d'environ pieds de diametre, faifant 9 à 10 pieds d tour. Jadis ces arbres avoient été coupé du haut pour être rabaiffés : les pluies, le neiges, les frimats avoient pénétré dan l'intérieur, & ces arbres, nous les avon vus, quand ils furent abattus, étoien creux comme le tour d'une mardelle d puits.

Que conclure de tout ce que deffus ? fi non que tout Jardinier doit être extrême ment réfervé, quand il eft queftion de plaie graves fur un arbre. Tous les jours ces mê mes Jardiniers font des greffes, foit fur de branches, foit fur des arbres de 5, 6, 7, o 8 pouces de gros. Ces greffes fouvent pren nent, elles fubfiftent quelque-temps : nou

avon

avons bien des années, & plus de 40 ans
d'obſervations & d'expérience dans le Jardinage ; mais nous n'en avons pas vu un
ſeul durer & ſubſiſter ; à la fin tout créve,
& l'on a perdu bien des années.

EXCORIATION, terme de Chirurgie.
Dans le Jardinage il ſignifie, comme dans
cet art, écorchure, déchirement & enlé-
vement de la peau. Nulle excoriation aux
arbres où il ne ſoit néceſſaire d'appliquer
emplâtre d'onguent S. Fiacre, ſans quoi
naît un chancre corrodant. Mais qui eſt le
Jardinier qui y penſe ?

EXCRÉTION. *Voyez* ÉJECTION.

EXCROISSANCE. C'eſt, en Jardinage,
même choſe que dans la Chirurgie. Les
arbres ont des loupes, des enflures particulieres, des groſſeurs, des tumeurs, des
poireaux, ou verrues, &c. Toutes ces choſes viennent d'un amas de la ſeve, arrêtée
par ce qu'on appelle obſtruction, qui empêche la ſeve de paſſer, & qui cauſe un
gonflement au-dehors dans la peau de l'arbre, ou du fruit.

De ces excroiſſances il en eſt de deux
ſortes : les unes naturelles, & qui advien-

O

nent dans les arbres, comme dans les hu
mains, fuivant le cours de la nature ; e
eux par l'épanchement d'une feve qui re
contre des obftacles à fon paffage, ou de
obftructions, comme pareilles chofes dan
ces derniers au cours & à la circulation d
fang ; & les autres font accidentelles &
occafionnées. Ces dernieres viennent, fo
de la mauvaife conduite & de l'impérit
des Jardiniers, qui, par des fouftractio
continuelles des parties organiques des plan
tes, dérangent leur méchanifme, tant i
terne, qu'externe. Rien de plus commu
aux ormes qu'on élague tous les trois ans
& fur qui l'on fait des coupes de fort boi
que ces fortes d'excroiffances. Il en eft
même des arbres fruitiers & autres, que l
Jardiniers vulgaires tourmentent & mut
lent de toutes façons diverfes. Le cours
la feve eft troublé, interrompu, intercep
& arrêté ; dès-lors il fe fait des dépôts
feve, où il n'en devroit point être. C'
ainfi que dans les humains, par défaut
conduite & de vie fobre & frugale, ou p
débauche, il fe fait des extravafions
fang, des dépôts d'humeurs formant d

loupes , des fquirres , des tumeurs & des flux immodérés d'humeurs fanieufes.

Il eft des fruits auxquels ces excroiffances font naturelles , comme les limons & es bigarades.

Enlever dès leur naiffance aux arbres , de même qu'on fait aux animaux vivans , ces excroiffances , qui font contre nature , & mettre à ceux-là l'emplâtre d'onguent Saint= Fiacre.

EXOTIQUE. *Voyez* BARBARE.

EXPÉRIMENTAL , *Phyfique expérimen= ale.* Ce n'eft autre que la connoiffance de la nature & de fes effets dans tout ce qui fe paffe , tant dans l'intérieur , que dans l'extérieur de la terre & des plantes , pour, enfuite de cette connoiffance , agir dans la pratique. Cette fcience eft requife dans tout Jardinier. On ne demande point de lui qu'il fache toutes ces chofes , comme un favant du premier ordre ; mais on defire qu'il foit à l'égard des plantes , ce qu'eft un bon Chirurgien de campagne à l'égard du corps humain. Les gens de Montreuil ont cette Phyfique expérimentale ; pourquoi

E

les autres ne pourroient-ils pas l'avoir comme eux ?

Au lieu de se conduire, comme on fait par routine & en aveugle, au moyen de cette connoissance de la nature & de ses effets, on parvient à entendre ce qu'on fait, & pourquoi on le fait, & l'on auroit la satisfaction de rendre raison de toutes ses opérations, l'ouvrage n'en iroit que mieux, & l'on travailleroit à coup sûr.

Ce qui fait qu'on méprise les Jardiniers, c'est que la plupart n'ont pour guide, comme les animaux, que la seule routine : ils font, parce qu'ils ont vu faire, & comme ils ont vu faire. Mais si, au contraire, ils avoient, comme les gens de Montreuil, cette science expérimentale, on les considéreroit comme gens de mérite. Tout bon Ouvrier, en quelque genre que ce soit, est toujours regardé de bon œil, sur-tout par les personnes de gout. De plus, si les Jardiniers étoient tels, surement on leur donneroit de plus forts gages, & même des récompenses, & l'on ne plaindroit point la dépense à leur égard. Il est dans cet Ouvrage un Traité de la Physique

expérimentale , dont on fait voir la néceffité & les avantages.

EXPOSITION. C'eft tout emplacement
de quelque lieu que ce foit , jardin , ou
autre , par rapport au regard du foleil. Il
y a quatre expofitions , le levant , le midi , le couchant & le nord. Toutes ces expofitions tiennent un peu chacune l'une de
l'autre.

EXTRÊMITÉ DE POUSSES. Ce terme eft
non fuffifamment connu , ni entendu dans
le Jardinage. On appelle de ce nom toute
branche qui a pouffé du dernier œil de la
branche taillée. L'ufage eft d'abattre cette
branche , & même les autres qui font au-
deffous , & de tailler fur celle qui a pouffé
au dernier œil d'en bas. Par ce moyen l'arbre a pouffé à faux , & en pure perte pour
lui , toutes ces branches fupérieures dont
on le dépouille. En outre , au lieu de croître , de s'allonger & de donner fruit , il
refte toujours circonfcrit , avorton & ftérile. Mais qu'au contraire , on taille longue
la branche qui a pouffé à l'extrêmité de la
coupe précédente , on a , en peu d'années,
des arbres immenfes , fructueux au poffible,

groffiffant de la tige à proportion ; & voilà
ce qu'on ne connoît pas dans le Jardinage.
Tout par routine, fans réflexion, ni raifonnement.

On fuppofe ici que ces extrêmités des
pouffes font telles qu'elles doivent être dans
un arbre bien conformé ; car dans le cas où
les extrêmités de pouffes feroient fluettes,
il faut fe garder de leur donner tro p d'allon-
gement.

F

FAÇON, FAÇONNER. C'eft l'art de former
& de dreffer la terre, les arbres & les plantes. On dit façonner une terre, donner toutes
les façons aux arbres & aux plantes. C'eft
labourer, facler, faire les fouilles, dreffer,
tirer au rateau, répandre les fumiers, les
enfouir, arrofer, biner, & faire à l'égard
de la terre & des plantes, tout ce qui eft
requis pour les cultiver. Commu nément
on donne trois façons à la terre, aux vignes
& aux arbres ; favoir, labour d'hiver, labour du printemps, & un labour au com-

mencement de l'été ; ce dernier, plus léger que les deux autres, sans préjudice des différens binages dans le courant de la pousse.

Nous ne parlons pas ici des autres façons que, pour l'exploitation des terres, les Laboureurs ont coutume de donner à leurs terres, ce qui n'est pas de notre compétence.

Dans cette généralité sont comprises les différentes opérations de la taille, de l'ébourgeonnement & du palissage, dont il est parlé à chacun de ces articles.

FACTICE. *Voyez* TERRE, TAUPIERES.

FAUX - BOURGEONS. *Voyez* BOURGEONS, BRANCHES.

FENTES *des arbres.* Ce sont des crevasses qui se font à l'écorce des arbres. La peau se déchire, & les deux parties séparées se retirent, comme fait un parchemin, du cuir, ou une étoffe trop bandée, cédant à l'effort. Il en est de deux sortes, des fortes & des foibles : les unes & les autres ont la même origine. Elles viennent d'une abondance de seve ; les fortes d'une abondance excessive, & voici comment. Un arbre reçoit des racines plus de seve que la capacité du diametre de la tige ne peut en contenir ; & comme elle est lancée par voie d'impulsion qui presse, pousse & appuie toujours plus fortement à mesure qu'un flot de seve nouveau est surajouté, alors le tissu cellulaire, qui n'est autre qu'un amas de seve, & de nature spongieuse, prête, se gonfle & s'étend ; la peau conséquemment se bande de plus en plus, elle se déchire jusqu'à la partie ligneuse, & l'on voit le suc nourricier congelé aux deux côtés où la peau est séparée. C'est ainsi que quand l'eau est poussée avec véhémence, & en trop d'abondance dans un tuyau, elle se fait jour en le crevant ; c'est ainsi qu'en nous les hémorrhagies ont lieu, quand un vaisseau est brisé par l'impulsion violente du sang. Ces fentes font, en effet, comme des especes d'hémorrhagies de feve. Jusqu'ici le Jardinage n'en a tenu compte ; & comme dans quelques arbres elles se guérissent d'elles-mêmes, nul ne s'empresse de les panser. On donne en son lieu des préceptes à ce sujet. Là on fait voir les divers accidens fâcheux, provenans de ces sortes de fentes négligées, sur-tout aux arbres de

...uits à noyau , par les épanchemens de
...rommes cariantes.

... Les fentes légeres qui ne font , ou que
... es déchiremens d'une petite étendue , ou
... fimples gerçures à la peau , ne font pas
... plus dangereufes , qu'en nous certaines pe-
... tes hémorrhagies qui n'ont pas de fuites.
... n en eft parmi ces dernieres, que nul ne re-
... marque dans le Jardinage , finon ceux à qui
... on les fait appercevoir. Ces petites fentes,
... gerçures font de légeres ouvertures à la
... peau, qui font de couleur jaunâtre , & qui
... ont répandues çà & là , foit à la tige , foit
... aux groffes branches. On les compare , &
... en effet, elles reffemblent à ces gerçures de
... main , formant ce qu'on appelle des gri-
... mons. Elles font autant de marques de vi-
... gueur & de fécondité dans les arbres ; les
... caducs & les infirmes ne préfentent pas de
... pareils fymptomes d'abondance du fuc
... nourricier, qui , pour fe faire paffage , di-
... te ainfi la peau. Les jeunes greffes fur-tout
... abondent en ces fortes de petites gerçures
... occafionnées par une extravafion du fuc
... nourricier furabondant.

... Outre ces fentes naturelles , il en eft d'ar-

tificielles que l'induſtrie , [mere de l'inver
tion , met en pratique ; telles la ſaignée,
le cautere , & autres , de même que c
qu'on appelle greffe en fente.

Les greffes en fente ne ſe font que ſu
certains arbres , & n'ont pas lieu pour tou
comme la greffe en écuſſon. Les Jardinie
réuſſiſſent aſſez communément à ces ſor
tes de menues opérations du Jardinage
dont on ne croit pas devoir faire ici men
tion plus ample , étant fort communes &
fort aiſées.

FERMENTATION. Il vient du latin
C'eſt le mouvement de toutes les partie
tant acides , que de toûte autre nature, qu
compoſent les ſucs de la terre, leur agitation
leur combat entr'elles , opérant un boui
lonnement par le moyen de la chaleur na
turelle de la terre , de celle du ſoleil , ain
que des engrais , qui tous produiſent en
ſemble , ce qu'on appelle végétation. L'ai
eſt le principe & le premier mobile de tou
tes ces choſes. Il ſe fait dans les plantes
par le moyen des acides , le même qui ar
rive dans une pâte où l'on met du levai
pour la faire fermenter. Ferment , ou le

nin, c'eſt la même choſe. *Voyez* ACIDE,

FERRUGINEUX, compoſé de deux mots
latins, qui veulent dire fer & rouille. Il
ſignifie, qui participe à la qualité du fer.
On appelle eau ferrugineuſe, celle qui, en
paſſant à travers des mines de fer, contracte
le gout & la qualité du fer. Il en eſt de
même de la ſeve. Elle prend les gouts des
terroirs différens, ſuivant leurs qualités
particulieres. L'expérience le fait voir dans
les vins, dans les fruits & dans les légumes. *Voyez* ROUILLE.

FEU, JETTER SON FEU. Il ſe dit d'un arbre, qui pouſſe vigoureuſement d'abord,
& qui enſuite dégénere de cette ferveur primitive, en ne faiſant plus que des pouſſes
meſquines, tels que la plupart de ceux traités ſuivant l'ancienne routine.

On dit faire jetter ſon feu à un arbre,
quand, non-ſeulement on le charge amplement en bois & en fruit, mais encore
quand on lui laiſſe beaucoup de bourgeons
ſurnuméraires à deſſein de le mater par-là
& de le rendre ſage, comme diſent les
gens de Montreuil. Mais après que l'arbre
a ainſi jetté ſon feu, ils changent de mé-

thode , le tenant plus de court , fuivant l'occurence. *Voyez* AMUSER LA SEVE. On dit encore laiffer jetter fon feu à la feve dans le même fens que deffus.

FEUILLE eft une partie extérieure des plantes , qui a toujours au-deffus d'elle un œil , ou bouton , dont elle eft la mere nourrice, & qui eft compofée d'une queue, de fon plat , qui a un endroit & un envers, & des différens contours. Les feuilles font tellement néceffaires à toute plante , que fans elles , point de boutons , de fleurs , de fruits , ni arbres , ni plantes quelconques.

Les feuilles fervent à travailler , à pré-parer & à perfectionner la feve , pour la faire paffer enfuite dans la branche , dans la fleur , dans le fruit , dans l'œil , & dans toute la plante. *Voyez* BOUTON.

FEUILLES *des fleurs* ou *pétales*. Ce font celles qui compofent & conftituent les fleurs. On dit rofe à cent feuilles. Ces feuilles font néceffaires à toutes les fleurs devenant fruits , ou graines pour allaiter & fubftanter ce même fruit & cette même graine , quand ils ne font encore qu'em-bryons. Mais quand le fruit noué , ou l

ſſroſſe renfermant les graines, peuvent ſubſiſter par le moyen des nourritures plus ſolides, alors la fleur épanouie jette ſes feuilles qui ſe fanent.

¶ FEUILLES *diſſimilaires*, ou *diſſemblables*.
Ce ſont les deux premieres feuilles de toute
plante, & qui croiſſent aux deux côtés de
la tige naiſſante lors de la germination d'une
graine. Toujours elles ſont placées au-deſſous des deux lobes, qui ſont les deux parties compoſant l'amande de la graine. Ces
deux premieres feuilles ne reſſemblent en
rien à toutes les autres qui croiſſent après
pour raiſons trop longues à déduire ici.
Voyez LOBES, leur différence d'avec ces
feuilles diſſimilaires.

¶ Tous les bourgeons qui croiſſent à chacun des boutons, ont infailliblement à leur
empattement de ces ſortes de feuilles diſſimilaires. A la vigne elles ſont des plus re-
marquables dans chacun des bourgeons.

¶ FIBRE, FIBREUX, RACINES FIBREU-
SES, terme d'Anatomie, lequel eſt employé dans le Jardinage dans le même ſens
que dans celui de l'Anatomie, pour ſignifier
les différentes parties qui compoſent le

F

tiſſu des plantes. Ce mot peut venir d
mot de fil , parce que les fibres en génér
reſſemblent fort à des fils raſſemblés
placés & couchés les uns ſur les autres , te
qu'on les voit dans ce qu'on appelle u
écheveau de fil.

Dans le corps humain , les fibres ne ſo
autres que des filets blancs , menus & d
liés , étendus en long , compoſant les d
verſes parties , tant internes , qu'externe
des corps vivans. Telles également on le
voit dans les plantes , les feuilles , les fleu
& les fruits ; mais dans les plantes elles or
leurs formes & leurs couleurs particuliere
on dit fibres ligneuſes , celles qui compo
ſent les racines oſſeuſes , & celles du bo
de tout arbre.

Trois ſortes de fibres dans toute plante
des fibres longitudinales , tranſverſales &
ſpirales. On appelle fibres longitudinales
celles qui ſont de fil & étendues en long
c'eſt ainſi qu'on les voit dans les tiges & dan
les branches.

Les fibres tranſverſales ſont celles qui
au lieu d'être de fil & en long , comme le
précédentes , ſont en travers. Une branch

bois plie fans caffer ; on la courbe même
jufqu'à lui faire prendre la figure de cerceau , parce que fes fibres font en long ;
mais les brindilles qui font les bois fruétueux
& tous les boutons à fruit caffent d'abord,
parce que leurs fibres font en travers , & elles s'éclatent dès qu'on les plie.

Il eft une troifieme forte de fibres, qu'on
nomme fpirales , parce qu'elles font cour-
bées & repliées les unes fur les autres, ainfi
qu'un fil dévidé fur un peloton : telles on
les apperçoit dans les bourrelets cicatrifans des plaies des arbres ; telles encore
elles font dans les greffes , dans tous les
nodus des divifions des branches, à l'endroit où chacune d'elles tient , foit à la tige, foit aux branches meres & autres. Là
par-tout vous voyez autant de petites émi-
nences , ou faillies en forme de bourrelets.
La feve arrive là ; mais à raifon de ce que la
branche eft là comme foudée , & qu'elle y
arrive avec plus d'abondance , que la circonférence du bourrelet n'en peut contenir , elle eft forcée de fe replier fur elle-
même , ne pouvant paffer outre. C'eft ainfi
que toute plante qui eft dans des pots, giro

flée, œillet, & autres, fait tourner fpira⟨le⟩
lement fes racines fibreufes dans la circon⟨-⟩
férence,& le long des parois du pot qu'elle⟨s⟩
ne peuvent percer.

On dit racines fibreufes, celles qui, a⟨u⟩
lieu d'être dures, compactes & ligneufes⟨,⟩
ne font autres que des filets blancs d'ordi⟨-⟩
naire, & fort menus, tendres & caffan⟨s.⟩
C'eft ainfi qu'on les voit aux oignons, po⟨r⟩
reaux, ciboules, melons, concombres⟨,⟩
bafilics, & autres femblables. Toutes le⟨s⟩
racines de toutes les plantes quelconque⟨s⟩
ont été fibreufes dans leur origine, & c'e⟨ft⟩
par fucceffion de temps que ces mêmes ra⟨-⟩
cines acquierent les divers degrés de con⟨-⟩
fiftance propres à chaque efpece. Toute⟨s⟩
les plantes appellées bulbeufes, ou à oignon⟨s⟩
n'ont point d'autres racines que des fibreu⟨-⟩
fes. Il n'y a point de Jardinier qui, avan⟨t⟩
de mettre dans terre toutes ces fortes d⟨e⟩
plantes, ne les ébarbent, les uns plus, le⟨s⟩
autres moins. Qu'on leur demande pour⟨-⟩
quoi? Il n'en eft pas un qui puiffe en appor⟨-⟩
ter une raifon folide. C'eft l'ufage donc..⟨⟩
La vraie raifon, la voici, c'eft pour accé⟨-⟩
lérer, & pour aller à la décharge de l⟨a⟩

peine ⟨n⟩

peine. On a plutôt planté un millier de poireaux & de ciboules, fans racines quelconques, qu'un cent avec chacune toutes leurs racines. Mais vous qui êtes pourvu de jugement, & qui favez que les racines font les premiers principes de la végétation, les meres nourrices, les pourvoyeuses, & comme les vivandieres des plantes, effayez de planter deux poireaux, par exemple, l'un avec toutes racines de toute longueur, en le mettant dans un trou fuffifant, pour ne point rebrouffer les racines, & l'autre en ébarbant, fuivant la routine, & vous verrez par vous-mêmes quelle prodigieufe différence. De plus, le Jardinage coupe la fane; mais vous, laiffez-la-lui cette fane, alors décidez-vous. *Voyez* RACINES.

FIENTE DE PIGEON ; elle eft un des plus puiffans & des plus chauds engrais. Elle convient beaucoup dans terres fortes, froides & humides. Elle feroit bien meilleure dépofée en terre dans un trou pendant un'an, ou deux, pour confumer les graines des mauvaifes herbes & les œufs de quantité d'infectes dont elle eft remplie.

P

FIENTE DE POULE ; c'eſt à peu près l[...] même que pour celle de pigeon.

FIENTE *des autres animaux*. Toutes ſon[...] bonnes ; il n'eſt queſtion que de les em[...] ployer à propos.

FILANDRE, FILANDREUX , vient d[...] mot de fil. Il ſe dit en Jardinage de tout c[...] qui a la forme d'un fil , qui ſe tire & s'a[...] longe comme du fil. Ainſi l'on dit , en pa[...] lant de la coupe & de la taille des branche[...] qu'elles doivent être nettes , & aucun[...] ment filandreuſes. Pourquoi ſi peu de cou[...] pes correctes ? C'eſt d'abord parce que tou[...] ſe fait à la hâte dans le Jardinage , mal[...] adreſſe enſuite , & gaucherie dans nombr[...] de ſuppôts du Jardinage ; enfin le pl[...] grand nombre des Jardiniers eſt outillé a[...] plus mal. Les maîtres devroient bien leu[...] fournir des ſerpettes ſuivant notre méthod[...] les frais en ſont bien modiques.

FILET , *graines à filet* , ou *en filet* , ſo[...] celles qui ſont fort menues & déliées , lo[...] guettes & plates , en plus grande partie[...] comme celles des marguerites de toute e[...] pece , des roſes d'Inde , d'œillets d'Ind[...] ainſi que la fleur appellée olidès , ou am[...] ranthe olidès.

FILTRER, FILTRATION, FILTRE, terme de Médecine & de Chymie. Filtrer, c'est couler une liqueur à travers quoi que ce soit, pour la clarifier. On entend en Médecine par filtration dans le corps humain, une action & une fonction de la nature, par laquelle, au moyen de certains organes, les différentes humeurs contenues dans le fluide commun s'en séparent, ainsi qu'il se voit quant à notre sang. A l'égard des plantes, c'est cette même action de la nature par rapport à la seve, pour être rendue propre à toutes les fins différentes, pour lesquelles elle est ainsi travaillée dans les conduits des plantes. Cette action de filtrer ainsi les sucs, est pour épurer & spiritualiser la seve, afin qu'elle puisse s'insinuer jusques dans les moindres plis, ceux mêmes des feuilles. Cette même action de filtrer appartient encore à quantité de parties internes des plantes ; mais plus spécialement aux feuilles dont le ministere est d'épurer & d'amincir la seve. Ce sont elles qui font les plus grands filtres de la seve dans les plantes. *Voyez* COULOIRS, GRIBLE, FEUILLE.

FLÉCHIR, terme de Jardinage. Arbre
qui fléchit, ou qui dépérit, c'eſt le même.
Combien d'arbres de ce nombre, qui périſſent faute d'être ſecourus ? Nous donnons un Traité de toutes les maladies des
plantes, avec la cure & les remedes propres
à chacune, mais non des recettes de pure
charlatanerie.

FLEUR, eſt une production des plantes, laquelle eſt compoſée d'une tige, ou
queue, d'un vaſe, ou calice contenant
toutes les différentes parties qui conſtituen
la fleur, ainſi que de petites feuilles qu
forment la figure, la couleur & les odeur
propres à chacune des fleurs. Toute fleur e
faite pour devenir fruit ou graine, ou pou
ſervir de préparation à l'un, ou à l'autre. Le
fleurs ſont faites encore pour ſervir à repro
duire d'autres plantes, ſemblables à celle
ſur leſquelles elles croiſſent, & à les mu
tiplier par la voie des graines qu'elles pro
duiſent ; toutes les fleurs ſont le princip
de la fécondité des plantes, ſuivant l'ordr
ordinaire de la nature, auquel cependa
quelquefois elle déroge.

FAUSSES FLEURS. On appelle ain

...elles qui, par elles-mêmes, ne noüent jamais : telles font en particulier celles qui croiffent au collet, ou près de la fouche des melons, citrouilles, concombres, & leurs femblables, qui, par elles-mêmes, & dans l'ordre de la nature, ne font point fécondes, mais qui ont une autre deftinacion, & l'on fait fort mal de les ôter. Elles font néceffaires, ainfi qu'on le fera voir en temps & lieu. Il eft conftant qu'elles contiennent ce qu'on appelle des poudres féminales, comme les chatons d'arbres à brou.

Quoique dans l'ordre commun les fleurs foient faites pour devenir graines, ou fruits, néanmoins il en eft nombre qui font ftériles par elles-mêmes ; telles les giroflées doubles, les juliennes, les cives d'Angleterre, l'eftragon, & nombre d'arbres, d'arbuftes, d'arbriffeaux & de plantes diverfes, qui toutes fe multiplient par la voie des boutures, des rejettons & des marcottes. *Voyez* CHATON, MENSTRUES.

FLUTE, *bec de flûte*, fe dit de la coupe des arbres. Tous les livres prefcrivent de tailler en bec de flûte, & malheureufement ils n'ont que trop de disciples trop dociles. Voyez COUPE, FAUSSES-COUPES, TAILLE.

FLUTE a un autre sens en parlant d'une greffe. On appelle greffe en flûte, celle qui se fait par le dépouillement entier de la peau du sujet qu'on applique sur la branche qu'on veut greffer, & à raison de ce que cette peau ainsi dépouillée d'une seule piece, est ronde & creuse; on lui a donné le nom de flûte.

FOLLICULE est un diminutif de feuille, & veut dire petite feuille. Il est à toutes les plantes trois sortes de feuilles, des grandes, des moyennes & des petites. Cette gradation est nécessaire dans l'ordre de la nature, comme il sera démontré en son lieu.

FOLIOLE est un diminutif de follicule. Elle forme une quatrieme classe de feuilles, & sont les plus petites de toutes. Elles sont communément à côté des grandes, une à droite & l'autre à gauche, & ont aussi leurs fonctions propres.

FONDRE, SE FONDRE, veut dire devenir à rien : on dit qu'une plante se fond quand elle dépérit peu à peu. Voyez COULER.

FONGUEUX , terme de Botanique &
de Médecine. Il eſt pris d'un mot latin , qui
veut dire un champignon , & il ſignifie ,
participant à la nature du champignon , ou
qui a des parties ſpongieuſes & cellulaires
dans toute ſa ſubſtance. Ce mot eſt employé , ainſi que beaucoup d'autres pour expliquer la nature de quantité de plantes ,
ou des parties qui les compoſent. Tel l'a-
garic aſtringent du ſieur Broſſart , lequel arrête les hémorrhagies externes , & qui n'eſt
autre qu'un champignon formé ſur les chênes , & de leurs ſubſtances. Ces ſortes de
champignons ſont des excroiſſances vicieuſes d'un ſuc dégénéré qui s'extravaſe , &
qui ſe coagule à l'air , comme notre ſang
hors de nos veines. Ces ſortes d'épanchemens de ſeve ne ſont pas de bon augure ;
ils ſont contre nature , & communément
ils n'apparoiſſent que ſur des branches , ou
des arbres caducs , & toujours à l'endroit
de leur adhérence , l'écorce de l'arbre eſt
deſſéchée. Jamais le ſemblable n'arrive dans
les jeunes arbres vigoureux & de bonne
ſanté.

FORT *des racines.* On nomme ainſi l'endroit des racines où elles font dans leur groffeur formée. Les racines des arbres & du commun des plantes font faites allant toujours en diminuant & dégénérant en pointe, & l'on entend par leur fort, cet endroit où elles font dans leur groffeur. C'eft un crime énorme en fait de Jardinage, que de raccourcir les racines dans leur fort quand on plante. On ôte à l'arbre ce qu'il faut que, de toute néceffité, il repouffe; on dit de même le fort d'une longue branche.

Le fort des branches, c'eft comme dans les racines l'endroit qui eft comme mitoyen entre leur groffeur formée, & l'endroit où elles commencent à diminuer de groffeur. Confidérez une rave, un navet, une carotte, &c. leur fort eft depuis la tête d'iceux, jufqu'au commencement de leur diminution, de même dans les branches fortes, & c'eft cela même qui fert de regle pour la taille de ces branches, ainfi qu'il fera dit.

FOSSE A FUMIER. C'eft un trou plus ou moins grand fait dans la terre, ordinairement dans les baffes-cours, pour plu

grande commodité : l'on y dépofe les fumiers, pour, enfuite les enlever au befoin.

La plupart des gens de campagne n'ont
point de latrines, & ils ne fe fervent pas
d'autre endroit pour y faire leur befoin. Là
ils y jettent leurs urines, les balayures de
la maifon, les épluchures de leurs herbages, les iffues de la cuifine, les lavures de
vaiffelle, & la charrée, autrement dit la
cendre qui a fervi à la leffive, & même leur
eau de leffive, en quoi ils fe montrent éco-
nomes fort avifés: voici où nous en voulons
venir.

Les Jardiniers devroient toujours avoir
quelqu'endroit à l'écart dans le jardin, où
il y eût une foffe femblable, afin d'avoir
en réferve des fumiers qui y pourriffent,
& les avoir à leur portée dans le befoin,
fans être obligés de les charrier de la baffe-
cour dans les jardins. Au lieu de mettre
dehors les fanes des plantes aifées à pourrir,
les légumes du jardin qui font montés, &
les faclures des mauvaifes herbes, excepté
le chiendent, les y mettre pour s'y confumer & pourrir, ils en retireroient un grand

profit. Ceci devroit être de l'ordonnanc
du maître ; car il est plus court pour le Jar
dinier, & plus aisé de fronder dehors toute
ces choses, que de les enfouir, ou les porte
dans le trou.

FOUGUE, Fougueux, terme pris d
manege. Il se dit d'un cheval rétif, difficil
à dompter ; il est employé par applicatio
dans le Jardinage.

Un arbre fougueux est celui qui pouss
à outrance sans donner du fruit. On ne peu
les dompter, qu'en les laissant pousser tan
& plus. Le Jardinage commun ignore en
core le moyen d'en tirer du fruit : tous le
Jardiniers les tourmentent perpétuellemen
& à outrance, & toujours inutilement ; le
uns leur coupent les grosses racines, l
autres leur font des troux de terrieres dar
le tronc, & y chassent à force une chevill
Nous en avons vu porter l'excès de foli
jusqu'à y mettre, dans ce même trou, d
mercure ; non contens de les tourmente
ainsi dans l'intérieur de la terre, ils les sa
cagent par la tête en leur coupant les gro
bois, & en les récepant pour leur en fai
pousser de nouveau. C'est ainsi qu'en tou

...cafion, fans aucun difcernement, on
...violente la nature, qui toujours mécontente
...de pareils traitemens, ne fe prête à rien,
...après bien des tourmens & des peines,
...s arbres ainfi maltraités, meurent fans
...avoir rapporté. Nous donnons dans notre
...Ouvrage des moyens fûrs & immanquables
...de réduire de pareils arbres, fans leur faire de
...pareils traitemens.

...FOURCHE eft un inftrument champê-
...tre à trois dents de fer & à douille, comme
...les fourches ordinaires à fumier ; mais dont
...les fourchons font tout différens. Ils ne
...font pas fi pointus, fi écartés, ni fi menus.
...Ils font auffi moins courbés, mais autre-
...ment forts. Ces fourches dont eft queftion,
...font en ufage dans bien des Provinces, mais
...peu autour de Paris. Rien de mieux pour
...travailler les terres mattes & caillouteufes,
...fur-tout pour la tranfplantation des arbres.
...Nul jardin où il ne devroit en être, fur-tout
...pour labourer au pied des arbres, fans en-
...dommager leurs racines.

...FOURMI. Le Jardinier ftupide accufe
...infenfément cet infecte des ravages faits
...aux arbres par les pucerons & par la pu-

F

naiſe. Il en eſt d'aſſez extravagans] pou
imaginer que c'eſt la fourmi qui engendr
ces deux ſortes d'inſectes ; parce que par
tout où ſe trouvent ſur les arbres la punaiſ
& le puceron , par-tout là auſſi ſe trouve l
fourmi. C'eſt le raiſonnement de quelqu'u
qui diroit que le loup engendre la brebis
le renard la poule , le chat la ſouris ; à cauſ
que les uns & les autres de ces animau
vont à la pourſuite de ces autres , qui ſon
leur pâture , comme le gibier eſt celle d
chien de chaſſe. Qu'il n'y ait , ni puceron
ni punaiſes , ni aucun autre inſecte , jama
vous n'y verrez de fourmi. Détruiſez le
punaiſes , les pucerons & les œufs des une
& des autres , dès-lors nulles fourmi
Tous les Jardiniers apperçoivent dans l
fourmillieres les œufs des fourmis , leſque
ils ne manquent pas de détruire commun
ment ; ils les voient en labourant , quan
elles ne font que d'éclore : alors elles ſor
blanchâtres & fort petites , puis deviennen
rouſsâtres , vivant alors des racines d
plantes , puis au ſortir de terre, elles br
niſſent : ils ſont témoins du tout , & néa
moins il ſe font illuſion au point de l

d'établir pour les peres & les meres des punaifes & des pucerons : on a peine à fe fi-
gurer qu'il puiffe être des gens auffi dépour-
vus de fens.

FOURRER, BRANCHE FOURRÉE. Ce
terme regarde particuliérement le paliffage ; par branche fourrée, on entend toute
branche que le Jardinier pareffeux fourre
par derriere les voifines, pour s'épargner la
peine de les paliffer.

On dit *arbres fourrés*, celui, ou ceux que
les Pépiniériftes mettent parmi les autres,
& qui ne font, ni du mérite, ni de la valeur, ou même de l'efpece de ceux qu'on
lui demande.

FRANC. *Voyez* ARBRE.

FRANC, en parlant du bois des arbres &
de leurs branches. On dit d'un bois qu'il eft
franc, quand il eft bien nourri & qu'il a une
belle écorce. Une branche qui eft franche,
eft celle qui n'a, ni chancre, ni contufion,
& qui n'eft point noueufe, laquelle on
peut plier fans danger de la caffer quand il
en eft befoin. Terre franche. *Voyez* TERRE.

On dit pied franc en Jardinage, quand,
au lieu de faire une fouille le long du mur, à

F

l'à plomb même du mur, on laisse un pie
de terre au mur sans le fouiller, de peur d'
branler le mur, & le mettre portant à fau

FRANC SUR FRANC. Il se dit des a
bres déja greffés qu'on regreffe. De tels a
bres font des arbres prodiges, & donne
des fruits monstrueux, sur-tout quand i
font regreffés six, sept & huit fois, m
me au-delà, en changeant toujours d'
pece.

FRANC se dit des greffes. Un poiri
greffé sur un sauvageon de poirier, s'appel
franc, à cause qu'il est greffé sur un arb
de la sorte. Au contraire, on dit sur co
gnaffier, quand il est greffé sur un sauv
geon de coignaffier. Les poiriers sur fra
font bien supérieurs en tout aux poirie
sur coignaffier. Les Jardiniers font d'a
contraire, & ont, à cet égard, des sen
mens les plus baroques, dont les ignora
& les imbécilles ne veulent se départir.
ne peuvent mettre à fruit le franc, par
que toujours ils le tailladent, & le co
gnaffier nain abondant en feve, y résif
Tel est l'effet du préjugé de s'aveugler f
même, & en conséquence se refuser à l

...vidence. Que les Jardiniers plantent en gens ...renfés, & des arbres tels qu'il les faudroit, ...'eft-à-dire, fains, de groffeur convenable, ...on des avortons ; & qu'ils plantent avec ...outes racines de toute longueur, qu'ils n'é-...pourtent point les arbres, ni ne les mu-...tilent point, régiffant d'ailleurs de même, ...& ils pourront planter par-tout du franc ; ...ls auront des arbres immenfes, fruits en ...bref fans nombre, & ne replanteront pas ...perpétuellement fans jouir. *Voyez* PLAN-...TER.

...FRETIN. Ce mot eft un diminutif de ...ret, terme de Marine, ou de frai : fretin ...n terme de pêcheur, eft le poiffon de re-...ut, & il a paffé dans le Jardinage pour ...xprimer, foit de vilains arbres, foit des ...pouffes mefquines, foit des fruit petits & ...abougris. *Voyez* RABOUGRI.

...FRIABLE ou MANIABLE, c'eft la mê-...ne chofe. *Voyez* ÉMIÉ.

...FRUIT, METTRE A FRUIT. Fruit eft un ...mot générique, qui comprend toutes les ...produétions de la terre fervant à nous ali-...menter. Le mot de fruit vient du verbe la-...tin *frui*, qui fignifie *jouir*. Les fruits en gé-

néral , quels qu'ils foient , les moiffons , l
vendange , les productions des arbres , tar
à pepin qu'à noyau , à brou , à coffe , &
les légumes & toutes les plantes ufuelles
on les voit naître , croître & fe former ; o
attend après leur maturité pour les moi
fonner , les cueillir , ferrer ceux qui d
mandent d'être gardés , & toujours on a
tend impatiemment cette maturité :
plus grand nombre trouve du plaifir à l
voir , foit fur terre , foit fur les a
bres , foit fur table , pour en faire le
nourriture , toutes chofes qui caractérife
ce qu'on appelle *jouiffance*. Les fruits
toutes efpeces font fans nombre. Tous
viennent pas également dans toute terre
dans tout climat.

Mettre les arbres infailliblement à frui
eft la chofe la plus fimple , la plus aifé
& néanmoins la plus univerfellement ign
rée. On ne fait autre chofe dans le Jar
nage que chicotter , tourmenter & cha
penter les arbres de toutes les façons im
ginables , foit par les racines & par la tê
en les plantant , foit après qu'ils font pla
tés , en eftropiant leurs branchages. Or q
peu

reut-on efpérer de tels arbres qu'on trouble
perpétuellement dans leur façon de végéter, dont on dérange, & l'on détruit le
méchanifme, en fupprimant continuellement les canaux & les réfervoirs deftinés
par la nature à recevoir, à contenir & à
charier la feve ? Le grand art confifte à fe-
conder la nature, en taillant, le moins
qu'il eft poffible, évitant néanmoins la confufion. Cet accord, comme on le verra en
détail dans l'Ouvrage, n'eft rien moins que
difficile.

Etre à fruit, terme de Maçonnerie. Il fe
dit des murailles, foit de terraffe, foit de
toute autre formant les efpaliers, lefquelles
font en-devers, avançant par en-bas, &
reculant du haut. Les gens de Montreuil
ont obfervé que les efpaliers trop à fruit
étoient pernicieux pour le pêcher, étant
alors plus expofés aux influences malignes
de l'air, des neiges, des frimats, des givres,
des grêles, des humidités morfondantes,
que quand les murs font d'à plomb.

A *fruit* fe dit auffi des paliffades & des
charmilles, qui, au lieu d'être d'à plomb,
s'écartent par en haut, & rentrent du bas,

Q

& voilà ce qu'un tondeur habile doit évi[...]
ter, de même que le contraire, c'est-à-dire[...]
de furplomber en faillant plus du haut qu[...]
du bas.

FRUITERIE. Lieu où l'on ferre les fruit[...]
Il n'eft rien communément de fi mal log[...]
que les fruits ; auffi en perd-on beaucoup[...]
La grandeur de la fruiterie, fa pofition[...]
fon expofition, la hauteur du plancher[...]
l'épaiffeur convenable des murs, les o[...]
vertures des portes & des croifées, la pro[...]
preté, les tablettes & les diftances entr'c[...]
les, ainfi que leur largeur, le tranfport[...]
l'arrangement des fruits en icelle font to[...]
tes chofes d'un trop long détail pour tro[...]
ver place ici. On en fait une mention trè[...]
détaillée dans le corps de l'Ouvrage.

FUMAGE. Il fe dit en Jardinage, con[...]
me labourage, paliffage, & autres, quo[...]
qu'on dife arrofement, & non arrofag[...]
Fumage eft l'action de fumer la terre av[...]
les ftercorations des animaux. On dit ame[...]
der & engraiffer, quand on remonte la ter[...]
avec tout ce qui n'eft point ftercoratio[...]
d'animaux. *Voyez* REMONTER , TERR[...]
REMONTÉES.

Il eſt à l'égard des fumiers un ordre de providence, tant pour nous débarraſſer, & faire emploi de ces ſortes d'excrémens qui nous empeſteroient, ſi nous n'en faiſions joint uſage, que pour remonter, par leur moyen, les terres qui s'uſent & s'épuiſent par les diverſes productions que nous en tirons. Que faiſons-nous en fumant la ter‑ re ? Sinon de lui rendre ce qui vient d'elle, & qui, dans le temps, a ſervi de nourri‑ ture aux animaux. Ceux-là, ſans contredit, ne ſe montrent pas fort aviſés, qui préten‑ dent bannir tout fumier & tout engrais dans ce qui concerne la végétation, réduiſant tout au ſimple labour fré‑ quent, ainſi qu'on a fait dans ces derniers temps.

FUMER, c'eſt répandre ſur la terre, & enfouir ce qui a ſervi de litiere aux ani‑ maux domeſtiques, & qui contient leurs excrémens.

FUMIER & ENGRAIS ſont tout-à-fait différens ; cependant le plus grand nombre confond l'un & l'autre. Preſque tous les œuvres du Jardinage ſont dans l'erreur à cet

égard. Tout fumier est engrais, mais tout
engrais n'est pas fumier. On appélle fumier,
les stercorations des animaux, parce qu'effectivement, soit qu'on les leve de dessous
les animaux, soit qu'on les entasse en les
déposant quelque part que ce soit, ou
en les remuant, elles s'échauffent &
rendent de la fumée. Mais ce qu'on appelle engrais, sont les terres neuves,
les gazons, les feuilles pourries, les ter-
reaux, les balayures, vanures, les ma-
nes, les boues des chemins, la vase des
étangs, des pieces d'eau des jardins &
des mares desséchées, ou écurées, les
bêtes mortes, les tripailles de boucherie,
&c. ce sont-là des engrais ; mais ce ne
sont pas des fumiers. Toutes ces choses
ne s'échauffent pas, comme les stercco-
rations des animaux, jusqu'à rendre de
fumée.

M. de la Quintinie bannit tout fumier
pour les arbres, & M. Thull pour les
grains. Ces deux illustres cultivateurs également extrêmes, sont grandement dans
l'erreur. L'un est démenti par un peuple
qui fait foi dans le Jardinage ; c'est Mo-

...reuil. Là depuis cent cinquante ans, avant
...que M. de la Quintinie eut écrit, on fume
...es arbres qui deviennent des coloffes,
...ortant des fruits fans nombre, de grof-
...eur au-delà de l'ordinaire & exquis, &
...es arbres durent des fiecles. Le fecond
...eviendra, à coup fûr, de fes préjugés.
...l eft homme de trop d'efprit pour ne
...as réfléchir fur un parti pris fans trop
...e connoiffance de caufe; la pratique de
...umer les grains & les légumes eft de mê-
...ne date que la formation du monde, &
...ft de toutes les contrées; elle eft fondée
...ir des raifons péremptoires. *Voyez* AMEN-
...DEMENS.

G

GALE eft la même dans les arbres que
...ans les animaux. C'eft une maladie qui
...ttaque la peau des arbres & qui la ronge,
...& enfuite y produit des chancres. La gale,
...quand on n'y remédie pas, fait mourir peu
...à peu les branches, empêche la fécondité

& mine les arbres, les faifant enfin périr

Cette maladie commune aux arbres &
aux animaux raifonnables & irraifonnable
a le même principe dans tous. Elle n'e
autre dans les arbres qu'une humeur âcr
d'une fève crue & mal digérée qui ronge l
peau. Indépendamment des caufes inter
nes, elle en a d'externes, telles que le
grêles, les givres que le foleil fond, &
qui par après fe regelent, les mauvai
vents, &c. Les effets de cette maladie fon
de rendre la peau des arbres raboteufe &
noirâtre, pleine de petites croutes qui s'é
caillent, de rides & de creux, au lieu d
liffe, d'unie & de rebondie qu'elle éto
auparavant. Les pluies venant à s'infinue
dans ces cavités & dans ces rides de la peau
ainfi que les gelées & les frimats, leur caufer
un préjudice notable; les branches meurer
fucceffivement, puis l'arbre périt, apr
avoir langui nombre d'années.

A proportion que la peau des arbres e
plus tendre & plus mince, à proportio
les arbres font plus fujets à cette maladie
& telle eft la raifon pour laquelle les beur
rés entr'autres, les bergamottes Royales

G 247
les rouffelets , & beaucoup d'autres fruits de l'été , font plus fouvent attaqués de cette maladie.

Non-feulement elle attaque l'écorce & le bois des arbres ; mais encore les fruits , fur-tout lors des grandes humidités , comme lors de leurs contraires. Les poires de Saint-Germain dans les terreins humides , ainfi que les Martin-fecs, font communément galeux.

La gale attaque auffi quelquefois les arbres & les fruits à noyau. Que d'arbres galeux dans les jardins , & auxquels on ne fait rien ! Il eft néanmoins bien des remedes très-fûrs ; un fimple enduit de bouze de vache (la chofe n'eft pas bien difficile) eft le plus excellent antidote. *Voyez* CHANVRE.

GALERNE. C'eft le vent du nord tirant fur l'oueft , ou couchant, & qui brûle, par fon haleine deffêchante , les verdures de la campagne & des jardins.

GAZON *vif & tout faignant , pour ainfi dire.* On nomme de la forte tout gazon levé & employé fur le champ, foit pour remplir les trous des arbres , foit pour

Q 4

gazonner quelqu'endroit. C'est assez la cou
tume dans le Jardinage de lever proviso
rement des gazons, qu'ensuite on laisse su
terre, puis on les enleve quand on peut
Alors le hâle les prend, l'air en emport
toute la saveur, & quand c'est pour ga
zonner, jamais il ne reprend si vîte. N
point lever de gazon que jusqu'à la co
currence de la consommation actuelle.

Les gazons, tels qu'on les prescrit ici
sont un des plus puissants engrais.

GELATINEUX, terme de Physique e
ployé dans l'Ouvrage, en parlant de la f
çon d'être de certaines parties des végétau
lors de leur formation.

Ce mot vient de celui de gelée : on d
gelée de pommes, de groseilles, de viand
& autres, quand ces choses, de liquid
qu'elles étoient, acquierent par l'action d
feu plus de consistance, s'épaississent
se coagulent. Elles forment alors un cor
plus compacte, qui est transparent comm
la glace, & semblable aux diverses conge
lations durant les hivers.

Dans l'Ouvrage ce mot est employ
quand il est question d'Anatomie des vég

aux. C'eſt ainſi que quantité de fruits &
amandes de noyaux ſont d'abord muci-
lagineux, glaireux, & comme une eſpèce
de bave, puis peu à peu, ils prennent plus
de conſiſtance, & arrivent enfin à la ſolidité
des corps durs ; & tels ſont tous les fruits
à brou & les amandes des noyaux. Voyez
les noix qu'on mange en cerneaux, quand
la noix n'eſt pas ſuffiſamment formée, de
même que les amandes qu'on mange en
lird, elles ſont alors gelatineuſes & tranſ-
parentes, comme de la gelée. Le bled devient une bouillie blanche, quand il germe ; il eſt de même en lait avant d'être formé. Que de métamorphoſes ſucceſſives
dans les végétaux juſqu'à leur entiere formation !

GENOUILLERE, terme nouvellement
introduit par nous dans le Jardinage, & il
vient du mot de genou, & voici à quelle
occaſion. C'eſt une pratique univerſelle-
ment obſervée dans le Jardinage, de toujours couper le pivot à quoi que ce ſoit
qu'on plante. Nul livre qui ne la preſcrive.
L'un des prétextes dont on ſe ſert pour au-
toriſer cette pratique meurtriere pour les

arbres , c'eſt le peu de fond de certains te
rains où l'on veut planter. Mais nous, apr
de mûres réflexions ſur les maux réſulta
d'une telle opération, avons inventé & m
en pratique de courber le pivot en lui fa
ſant prendre la figure du genou , quand
eſt plié. Au moyen d'une telle attitude,
pivot , au lieu de plonger en terre , devie
racine horizontale , & cette invention , o
tre qu'elle ſauve aux plantes une opératic
cruelle , facilite toute plantation dans l
terrains les plus ingrats , & elle eſt infail
ble. Dans notre Traité de la Plantatior
nous donnons divers expédiens immanqu
bles pour planter tous les terreins pour p
qu'ils ſoient praticables.

GERMINATION vient de germer. C'
le développement de toutes les parties con
titutives de toute plante quelconque , ſu
vant ſon eſpece , par l'entremiſe des ſu
de la terre , & de toutes les autres cauſ
concurrentes de la végétation. C'eſt l'actic
de toutes ces mêmes cauſes agiſſant de co
cert avec la graine , pour faire éclore
plante renfermée & contenue en petit dar
cette graine , en faiſant plonger dans ter

partie inférieure d'icelle, & darder vers
en haut la partie supérieure. Tout ce qui se
passe de la part d'une poule qui couve par
rapport à l'œuf, qui devient poulet, se ré-
pete dans la germination de la part de la
terre par rapport à la graine. La terre n'est
à l'égard des plantes qu'une pure matrice.
Nous ne nous engageons point ici dans la
discussion des diverses opinions des Physiciens sur la préexistence des germes.

Il y a donc dans la germination une double action, l'une de la part de la terre, &
l'autre de la part de la graine. Il faut un
concours des deux. Graine sans terre ne
germe point, du moins suivant l'ordre
commun, & terre sans germe ne peut produire, ou du moins sans un équivalent à
la graine, tel qu'une bouture, &c. Beaucoup de graines germent à la faveur de l'eau,
mais c'est parce que l'eau contient en elle-
même beaucoup de parties terrestres, quelque épurée qu'elle puisse être. Au double
concours dont il vient d'être parlé, il faut
que l'air intervienne, sans le secours
duquel nulle germination. Il faut pré-
parer la terre avant que de semer, &

par après lui donner toutes les façons re
quifes jufqu'à ce que la graine arrive à f
perfection. On compare encore la germi
nation, & tout ce qui fe paffe alors dan
l'intérieur de la terre & au-dehors, à ce qu
arrive communément dans les accouche
mens, & ce rapport eft très-fenfible.

GLACIS, terme de Jardinage & de di
férens arts. Il vient du mot de glace, à rai
fon de ce que tous les glacis font toujou
en pente précipitée,& que lorfqu'on y ma
che en defcendant, on gliffe, & on rifqu
de tomber, comme d'ordinaire, fur l
glace; il fignifie tout ce qui eft en pen
plus alongé du bas, & plus reculé d
haut. *Voyez* DOS DE BAHUT.

GLAIREUX, terme de Médecine,
Chymie & d'ufage commun; c'eft to
ce qui eft gluant, limonneux, & comn
qui diroit morveux. Il fe dit, en fait d'
natomie, des plantes de l'humeur gluan
qui tapiffe les parois & le parenchyme d
racines de toute plante, pour faciliter
paffage des fucs de la terre, comme au
de certains fruits non formés encore, t
que les noix qu'on mange en cerneaux,

G

amandes mangées en verd, & autres. *Voyez* GELATINEUX.

GLAISE, GLAISEUX. La glaise est une terre qui est matte, épaisse, gluante & condensée. Ses parties rapprochées des unes, des autres, ne permettent point l'entrée, ni la sortie, ni à l'air, ni à l'eau, ou que très-difficilement; par conséquent elle n'est aucunement propre à la végétation par elle-même; elle est d'ailleurs roide, dépourvue de suc, & retenant les humidités, elle fait pourrir les racines. Elle se pétrifie au soleil & au hâle. Elle donne un fort mauvais gout à toutes les productions de la terre. Lors des gelées, soit celles d'hiver, soit les printanieres, les plantes des terres glaiseuses ont étrangement à souffrir. Elles demandent les mêmes traitemens que les terres argileuses. *Voyez* ARGILE.

GLANDE, GLANDULEUX, terme pris de la Chirurgie & de l'Anatomie. Les glandes sont dans les corps vivans des parties molles & spongieuses, qui ont diverses fonctions; elles sont de diverse figure & grosseur; on les apperçoit dans quantité de

fruits, fur-tout dans certaines prunes &
pommes où l'on trouve de petits corp
glanduleux. Par exemple, la pomme qu'o
nomme glacée & qui eſt tranſparente, e
remplie, dans différens endroits de la pu
pe, de quantité de ces petits corps gland
leux.

Ces glandes ſont accidentellement da
quelques fruits où la ſeve a été mal trava
lée par quelque cauſe que ce puiſſe être.

GLANDULEUX. Ce mot vient
gland, qui eſt le fruit du chêne, parce qu
ce qu'on appelle communément glande
eſt de figure à peu près ſemblable à celle d
gland.

Les glandes dans le corps humain ſép
rent la ſalive & les autres humeurs d'av
le ſang. C'eſt une queſtion de ſavoir, s
eſt de ces glandes dans les plantes. M. Gre
Médecin Anglois, célebre Anatomiſte d
plantes, les bannit des végétaux, ainſi qu
les valvules. On verra dans l'Ouvrage s'il
raiſon, ou non.

GLU. *Voyez* GOMME *ci-après.*

GOMME, GORME, ou GOURME. To
tes ces choſes ne ſont qu'une. La gomm

il le suc naturel, & comme le sang de toute plante, qu'on appelle gommeuse. Dans son principe elle est claire & liquide, & elle ne se fige, que parce qu'elle n'est plus dans ses conduits, comme notre sang qui se caille, quand il n'est plus dans nos veines, comme aussi le lait, lorsqu'il se prend & se caille.

La gomme n'est jamais nuisible, quand on l'ôte à mesure, & qu'on ne lui donne pas le temps de caver.

Ne jamais laisser amasser la gomme, & ne l'ôter qu'après une humidité, ou une rosée abondante.

GORME. Beaucoup de gens à Montreuil disent ainsi, quand ils parlent d'une certaine maladie qui prend aux bourgeons du pêcher durant Juin & Juillet, & qui les fait périr. Mais il faut dire gomme. Cette humeur n'est autre que la gomme qui se déposé sur ces bourgeons verds & tendres, & qui par conséquent fait sur eux plus d'impression encore, qu'elle n'en fait quand ces bourgeons sont devenus bois.

GOURME, c'est encore la même chose. Tous ceux qui disent gorme, ou gourme

parlent mal , & quoi que difent quelque
particuliers à Montreuil , la gomme eſt l
même choſe dans le fond que ce qu'ils ap
pellent & gorme & gourme. Les bons Ja
diniers de Montreuil, ceux de la haute vée
lée , n'y mettent, dans le fond , aucun
différence , & cette différence n'eſt qu
pour le temps ſeulement , & la manie
dont cette gomme prend aux arbres. Il
détail de la naiſſance du progrès & des e
fets de la gorme , gourme , ou gomme
rapporté ailleurs , ainſi que la cure d
celle.

GOURMANDS ou BRANCHES GOU
MANDES. Ce ſont des branches , ou des
meaux des arbres qui ſont produits par
nature avec une capacité plus grande , po
contenir plus de ſeve que les branches o
dinaires. Comme la nature eſt plus ſage q
nous , & qu'elle ne fait rien en vain , ce
qui ont du jugement , & qui font uſa
de leur raiſon , ſavent tirer de ces ſortes
branches de grands avantages. Le Jardini
butord les abat , & il perd ſon arbre ſa
en tirer preſque de fruit. Le Jardinier
telligent qui entre dans les deſſeins de

　　　　　　　　　　　　natur

niature, trouve le secret de former son arbre par le moyen de ces branches, & d'a-
voir des arbres prodigieux en étendue & en
groffeur, produifant des fruits à l'infini.
Mais il eft un art pour s'en fervir à propos.

On a qualifié ces branches de gourmandes, à caufe qu'elles prennent toute la
fubftance, & affament leurs voifines. Mais
en fondant le fous-œuvre caché de la nature, & fon deffein dans la production de
ces fortes de branches, on raifonne & on
agit tout différemment que jufqu'ici. Ote-
ra-t-on aux arbres des forêts leurs gourmands?
Si dans les arbres taillés on en ôte, c'eft
par néceffité, & quelques-uns feulement.
On traite amplement ce fujet en temps &
lieu.

DEMI-GOURMANDS. Ce font des branches moins fortes que les gourmands, mais
plus nourries que les branches ordinaires,
& qui affament auffi, quoique moins,
leurs voifines.

Il eft des gourmands qu'on nomme naturels, & tels font les précédens; & il en
eft qu'on appelle artificiels, & que l'in-

R

duſtrie du Jardinier fait naître , & il eſt l
maître d'en faire naître : on en donne le
moyens ſûrs , comme il dépend de lui d
n'en point avoir , ou du moins fort peu
en donnant plus l'eſſor à ſes arbres qu'il n
fait. On n'a de prétendus gourmands , qu
parce qu'on taille trop & trop court. O
ôte à la ſeve ſes logemens & ſes condui
naturels , où elle devroit ſe dépoſer , ell
s'en fait d'autres. C'eſt une ſource , dont c
amoindrit le canal ; il faut , de toute n
ceſſité , qu'il y ait débordement & inond
tion.

GOUSSES. *Voyez* COSSE & COSSA

GRAINES ou SEMENCES ſont la mêm
choſe. On entend par graine , toute pr
duction des plantes formée des ſucs les pl
purs & les plus travaillés , qui , après av
été fleur en ſon temps , eſt renfermée da
ſa gouſſe & dans ſon fruit , où elle acqui
la forme & la groſſeur propres à ſon
pece pour ſervir à la multiplication
plantes.

Toute graine eſt compoſée d'une en
loppe extérieure , qui a toujours une do
ble peau ; d'une amande , qui ſe partage

plus communément en deux parties, au milieu desquelles est ce qu'on appelle le germe.

GRAINES proprement dites, sont toutes les semences des plantes, de quelque nature qu'elles soient. Il en est à coquilles, comme noix, noisettes, noyaux. D'autres sont à simple peau, comme est le plus grand nombre de toutes les graines. D'autres encore ont un brou, telles que les marons & les chataignes. Il en est qui sont renfermées dans le centre des fruits, comme sont tous les pepins des arbres & ceux des citrouilles, concombres, melons & autres. Il est des graines qui, au lieu d'être partagées en deux, comme le plus grand nombre sont d'une seule piece, tels le bled, le seigle, l'avoine & leurs semblables.

GRAINES ou GRENAILLES. Ce sont celles qui sont employées à notre nourriture & à celle des animaux domestiques; savoir, pois, feves, lentilles, pois-chiches, féveroles, & autres. *Voyez* GERMINATION.

GRAPIN, terme de Fortification. C'est, en ce sens, une sorte de croc de fer, qui sert à attacher & à retenir. On se sert de

ce mot pour défigner les liens & les atta
ches que la nature a donnés à la vigne vier
ge , au lierre pour s'accrocher par-tout , &
à quantité d'autres plantes femblables.

GREFFE. *Voyez* ENTE. Il faut dire ici u
mot important par forme de fupplémen
au mot d'ente. C'eft le plus grand hazard
quand on trouve dans les jardins quelque
arbres dont les greffes ne foient pas enter
rées ; ou bien les uns mettent les greffes,
vue de pays , fans trop y regarder , ou bie
les autres les mettent à fleur de terre ; enfi
quelques-uns les placent à un , deux , ce
trois pouces hors de terre , & ces mêm
greffes fe trouvent toujours enterrées plus
ou moins. Tous favent néanmoins les fui
tes fâcheufes des greffes enterrées. Le m
vient de ce que , ni les uns , ni les autr
ne fupputent point. Le fait eft , que to
affaiffement de terre remuée fe fait d'
pouce par pied. Vous avez une fouille
5 à 6 pieds de profondeur ; & en outre
faut que la greffe foit plus haute d'un pou
que la fuperficie ; par conféquent il fa
que votre greffe foit de 6 à 7 pouces pl
haute que la fuperficie ; & quand l'affaif

ment des terres fera fait , la greffe fe trouvera être , par ce moyen , dans fa pofition
requife. S'il eft des arbres greffés dans le
tronc même , comme il n'arrive que trop
par l'avarice du Pépiniérifte , les rebuter ,
& n'en jamais planter un feul.

On a encore , dans le Jardinage , pour
maxime de ne point mettre la greffe du
côté du foleil ; mais toujours du côté du
nord. De-là un arbre eft difforme , le coude
de la greffe faifant la plus vilaine figure. Il
faut toujours mettre l'arbre dans fon fens
naturel ; qu'importe où foit la greffe. Si l'on
appréhende le foleil pour elle , y mettre
l'emplâtre d'onguent S. Fiacre pour la garantir. *Voyez* FLUTE , ŒIL DORMANT.

GREFFOIR eft un inftrument fait en
forme de petit couteau , qui a au bout du
manche une efpece de petite lame d'ivoire
en forme de fpatule pour entrer dans l'é-
corce & la lever , afin d'y faire entrer l'é-
cuffon. *Voyez* OUTILS DU JARDINAGE.

GRIFFE fe dit de certaines plantes
que la nature a pourvues de petits crochets
en forme des griffes des animaux , & avec
lefquelles ces plantes attachent leurs ra-

R 3

meaux à tout ce qu'elles rencontrent. Tels
le lierre, la vigne-vierge, les mouſſes, &c.
Voyez GRAPINS.

On appelle griffes les petits oignons des
fleurs, de ſemi-doubles & de renoncules,
parce que ces petits oignons imitent la figure des griffes des animaux.

GROU, GROUETTE & GROUETTEUX,
termes de Jardiniers, de Terraſſiers, Laboureurs & autres. La grou eſt une matiere pierreuſe qui ſe trouve au-deſſous de
la ſuperficie des terres. Si l'on n'a pas ſoin
avant que de planter, de percer la grou
bien avant, & au pourtour, il eſt impoſſible d'y réuſſir.

GROUETTE ſignifie petite grou, c'eſt
à-dire, une grou moins dure & moins pierreuſe que la grou, & qui eſt un peu mêlé
de terre. A cette derniere il ne faut pa
faire plus de grace qu'à la précédente, quand
on plante un arbre.

Terrain grouetteux, eſt celui qui tien
de la nature de la grou. Il veut être fum
amplement avec fumier gras bien conſommé, *item* arroſé & labouré, pour empêche
qu'il ne ſe ſcelle.

GROUPPÉ, terme de Sculpteur. Il se dit des fleurs & des feuilles. On appelle fleurs grouppées, celles qui au lieu d'être seules à seules, ou solitaires, sont plusieurs ensemble sur une même tige en forme de bouquets. Les pieds-d'alouette, les giroflées, les lis, les tubéreuses, les thlaspi, les campanelles sont toutes fleurs grouppées : au contraire la tulipe, la rose, l'œillet, &c. sont des fleurs solitaires, parce qu'elles sortent seules à seules, & ont chacune une tige. Toutes les fleurs qui sont plusieurs ensemble attachées les unes près des autres s'appellent fleurs grouppées, telles qu'on les voit dans les boutons à fruit, des arbres sur-tout à pepins & autres.

GRUMEAU, Grumeleux, se Grumeler. Ces termes ont lieu par rapport aux fruits, & ils sont pris de l'usage commun, & ont ici une signification propre.

On appelle grumeaux dans les fruits certaines petites parties de la chair des fruits qui sont plus dures, plus seches que le reste, & filandreuses. Il est des fruits où ces sortes de petits grumeaux se rencontrent plus

R 4

communément que dans les autres ; tels les
abricots, fur-tout d'efpaliers, quantité de
prunes, quelques pêches, & nombre de
pommes, ainfi que quelques poires, & ce
fruits on les appelles grumeleux.

SE GRUMELER fe dit de la formation de
ces petites parties plus feches, plus dures
que le refte de la chair du fruit, & qui font
filandreufes. On les prendroit pour des
corps glanduleux. *Voyez* GLANDES.

GUI. Le gui eft une plante qui fe forme fur quantité d'arbres, & qui a une feuille
à peu près comme celle du buis. Le gui de
chêne eft fort renommé dansla M édecine
pour différens remedes. Il ne vient que fur
des arbres fort âgés, & toutefois il n'eft
pas bon figne pour l'arbre. Il eft formé
d'une fubftance étrangere fur les arbres où il
croît. Force pommiers vieux & caducs ont
des guis qui font périr les branches & l'arbre, quand on n'y remédie pas. Le remede
eft de les ôter, dès qu'ils croiffent.

H

HABILLER *un arbre par les racines*. Terme bas & populaire du Jardinage. Le petit monde dit, habiller un porc, quand on en ôte les issues ; & cette vilaine façon de s'exprimer a transpiré dans le Jardinage ; ainsi habiller un arbre, c'est, suivant la pratique du plus grand nombre des Jardiniers, les accourter au point, qu'il ne reste presque plus rien d'eux-mêmes : mais, suivant la bonne méthode, ce seroit rafraîchir simplement le petit bout des racines, ôter celles qui sont fendues, cassées, torses, éclatées & défectueuses, comme aussi de supprimer celles qui seroient en danger de se couper en grossissant. *Voyez* RAFRAICHIR.

HABLEUR. Jardinier hableur, est celui qui fait tout, & qui ne fait rien ; qui dit beaucoup, & qui ne fait point ; qui se vante tant & plus, sans talens quelconques; qui se fait fort de tout, sans réussir à quoi

que ce soit ; qui blâme , censure , critique,
& condamne à tort à travers tout ce qu'il
ignore, faisant toujours, en toute occasion,
le procès à tous ses confreres ; qui ne croit
rien de bien fait que par lui. Combien de
ces hableurs dans le Jardinage , plus que
dans les autres professions ?

Il est aussi de ces sortes de gens parmi les
Écrivains du Jardinage , qui se vantent d'u-
ne multitude d'épreuves qu'ils n'ont point
faites. *Voyez* CHARLATAN.

HANNETON , HANNETONNER. Tout
le monde sait ce que c'est que le hanneton.
Il ne faut jamais planter des bois taillis l'année où ces sortes d'animaux , sortant de terre , dévorent la verdure ; car alors ils se
débandent sur les pousses tendres du jeune
plant , & le font avorter ; mais bien l'année
d'après , quoiqu'ils ne laissent pas que de
lui nuire aussi dans terre , quand ils sont
vers blancs , appellés aussi *taon* & *mans*,
mais beaucoup moins alors.

HANNETONNER , c'est, dans le Jardinage , secouer les arbres & les branches lors
du soleil levant , temps où ces animaux
sont endormis , & les écraser.

Quand les vers de hanneton rongent les racines des arbres, on découvre ces racines, & l'on tue les vers. Il ne faut pas se lasser de leur faire assidument la guerre ; de même pour les fraisiers, laitues, &c. que les animaux ravagent.

HÉMORRHAGIE DE SEVE. Le terme vient du grec, & est pris de la Médecine. C'est dans les arbres le même que dans les humains.

L'HÉMORRHAGIE DE SEVE est ordinaire aux pêchers sur-tout. Un arbre est le plus vivant aujourd'hui, & le lendemain on le voit mort, soit avec tous ses fruits, soit après les avoir donnés. En visitant au dehors de tels arbres, comme en les disséquant, on leur trouve toutes les parties notables les plus saines, la moëlle, les écorces, le parenchyme, les racines, le tout intact. Alors on suppose engorgement, pléthore, ou réplétion, obstructions occasionnant la suffocation.

L'hémorrhagie de seve est bien manifestement marquée dans les greffes de fruit à noyau, qui sont, dit-on, noyées par la gomme, quand la seve est trop abondante.

Souvent auffi dans les greffes de fruit à pepin, quand la feve furabonde, & il fe fait
au-deffous de la ligature un bourrelet confidérable ; & il faut, tant aux unes qu'aux
autres, veiller foigneufement pour prévenir ces hémorrhagies de feve, en lâchant
les greffes par derriere, c'eft-à-dire, en
coupant la ligature. *Voyez* ASCENSION DE
LA SEVE, *v.* BOURRELET.

HERBAGES. Par le mot d'herbages on
entend tout ce qui refte toujours verd fur
terre, fans jamais parvenir à la confiftance
du bois dur des arbres, des arbriffeaux &
des arbuftes.

Le mot d'herbages, dans l'ufage ordinaire, s'entend des légumes & de toutes les
denrees du jardin potager fervant à la cuifine.

HERBES, MAUVAISES HERBES, ou
PLANTES ADVENTICES. Le vulgaire, &
quelques prétendus Phyficiens, croient que
la terre contient dans fon propre fonds, &
produit ce qu'on appelle mauvaifes herbes.
Ils attribuent le même aux fumiers. Nou
démontrons le contraire, & nous prou-
vons invinciblement que l'air eft le gran

rrmeur , & le colporteur des femences des
mauvaifes herbes. Les fumiers peuvent en
contenir de celles qui fe trouvent , foit dans
les pailles , foit dans le foin , & autres
nourritures des animaux , de même que les
manures & les balayures qu'on met avec les
fumiers , & auffi la fiente & les ftercorations des animaux : mais nulle de ces chofes ne les produit directement & par elles-
mêmes. Les plantes qui croiffent fur les
murailles & fur les toits , fur les rochers,
es vieux bâtimens , les friches , &c. qui
eft-ce qui les y feme , finon l'air par l'en-
tremife des vents ?

Quelqu'un qui a écrit fort amplement
fur le Jardinage , & dont il a été déja parlé
plus d'une fois , avance , entr'autres chofes , que les graines des mauvaifes herbes
fe confervent pendant 20 ans dans la terre;
parce qu'une terre qui , 20 ans auparavant , avoit été portée dans un trou , &
qui enfuite , ayant été prife de-là , avoit été
couverte de mauvaifes herbes. Donc , con-
clut-il , ce font les graines de 20 ans.
Je ne m'arrêterai pas à réfuter ce fentiment.

HERMAPHRODITE , eſt un terme d[...]
Médecine , de Chirurgie & de Botaniqu[...]
tout enſemble. C'eſt toute créature raiſon[...]
nable , ou irraiſonnable qui poſſéde les deu[...]
ſexes , & qui eſt enſemble mâle & femelle[...]
Grands débats dans la Botanique entre le[...]
ſavans ; ſavoir , ſi les plantes ſont herma[...]
phrodites , ou s'il en eſt de mâles , & d'au[...]
tres femelles. Cette opinion qui , dan[...]
le fond , n'intéreſſe point la pratique , n[...]
vaut pas la peine que nous nous mêlion[...]
dans la querelle. Nous ſommes ſimple[...]
ſpectateurs, & nous ſavons d'ailleurs à quo[...]
nous en tenir. Dans le cours de notre Ou[...]
vrage nous diſons à cet égard ce que nou[...]
penſons, ſans trop rien prendre à cœur ſu[...]
ce ſujet.

HERSE , PETITE HERSE , inſtrumen[...]
ſemblable en tout à celui du labour , ex[...]
cepté que la herſe du Jardinage eſt plus pe[...]
tite. Elle ſert à tirer les allées des grand[...]
jardins , après qu'elles ont été labourée[...]
avec la petite charrue. Un homme avec un[...]
ſangle à travers ſon corps, laquelle eſt at[...]
tachée à cet inſtrument, la tire , ou bien ur[...]
cheval.

HORIZON. Mot grec. C'eſt la circonférence de l'étendue & de la partie du Ciel
qui nous environne de toutes parts, & au-
delà de laquelle la vue ne peut rien appercevoir, ni du Ciel, ni du continent.

HORIZONTALEMENT, en Jardinage,
peut dire en circonférence. On dit racines
horizontales, & branches horizontales celles
qui ſont en circonférence, chacune ſuivant ſa poſition.

HOUE eſt un inſtrument de l'Agriculture & du Jardinage, ayant un fer large &
alongé, renverſé & recourbé en-dedans,
avec douille & manche.

Il y a de petites houes, qui ſont des di-
minutifs de celle-là.

HOUE FOURCHUE, eſt un inſtrument,
qui, au lieu d'être d'une piece, comme la
houe ordinaire, eſt fendu en forme de fer
à cheval, & qui a une douille & un manche. Elle ſert pour les terres grouetteuſes,
où la houe ordinaire & la bêche ne pourroient aller.

On dit houer une vigne, ou une terre,
pour dire les labourer à la houe.

HOULETTE eſt un inſtrument de fer

semblable à celle d'un berger, excepté qu[e]
le manche de bois qui est dans la douille e[st]
d'environ un pied de long. Cet instrumen[t]
sert à faire de petits trous dans terre pour l[es]
ver, comme pour mettre en terre de menu[es]
plantes, & faire certains petits labours léger[s].

HOUPÉ, Fleurs Houpées, Grain[es]
Houpées. Ce sont celles qui sont faites e[n]
forme de houpes, telles, par exemple, l[es]
roses de Gueldre. Les graines houpées so[nt]
celles des pissenlits, des scorsoneres, d[es]
salsifis d'Espagne, & le blanc.

HOYAU est un instrument de Jar[di]nage, que l'on confond avec la besoch[e]
& la pioche. Ces trois instrumens différe[nt]
peu ; ils sont trop connus pour s'amuse[r à]
en faire ici la description.

HUMIDE. Voyez Radical.

JARDI[N]

J

JARDIN eſt un eſpace de terre particulier, ſéparé, ou par un mur, ou par une
haie, ou par un foſſé, dans lequel on cultive des arbres, arbriſſeaux & arbuſtes, ainſi
que des légumes, des fleurs, & ce qu'on
appelle des ſimples, ou des plantes médicinales, ou bien les unes & les autres de
toutes ces choſes, à raiſon de quoi ils en
prennent le nom : ainſi l'on dit jardins
fruitiers, potagers, ou légumiers, fleu-
riſtes & botaniſtes, ou de plantes médicinales.

JARDINAGE eſt l'art de vaquer aux
exercices & aux fonctions de tout ce qui
concerne les jardins.

Deux ſortes de jardinage ; l'utile & le curieux, ou de bon plaiſir ſeulement. L'utile
a pour but les fruits & les légumes ; le jardinage curieux regarde les fleurs, les compartimens & les ornemens.

JARDINER veut dire s'amuſer à diver-

S

ſes pratiques du Jardinage , comme ſon
quantité d'honnêtes gens , qui ne ſont pa
de la profeſſion. Heureux les jardins , ſi le
maîtres ſavoient jardiner !

JARDINIER n'eſt pas ſeulement celt
qui eſt prépoſé pour diriger , conduire &
arranger le jardin ; mais celui qui poſſéd
la ſcience & les talens requis pour tous le
exercices & les fonctions du Jardinage. O
peut dire des bons Jardiniers en général
ſans taxer perſonne , qu'ils ſont auſſi rar
que *les bons directeurs des conſciences : un ent*
dix mille , dit-on.

Comment eſt-il poſſible qu'un Jardini
entende la ſcience du Jardinage , & poſſéc
toutes les pratiques d'un art auſſi étendu
qui requierent , outre le génie & le gou
une expérience conſommée , ainſi qu'u
étude ſuivie de la nature ? Où , quand ,
avec qui auroient-ils appris quoi que ce ſc
de ces choſes ? Le fils eſt guidé par ſon pe
qui eſt Jardinier manqué , n'ayant qu'
trantran & une routine qui lui viennent
ſes peres , auſſi peu éclairés que lui. Cel
ci, pour avoir vu, avoir tracaſſé dans le J
dinage , & manié la beche & le hoyau ,

foit déja Docteur ; il cherche condition, d fous un maître qui n'en fait guere plus que lui, il eft montré à faire comme il voit fere. Tel autre ne fachant que faire, après avoir tâté de tout inutilement, fe fait, ou Jardinier, ou Moine, ou Soldat. On peut dire que le Jardinage eft le pis-aller de tous ceux qui font impropres à toutes les autres profeffions. Il n'eft pas étonnant que tant de gens de toute trempe fe tournent du côté d'un art où nuls frais à faire, ni étude quelconque. Ne foyons donc pas furpris que le Jardinage foit rempli de tant de gens ineptes, & qui pervertiffent tout, détruifent, maffacrent, faccagent les arbres. Quoi qu'il en foit du général, il eft pourtant des exceptions. Indépendamment de ceux que nous ne connoiffons pas, il en eft un bon nombre, foit avec qui nous fommes en relation, ou que nous connoiffons par la renommée ; il en eft que nous prifons particuliérement, & même que nous protégeons, & que nous produifons.

Voyez dans M. de la Quintinie, tome I, 1 partie, chapitre IV, fon efpece de differtation fur le choix d'un Jardinie...

IDÉAL. Phyfique idéale, ou Phyfiqu...
fpéculative eft la fcience de ceux qui r...
fonnent fur les végétaux, mais fans l...
avoir fuivis dans la pratique. Ceux qui
raifonnent que d'après elle, fans avoir fui...
la nature, font fujets à s'égarer, & à do...
ner dans de grandes erreurs : s'ils fe mêle...
d'écrire, que de travers, grand Dieu ! q...
d'écarts ! que d'inepties ! On le fait voir...
monftrativement dans une forte de Bibli...
theque jardiniere, où l'on paffe fomm...
rement en revue un grand nombre d'Écr...
faits fur le Jardinage. *Voyez* EXPÉRIME...
TAL.

JECTICE. *Voyez* TERRE.

JET vient du latin *jactus*, & du franç...
jetter. On nomme jet la pouffe d'un arbr...
parce qu'il monte & qu'il s'éleve : ap...
avoir été bourgeon, il devient branche...
bois formé.

JEU *de la nature*. Ce terme eft d'une gran...
reffource pour réfoudre quantité de p...
blêmes qui paffent les bornes de notre...
tendement. On appelle jeu de la natu...
dans le Jardinage, & dans tout ce qui...

le reſſort de la végétation, toutes les productions extraordinaires, ſingulieres &
inattendues de la nature, dont on ne peut
rendre raiſon. Tels ſont tous les effets ſur-
prenans, bizarres en apparence, & ſi diverſi-
fiés, dans leſquels, ſuivant notre façon de
penſer, la nature ſemble jouer ; ces effets,
quoiqu'ils paroiſſent s'écarter des regles ordinaires de la végétation, ſont néanmoins
dans l'ordre de la nature.

Mais de quel côté vient-elle cette préten-
due bizarrerie ? ou de nous qui taxons la
nature de fantaſque, quand elle varie ſes
procédés, ou d'elle-même qui agit toujours
conſéquemment à des regles ſages, mais
dont le ſous-œuvre nous eſt caché. *Mundus*,
dit un Ancien, *exteriora monſtrat, interiora
agit*. Que de phénomenes éclatent de toutes parts à nos yeux qui nous déconcertent !
On jette différentes graines en terre de
plantes les plus curieuſes, & au lieu de produire leurs ſemblables, la nature ne fait éclore
que des plantes les plus communes. Au
contraire, parmi les graines de plantes les
plus communes, la nature en fait éclore
les plus riches productions en quelque genre

que ce foit. Les curieux en fleurs expér
mentent tous les jours combien la natu
fe plaît à fe fignaler par des variétés à l'in
fini, qui toujours les furprennent.

Vous mettez dans terre un noyau d
quelque pêche la plus excellente, & l'arb
qui en provient, au lieu de donner des p
ches femblables, n'en produit que de fo
mauvaifes. Vous femez un pepin d'exce
lente poire de beurré, qui vous rend dan
l'arbre qui vient de lui, des poires âcre
qui vous enlevent la bouche, tandis qu'u
noix & une amande mifes en terres, fo
naître leurs femblables. Voilà ce qu'on a
pelle *jeu de la nature.*

JEUNE, JEUNER, FAIRE JEUNER L
ARBRES. Ces termes font très-nouveau
dans le Jardinage. C'eft une inventio
nouvelle pour empêcher qu'un arbre
s'emporte tout d'un côté, tandis que l'a
tre côté ne profite point, & au contrai
dépérit. On y remédie en ôtant toute
nourriture & la bonne terre au côté tro
en embonpoint, mettant à la place de
bonne terre, de la terre maigre, ou du
ble de ravine, pendant qu'on fume bie

p & qu'on engraiſſe bien le côté maigre. De
plus, on courbe un peu forcément toutés
les branches du côté trop gras, & on laiſſe
en liberté entiere le côté maigre. Il eſt encore beaucoup d'autres choſes à pratiquer,
mais qui ſeroient trop longues à rapporter
ici. Voilà ce qu'on appelle faire jeûner les
arbres, & leur faire pratiquer l'abſtinence
& la diete : c'eſt ainſi encore que ſans tourmenter les arbres qui ne ſe mettent pas à
fruit, ſans leur couper les racines, & les
mutiler en cent façons ſuivant l'uſage, on
parvient à leur faire porter fruit.

INCISER vient du latin, veut dire couper
& retrancher, ſéparer, entamer, disjoin-
dre, au moyen de quelqu'inſtrument tranchant, les diverſes parties de quoi que ce
puiſſe être.

INCISER les arbres, comme on fait uni-
verſellement dans le Jardinage, c'eſt les détruire de propos délibéré.

INCISION, dans le Jardinage, eſt la même choſe que dans la Chirurgie ; c'eſt ouvrir la peau d'un arbre. Il eſt mille & mille
occaſions dans le Jardinage de faire des
inciſions aux arbres, ſoit pour des chancres,

des tumeurs, des contufions, des plaie
diverfes qu'il faut raviver, foit des entail
les à faire pour faire évaporer la feve, quand
un arbre ne pouffe point de la tige à pro
portion de la greffe & de la tête, &c. Ja
mais d'incifion fans l'emplâtre d'onguen
S. Fiacre. *Voyez* SAIGNÉE.

On dit incifion latérale, longitudinale
tranfverfale, courte, ou longue, totale
ou d'une partie, grande, ou petite, pro
fonde, ou fuperficielle, & de la peau
feulement, le tout fuivant les cas parti
culiers, où elles peuvent avoir lieu.

INFLUENCES vient d'un mot latin,
qui veut dire fluer deffus, fe répandre fur
quelque chofe. On fuppofe comme un
point inconteftable, que tout ce que l'air
pompe perpétuellement ici bas tant des
vapeurs que des exhalaifons de la terre, eft
porté dans la moyenne région de l'air, &
en defcend également, fans difcontinuer,
fous diverfes formes; favoir, pluies, ro
fées, fereins, brouillards, neiges, frimats,
givres, grêles, &c. enforte qu'il eft dans
chaque hémifphere un flux & reflux perpé
tuels du bas en haut, & du haut vers le

...as. Rien ne monte qui n'ait defcendu, & rien ne defcend qui ne remonte. Voilà une idée fommaire de ce qu'on appelle influences de l'air. Ce font ces influences de l'air avec le concours de la chaleur du foleil, qui fervent d'alimens aux plantes. La terre eft le théâtre où s'operent tous les grands myfteres de la végétation par le concours des influences d'en haut, elle eft la matrice qui reçoit dans fon fein toutes ces mêmes influences pour les tranfmettre enfuite dans les végétaux, à chacun fuivant fa façon d'être. On démontre en temps & lieu que la terre n'étant qu'une pure matrice, ne contribue pas plus de fon propre fonds à la formation & à l'accroiffement des plantes que la poule à l'égard du poulet dans un œuf. Cette propofition, qui au profane vulgaire, femble un paradoxe d'abord, eft portée à l'évidence, & l'on réfout toutes les difficultés populaires à ce fujet.

Deux fortes d'influences, des bénignes, telles que les rofées fécondes, les pluies humectantes, &c. des malignes; favoir, des vents roux, des brouillards vermineux apportant les œufs de quantité d'infectes &

de graines de mauvaises herbes , dont l'a...
seul est le colporteur & le distributeur.

IGNÉ , mot pris du latin , qui veut di...
ayant du feu , ou étant de la nature du fe...
On dit les parties ignées de l'air , du ...
leil , de la terre , &c. *Voyez* DISSÉMINI...
FEU DISSÉMINÉ.

INHÉRENCE , INHÉRENT, pris du l...
tin. C'est une qualité accidentelle , qui ...
jointe à un sujet , & qui lui est surajouté...
Le blanc , ou le meunier , qui est une ...
pece de lepre du pêcher , laquelle rend to...
blancs d'une sorte de duvet la péau , ...
feuilles & les fruits. La jaunisse qui pre...
aux arbres infirmes, comme semblable m...
ladie aux humains , font inhérens , y tie...
nent, quoiqu'accidentellement , en qu...
telles choses different des mousses & d...
semences d'insectes , qui ne font que sin...
plement adhérens aux arbres.

INNÉ. Chaleur innée de la terre, pris d...
latin , & qui signifie *né avec*. On appelle ...
ce nom ce qui en elle est un principe ...
chaleur renfermée dans ses entrailles , p...
le moyen de laquelle s'opere toute vég...
tation. Cette chaleur innée concourt av...

elle du soleil pour agir dans les plantes. Elle eſt établie ſur les mêmes principes quant aux végétaux, que celle du corps humain & des autres animaux qui ont le ſang chaud.

On ſuppoſe d'abord, comme un principe incontestable, que l'élément du feu eſt répandu par-tout dans tous les êtres imagi-nables, & qu'en outre il eſt une chaleur naturelle ſpéciale & individuelle dans la terre. L'exemple des caves & des puits chauds en hiver en eſt une preuve, quoiqu'il ſoit démontré que les uns & les au-tres ne ſont pas plus chauds dans un temps que dans un autre. Toute la différence n'eſt que relative à nous, à cauſe de l'air du de-hors qui nous environne en différens temps. *Voyez* FEU CENTRAL.

INOCULATION. Ce terme eſt com-poſé de deux mots latins, qui veulent dire mettre un œil dedans, ou un bouton. Il veut dire greffer. *Voyez* ENTE.

INSECTE vient d'un mot latin, qui veut dire marcher en ſe traînant. Quelques-uns prétendent que le mot d'inſecte dérive d'un autre mot latin, qui veut dire inciſer, parce que nombre d'infectes ont au milieu du corps, comme des coupures, ou féparations; telles que les mouches, les abeilles, les guêpes & autres.

Ce mot eft générique, & comprend la totalité de ces fortes d'animaux, foit ceux qui rampent fur la terre, foit les autres qui s'élevant dans l'air, s'attachent aux arbres & aux plantes. Tous ces animaux deftructeurs ont pris ce nom d'infecte, qui renferme leurs différens genres & leurs différentes efpeces. Ils font divers, fuivant les divers lieux, les contrées, les climats. Il en eft de terreftres, d'aériens & d'aquatiques. Tout, par un effet de la Providence, ont leur utilité pour nourrir une infinité d'autres animaux. Les hirondelles, par exemple, ne vivent que de ces infectes, qui peuplent la région fupérieure des airs; & quand l'air s'épaiffit par quelque brouillard, ou nuage épais, les infectes fe rabattent fur la terre, pour échapper au danger menaçant d'un orage prochain; les hirondelles rafent alors la terre pour les y venir chercher. M. de Réaumur a fait un Traité des Infectes, qu'à bon droit on pour

roit réduire. Ce savant Physicien a dit
le très - excellentes choses d'ailleurs sur
différentes particularités concernant cet-
e partie curieuse de l'Histoire Naturelle.
Nous traitons occasionnellement dans no-
re Ouvrage quelques-uns de ces points,
aussi *de visu* & par notre propre expérience,
non sur le rapport d'autrui. M. Pluche, en
son Spectacle de la Nature, en a parlé assez
pertinemment dans le peu qu'il a traité.

INSTRUMENTAL. *Voyez* EXPÉRIMEN-
TAL.

JONC, il vient du verbe joncher, qui
veut dire répandre çà & là. Le jonc dont
il est question en Jardinage, étant un herbage
de marais, qui croît en touffe & par place
seulement, a été, pour cette raison, appellé de la sorte. C'est une herbe qu'on ne
sème, ni qu'on ne cultive point, & qui
vient dans les lieux humides. Au lieu de
feuilles il produit de petits tuyaux ronds
d'un verd foncé, qui sont toujours droits
& sans aucun nœud, de la hauteur d'un
pied, ou d'un pied & demi. Il a une sorte
de petite moëlle blanche. Il est plusieurs
sortes de joncs : le menu, qui est plein &

ferme ; c'eſt celui-là qui ſert dans le Jardi
nage pour lier les bourgeons tendres , &
les attacher aux treillages quelconques , c
qui s'appelle paliſſer. Les autres joncs qu
ſont creux , longs , mollaſſes & gros , n
valent rien. Il faut que le jonc ſoit verd
quand il eſt ſeché il caſſe. Il eſt un jonc ma
rin qui eſt menu & très-fort : quantité d
Jardiniers s'en ſervent ; mais il coup
le bourgeon ; & comme il y a deſſus un
ſorte de vernis , il agace d'abord les ſerpet
tes les mieux tranchantes.

Nous conſeillons d'en faire lever des touf
fes dans les lieux marécageux, & de les plan
ter dans les jardins à l'écart en place perdu
au frais & à l'ombre pour en avoir au be
ſoin ſous ſa main. Rien de mieux , non
ſeulement pour le paliſſage , mais pour ſer
vir de liens à la place de la paille aux menu
légumes , & même pour attacher les vigne
aux échalas.

ISSUES DE CUISINE , ou LAVURES D
VAISSELLE. C'eſt là un des plus puiſſan
engrais , quand il a fermenté. Le hazard
ou ce qu'on nomme ainſi , eſt le pere d
quantité de découvertes & d'inventions

l'Auteur avoit planté dans une encoignure
de fa cour au midi & au levant un figuier,
qui pouvoit avoir alors 2 pouces & demi à
3 de gros, ce qui fait environ 8 pouces
de tour. En moins de 6 ans l'arbre devint
de 6 à 7 de diametre, & s'éleva à la hauteur
du toit de la maifon. Les figues fans nombre étoient de groffeur fort au-delà de
l'ordinaire, & d'un gout fupérieur à tous
les fruits de pareille efpece. Les racines
avoient percé à travers les joints des moël-
ons des fondemens, & paffoient fous le
pavé de la cuifine de la longueur de plus
de 30 pieds. En fuivant les racines, on re-
connut par l'événement qu'elles remplif-
foient toute la capacité d'un puifard, qui
étoit là-même pour recevoir les eaux de la
cuifine, qui étoit plus baffe de 2 à 3 pieds
que le pavé de la cour. D'après cette découverte l'Auteur fupprima le plomb qui
dégorgeoit les eaux de la pierre à laver de
la cuifine dans le puifard; il fit faire un large
baquet, ayant deux mains de fer, dans
lequel tomboient toutes les iffues de la cuifine, & les lavures de vaiffelle, & chaque
jour on portoit le tout dans la baffe-cour

dans des tonneaux défoncés , où on l
laiſſoit fermenter. On avoit ſoin , en allar
& venant, de remuer avec un bâton. L'A
teur, de même que ceux à qui il a commu
niqué cette découverte , en a tiré des ava
tages au-deſſus de tout ce qu'on peut dire
pour la guériſon de quantité de maladi
des arbres , ſur-tout pour les orangers ; ma
il faut être fort circonſpect dans l'uſage d'u
tel ingrédient, qui , par lui-même , eſt bru
lant. On donne dans l'Ouvrage des regle
pour s'en ſervir à propos.

ISSUES DE BOUCHERIES. Ce ſont tout
les parties , tant internes qu'externes , d
animaux deſtinés à nous nourrir, qui ,
pouvant être employées , ſoit à la conſon
mation, ſoit à d'autres uſages , ſont jetté
dehors , & qui étant décompoſées par l
putréfaction , contiennent quantité de pa
ties volatiles propres à la végétation. Te
le ſang , les inteſtins qu'on ne mange poin
les cornes de la tête & des pieds non-miſ
en œuvre pour divers ouvrages , &c. rie
de meilleur encore , mais il faut ſavoir e
uſer. Les bêtes mortes, chevaux, vache
moutons & autres , vont de pair en c
                        genr

...nre avec les iffues de boucheries , & fer-
...nt d'excellens engrais. *Voyez* Bouil-
...on.

L

LABOUR , Labourage , Labourer ,
...mes auffi anciens que le monde , & qui
...t la même fignification dans toutes les
...ngues.

...LABOUR eft l'action de remuer la terre
...ec quelque outil , ou inftrument que ce
...iffe être , mettant le deffus en deffous ,
...le deffous à la place de la fuperficie ,
...ur la rendre féconde. On dit labour fon-
...r, quand il eft profond , & lorfque le fol
...lu fond ; labour léger , quand il eft fu-
...rficiel. On ne peut trop labourer les terres
...rtes pour les atténuer , les brifer , les
...vifer & les réduire en menues parcelles ;
...ais il eft des temps propres à ce. Quant
...x terres légeres , il faut être grandement
...réferve à ce fujet. Dire qu'on doit la-
...urer davantage les terres légeres que les

T

terres fortes, est un paradoxe des plus insoutenables.

LABOURAGE se dit de la profession d'exploiter les terres à la charrue.

LABOURER, c'est retourner la terre comme il vient d'être dit, avec les divers instrumens usités, suivant les lieux & les terreins. On dit labourer à la houe, à la fourche, à la beche, &c. Le labour le plus parfait de tous est celui de la beche.

LAMBOURDE. *Voyez* BRANCHES.

LATÉRAL vient d'un mot latin, qui veut dire de côté. On dit branches latérales, & bourgeons latéraux. *Voyez* l'un & l'autre à leur lettre.

LÉGUME & LÉGUMIER. Ce mot vient du latin. Il comprend toutes les plantes qui composent le potager, ou ce qui sert pour la cuisine. Le jardin légumier est celui où sont cultivés les légumes, ou le potager. *Voyez* POTAGER.

Jardinier légumier, ou maraicher, est celui qui se consacre uniquement à cultiver les légumes. C'est une merveille de voir à Paris la quantité de légumes que, sans manquer un seul jour, on étale sur le ca reau de la halle , & qui y font apportés de tous les endroits circonvoifins ; il faut en être témoin pour le croire. *Voyez* MARAI-HÉS.

LEPRE. *Voyez* au B LE BLANC , OU LE MEUNIER.

LESSIVE. Mot écorché du latin. On entend par ce mot en Jardinage certaines compofitions de drogues inconnues , employées par les Charlatans pour guérir les arbres , ou pour les préferver de certaines maladies , ainfi que des infectes nuifibles. Les Jardiniers affronteurs attribuent à ces recettes dangereufes des effets miraculeux; tel celui qui gâta à Plaifance , par-delà Vincennes, les arbres de M. Paris du Verney; tels une foule de Charlatans , qui débitent des eaux & des compofitions pour les Fermiers, afin d'occafionner une heureufe germination ou une récolte abondante. Ces diftributeurs de pareilles drogues font quelques dupes , mais s'en vont le grand chemin à l'hôpital. Que d'Écrits ! que d'Auteurs qui enfeignent & ne débitent que de femblables charlataneries !

LESSIVE fe prend auffi en bonne part ,

quand un Jardinier entendu lave avec un
eau de favon les arbres tout noirs de punai
fes, & où fe trouve une incruftation d
couvain de l'animal appellé tigre ; on le
frotte avec un couteau de bois, puis ave
une broffe courte, on les lave enfin ave
l'eau fimple.

LEVAINS *de la terre*. On appelle ain
les fucs de la terre & des engrais qui fon
le même effet dans les plantes, que le le
vain qu'on met dans la pâte pour la fair
lever quand on fait du pain. *Voyez* ACIDI

LEVER, BOUILLONNER & FERMEN-
TER, fe dit des fucs de la terre & des er
grais qui font agir la feve dans les plantes
& qui la mettent en mouvement.

LEVER fe dit des graines qui, mifes e
terre, y germent & s'élevent fur la fupe
ficie de la terre.

LEVER fe dit d'un arbre qu'on déplant
pour le replanter. C'eft fort mal parld
de dire arracher alors. Jamais on ne peu
prendre trop de précautions pour bien lev
tout arbre qu'on veut remettre en plac
Il en eft ainfi de tout ce qu'on replante,
les Jardiniers, au lieu d'arracher ftupid

...ment comme ils font, s'adonnoient, en
...ens qui raisonnent, à lever avec toutes ra-
...bines, & à replanter sans en couper aucu-
...es, ils y gagneroient cent pour cent.
...Quand on arrache, alors toutes les racines
...qui restent en terre sont en pure perte pour
...la plante, puisqu'il faut qu'elle en produise
...d'autres : d'ailleurs à toute cassure de tou-
...es racines, ce sont autant de plaies qu'il
...faut que la nature guérisse. Alors donc,
...quel retard ? Le même est de la part de ceux
...qui coupent les racines en plantant quoi
...que ce puisse être. *Voyez* ARRACHER.

...LEVRES. On appelle levres d'une plaie
...en Chirurgie, les deux parties séparées de
...la peau. Le même est pour toutes les inci-
...sions faites aux arbres : les deux parties de
...l'écorce séparée se disjoignent & se con-
...tractent, & par-dessous il se fait un épan-
...chement du suc nourricier pour réunir les
...deux parties séparées.

...LIGAMENT, terme de Chirurgie, qui
...vient du latin. Il est composé du mot de
...lier, & de celui de main, comme qui di-
...roit lier avec la main, ou avec les mains.
...Ce terme alors pris dans ce sens général

& dilaté, fuivant fon étymologie, pourroit exprimer tout ce qui fert à attache
enfemble, à joindre, à tenir unies toute
les parties raffemblées, les rapprocher, le
maintenir chacune en leur état & dans leu
place.

Outre cette idée générale, ce mot a u
fens particulier qui lui eft propre en Chirurgie & dans l'Anatomie, & que nou
employons dans le Jardinage. Il fignifi
dans ce fens, tout ce qui dans les corps v
vans, fert de liens & d'attaches pour teni
enfemble les diverfes parties dans les corp
vivans, afin qu'elles puiffent avoir leur jeu
& faire leurs fonctions. Les os font atta
chés & retenus par des ligamens. On di
les ligamens de la langue. Il eft dans le
plantes de ces fortes de ligamens à l'infini
que tout bon Anatomifte des plante
apperçoit. Tout dans les plantes, comm
dans nos corps, n'eft autre qu'un tiffu de
fibres raffemblées qui fe tiennent enfembl
Coupez, fendez, déchirez, caffez, brife
en long, en large, en travers quoi que c
puiffe être de tout ce qui conftitue le
plantes, & par-tout vous y appercevrez d

es fortes d'attaches & de ligamens proprement dits.

LIGATURE, pris de l'ufage commun,
terme auffi de la Chirurgie, qui vient du la-
in. C'eft tout ce qui fert à ferrer, lier,
approcher & contenir extérieurement ;
telles les ligatures préparatoires à la faignée.
Ce mot nous fert pour tout ce qui eft d'u-
fage dans notre art, afin de tenir ferme,
fuivant les occafions, des bandages, des
cataplafmes fur les parties malades &
les bleffures des arbres. *Voyez* BANDAGE.

LIGNEUX vient du latin, qui veut dire
fuyant la nature & la confiftance de bois.
On dit plantes ligneufes, toutes celles qui
ont les parties folides du bois dur, tels le
chêne, le poirier, pommier, &c. les herbages au contraire, les plantes bulbeufes, les
fleurs, les légumes & autres femblables, ne
font pas des plantes ligneufes.

On dit couches *ligneufes*, ou cercles *ligneux* dans les arbres, les empreintes qui
fe font chaque année dans l'intérieur d'eux-
mêmes du fuc nourricier, fe figeant & fe
durciffant, ainfi qu'on les voit dans la pré-

T 4

sente figure. En coupant tranſverſalemen

un arbre , ou une groſſe branche , on le
apperçoit très - diſtinctement , & par leu
moyen on ſait au juſte l'âge d'un arbre. Ce
cercles ligneux ſont inégaux entr'eux , d'a
bord ſelon les expoſitions: du côté du mid
ils ſont bien plus amples & plus nourri
que du côté du nord , enſuite on les voi
plus , ou moins dilatés ſuivant le temps d
chaque années plus , ou moins propre à l
végétation. Ils ſont auſſi différenciés ſui
vant les terreins bons , ou mauvais , ainſ
que conſéquemment à la ſanté & à l'infir
mité de l'arbre. Dans les années froides &
pluvieuſes , ou trop ſeches , de même dan

lelles où les chenilles ont dévoré la verdu-
e, ainſi que dans les terreins ingrats, ces
cercles marquent beaucoup moins : alors
ils ſont ſi minces, & tellement rapprochés,
que ſouvent on ne peut les diſtinguer.
Quand vous ferez abattre quelqu'un de ces
arbres, leſquels, durant une longue ſuite
d'années, on a mutilés, leur faiſant plaies
ſur plaies, faites-les ſcier tranſverſalement,
& vous reconnoîtrez toutes ces variations
exprimées dans les cercles. Enfin le dernier
cercle, celui qui eſt comme incorporé &
identifié avec la peau de l'arbre, eſt bien
plus gonflé que tous les autres, plus poreux & plein du ſuc nourricier. Ce ſuc eſt
contenu dans toutes les parties cellulaires
de ce dernier cercle, pour être envoyé &
réparti dans tout l'arbre. L'impétuoſité
avec laquelle ce ſuc eſt fouetté du bas en
haut, preſſe contre la peau de l'arbre, ainſi
que l'eau d'un réſervoir, ou d'une pompe
contre les parois du tuyau qui la contient.
Cette peau cédant à l'effort, prête & obéit;
elle ſe dilate au point, que dans les jeunes
arbres, rien de plus commun que ces gerçures & ces fentes expliquées dans le pré-

sent Dictionnaire ; on peut y recouri\
Voyez FENTES & GERÇURES. Dans les vie\
arbres c'est le même , avec cette différen\
que la peau devenant plus épaisse avec\
temps , au lieu de se fendre seulement p\
place , comme dans les jeunes , se gerce\
toutes parts en forme d'écailles raboteuse\
Telle est l'origine & la cause de la croissan\
des arbres du moins en grosseur. Cett\
partie du suc nourricier qui se fige de\
sorte chaque année , est ce que dans les bo\
employés par nous aux divers ouvrages\
on nomme *aubier* , qui veut dire en lati\
blanc , ce dernier cercle étant toujours blan\
châtre. Il ne se durcit & ne brunit qu\
quand l'année suivante , à force de s'êtr\
dégorgé dans tout l'arbre , il s'affaisse ; ce\
pendant au fur à mesure , il se fait un nou\
vel envoi de ce même suc , qui forme auf\
une nouvelle incrustation : ce dernier poul\
sant fortement à son tour , appuyant &\
pressant sur son prédécesseur , le press\
aussi , il l'applatit , faisant également effo\
contre la peau de l'arbre. Il faut dire ici qu\
pendant que le tout s'opere dans l'intérieu\
de l'arbre , l'air au-dehors agit sur la peau\

...i fait paffer à travers les pores de la peau
...quantité de parties fubftantielles qui la di-
...rent auffi, la bandent & la font auffi pré-
...r. Ceci n'eft point une conjecture, ni une
...ppofition, puifque tous les cercles du
...té du nord font maigres & rapprochés,
...ndis que ceux du côté du midi font plus
...ourris & plus gonflés.

...Une obfervation que tout le monde peut
...ire avec nous, c'eft la fuivante; favoir,
...que ces mêmes cercles ligneux font dans le
...as, à mefure qu'ils approchent du tronc,
...aucoup plus amples, à raifon de ce que
...bas de l'arbre eft toujours plus gros que
...refte de la tige. On peut le voir dans
...out arbre coupé raze terre. Quiconque fe-
...oit curieux d'approfondir davantage ce
...phénomene de la nature, qui eft fi digne
...d'admiration, n'auroit qu'à fe tranfporter
...ans les jardins lorfqu'on détruit quel-
...ues-uns de ces arbres fi maléficiés par les
...plaies fucceffives qu'on leur a faites durant
...une longue fuite d'années, il n'y trouvera
...que des cercles ligneux très-circonfcrits, au
...lieu que faifant la même expérience fur les
...arbres dirigés d'origine, ou de longue

main, suivant notre méthode, on trouvera tout le contraire, nos arbres groff-
fant plus en une feule année, que ceux
en 4 ou 5.

On n'a jufqu'ici communément obfer-
ces couches & ces cercles produits p[ar]
l'empreinte du fuc qui fe forme chaque a[n]-
née que dans les plantes ligneufes; mais no[us]
les avons reconnus dans une foule d'autr[es]
plantes de toute nature ; & fans cherch[er]
au loin, vous trouverez dans vos plant[es]
domeftiques le femblable, fur-tout dans l[es]
plantes de vos jardins, qu'on nomme ra[a]-
cines, panais, navets, carottes, raves[,]
oignons, &c. L'une de ces plantes où c[es]
empreintes furajoutées du fuc nourrici[er]
font plus diftinctement marquées ; c'e[ft]
dans la betterave coupée tranfverfal[e]-
ment. Dans ces dernieres les cercles [ne]
marquent point les années, la plupa[rt]
étant plantes annuelles ; mais feul[e]-
ment les différentes progreffions fucce[ffi]-
ves du fuc nourricier s'épaififfant & [fe]
coagulant. Comme ce n'eft point ici [le]
lieu de traiter un tel fujet, nous n'infifto[ns]
point.

LIMONNEUX, pris du latin, qui veut dire limon. En parlant des sucs de la terre & de ceux des plantes, il se prend en bonne ou mauvaise part : en bonne part, quand on parle des sucs de la terre & de ceux des plantes : alors il veut dire gluant, épais, gras, onctueux; en mauvaise part, pour exprimer les qualités désavantageuses de ces mêmes sucs & de ces mêmes plantes dans les mauvais terreins : alors limonneux veut dire plat, grossier, épais, bourbeux, &c. c'est la différence de tout ce que produit une bonne terre franche, d'avec ce qui vient dans un terrein argilleux, glaiseux & marécageux. *Voyez* GELATINEUX.

LYMPHE, LYMPHATIQUE, terme d'Anatomie pris du latin, qui veut dire eau, ou de la nature de l'eau, ou qui contient de l'eau, ou bien toute liqueur approchante de l'eau. Les Médecins & Chirurgiens appellent vaisseaux lymphatiques ceux qui contiennent une humeur aqueuse, ou d'eau. On dit, en terme d'Anatomie, des végétaux les parties lymphatiques des plantes, celles qui tiennent de la nature de l'eau. La

feve eft lymphatique dans le plus gran
nombre des plantes.

LIMPIDE, pris du latin, qui veut di
clair & tranfparent. On attribue dans
Phyfique du Jardinage la limpidité de l'ea
à la feve, & l'on dit feve limpide.

Dans la vigne, quand on la coupe dui
rant qu'elle eft en feve, il en fort une quan
tité d'eau prodigieufe, & cette eau eft
plus limpide, telle que celle qui auroit é
filtrée à plufieurs reprifes. C'eft la diff
rence de la feve de quantité d'autres vég
taux où elle eft vifqueufe, glutineufe, la
teufe, &c.

LISETTE ou COUPE-BOURGEON. L'in
fecte à qui l'on a donné ce nom, à caut
qu'il s'attache aux bourgeons tendres, 8
les coupe, eft en petit ce que le hanneto
eft en grand. Il vole & va d'arbre en arbre
& avec deux petites pinces, dont fa têt
eft armée, il entame l'extrêmité tendr
d'un bourgeon, & le coupe en deux. I
s'attache encore à quantité de plantes naiî
fantes, & à force de les pâturer, il les fai
avorter : telles font entr'autres les raves
les cardons, les giroflées ; ces dernieres

et les affectionne particuliérement. Il est
comme impossible de se garántir des incur-
sions de ce petit ennemi, qu'à peine on
aperçoit, qui voltige sans cesse, & mar-
che toujours en bande nombreuse. Tout
ce que vous disent & tout ce que vous pro-
mettent à son sujet pour sa destruction
les charlatans, sont autant de supercheries
& d'impostures pour attraper votre argent.

LOBES est un terme d'Anatomie, dont
on se sert pour désigner les deux parties du
poumon. Ce terme a été introduit dans
ce qu'on appelle la Physique du Jardinage
pour exprimer les deux parties qui composent certaines graines, telles que l'amande,
fruit de l'amandier, l'amande des noyaux,
les deux parties aussi d'une feve, d'une
amande de citrouille, melon, concombre,
&c. à cause de la ressemblance que ces deux
parties peuvent avoir avec les lobes des
poumons. Le bled, le seigle, l'avoine,
& autres semblables, n'ont point de lobes, ces graines sont d'une seule piece.
Ces lobes s'ouvrent lors de la germination,
pour laisser passer la tige qu'ils renferment.

L

Il eſt de grands débats entre les Phyſicie[n]
au ſujet des lobes ; ſavoir, s'ils ſont les m[ê]
mes ou non que ce qu'on nomme feuill[es]
diſſimilaires. La queſtion eſt bientôt déc[i]
dée, quand on eſt obſervateur.

Certains Jardiniers du bas étage appe[l]
lent oreilles ces deux parties de l'aman[de]
des melons, & ſtupidement ils les co[u]
pent, ſans pouvoir dire pourquoi. Par c[e]
moyen ils font un grand tort à la plant[e]
naiſſante, ces lobes lui ſervant alors com[
]me de mamelles. Sitôt que la plante n[a]
plus beſoin d'eux, ils ſechent & tombe[nt]
d'eux-mêmes, ſans qu'il en reſte aucun ve[s]
tige. Quand on demande à ces ſortes d'ho[m]
mes, pourquoi ils ne les ôtent point au[x]
amandes d'aucuns noyaux lors de la ge[r]
mination, ni aux feves de haricot, au[x]
cardons, aux raves, à la poirée, ainſi qu[']
toutes les autres graines germées, ils n[e]
ſavent plus que dire. Les bons Maraiche[rs]
& quelques Jardiniers ſenſés ſe gardent bie[n]
de les ôter ; mais le commun du Jard[i]
nage n'y manque pas : auſſi les melons ain[ſi]
traités ont toutes les peines à nouer, & l'o[n]

pa que de mauvais melons. Telle en eſt la
cauſe en partie.

LOGE ſe dit dans les plantes de quantité
de petits eſpaces vuides qui reçoivent &
contiennent la ſeve. Loge, ou cellule, ou
partie cellulaire, ſont la même choſe. L'é-
ponge eſt compoſée de toutes parties cellulaires, ou de loges. Le même a lieu dans
les plantes. On les apperçoit à la faveur du
microſcope. Il en eſt où on les apperçoit
palpablement, telles les moëlles du figuier,
du ſureau, de la vigne & autres.

LOIRS, & non pas LERRES, comme dit
un groſſier du Jardinage. C'eſt une ſorte de
rat de jardin, qui ne vit que de fruit. Il
reſſemble un peu à l'écureuil pour la figure
& la couleur du poil. Il fait ſon nid dans
les arbres, comme les oiſeaux. Cet animal
vit ſix mois & plus ſans prendre aucune
nourriture. Il dort le jour, & ne paroît
que la nuit pour aller à la picorée. Il ne
fréquente point les lieux habités ; mais il
ſe retire dans des creux d'arbres & dans des
pierres, dans de vieilles murailles & dans
des bâtimens abandonnés. Pour les prendre
on leur tend des pieges avec des amorces ;

V

favoir , des noix , du pain d'épice , tout[e]
fortes de fromages , des amandes , des av[e]
lines & des mendians de carême , des mo[r]
ceaux de pommes , ou de poires gardé[es]
jufqu'alors. Mais il eft un avis importa[nt]
& particulier ; favoir , que pour les loi[r]
il faut mettre l'amorce , ou la recette ava[nt]
le commencement de la maturité des fruit[s]
& dans le temps auquel ces animaux s'[é]
veiffent pour fe débander dans les Jardi[ns]
vers la mi-Mai. L'animal , lors des frui[ts]
mûriffant , ou mûrs , ne quittera pas aif[é]
ment fa pâture naturelle pour aller à u[n]
autre , & il s'en prend bien moins qu'[a]
lors.

LOQUE. Ce terme , quoiqu'ancien da[ns]
le Jardinage , eft nouveau dans un fens. [La]
loque n'eft autre chofe qu'un petit mo[r]
ceau d'étoffe avec lequel on attache chaq[ue]
branche , & chaque bourgeon à leur pla[ce]
dans les murailles , chaffant avec un ma[r]
teau un clou fur chaque loque dans cet[te]
muraille.

On dit paliffage & paliffer à la loqu[e.]
Ce paliffage eft feul en ufage à Montreu[il]
& aux villages circonvoifins. Là on ne

...t pas d'ofier, ni de jonc aux efpaliers. Le paliffage à la loque n'eft pas fi ma-nifique que le paliffage fur les treillages peints en verd; mais il eft bien plus avan-tageux, il n'y a pas de comparaifon, pour l'abondance & le gout, la beauté & la maturité des fruits. En général plus un fruit quelconque approche de la muraille, plus il acquiert de qualité, de couleur & de faveur. Telle eft la raifon pour la-quelle les fruits de Montreuil font fi re-cherchés.

LOQUETTES. Ce font ces petits mor-ceaux d'étoffe avec quoi l'on paliffe à Mon-treuil.

LOTION. *Voyez* LESSIVE.

LOUCHET, outil du Jardinage, dont on ne fait l'étymologie. Il eft fait comme la beche pour la figure, à l'exception que la beche eft toute de fer, & que le louchet eft de bois garni de fer tranchant pour fendre la terre. Il eft fort d'ufage en diverfes provinces.

LOUPES. Il vient de la Chirurgie. Ce font des groffeurs qui naiffent aux écor-

ces & à la peau des arbres , comme
nous les excroiſſances de chair. On pe
les couper ſans danger , dès leur nai
ſance , en y appliquant l'emplâtre d'o
guent S. Fiacre , mais non quand elles o
vielli.

LUBRIQUE , terme de Médecine , q
veut dire onctueux , gluant , limonneu
Il y a dans l'écorce de toutes les plante
& ſur-tout dans les racines , une hume
lubrique , qui ſert à faire couler la ſev
Sans ce lubrique , elle ne pourroit , ni mo
ter , ni couler , pas plus que notre ſang da
nos veines , pas plus que les alimens da
notre éſophage & notre goſier , ni que l
excrémens dans nos inteſtins ſans un par
gluant , ſans un ſemblable onctueux &
monneux , qui en facilite l'écoulement
le paſſage.　On dit auſſi labrifier , ou lubr
fier , pour dire rendre lubrique & gliſſant

M

MACHINAL, mot pris du latin. Il veut
dire le bâtis, la carcasse, pour ainsi dire,
des plantes. Il est pris aussi pour la méchanique & le jeu des ressorts qui agissent en
elles. C'est encore la disposition, l'ordonnance, la correspondance, & le concours
de toutes les parties entr'elles, leur assemblage, leur emboîtement, comme celui
des os dans les cavités, ou des tenons dans
leurs mortaises.

Le machinal pris dans un autre sens, &
considéré, dans quantité de nos Jardiniers,
par rapport aux opérations du Jardinage,
veut dire cette routine aveugle qui les guide
à l'ordinaire.

MALADIES *des plantes*. Elles ont, comme nous, des dérangemens de santé chacune, suivant son espece.

Les maladies des plantes sont aussi nombreuses que celles des animaux raisonnables & autres. Il en est, comme en nous,

d'internes & d'externes , de naturelles
d'accidentelles , ou occafionnées , &c.

On n'a pas encore étudié à fond , ni co
nu les maladies des plantes , faute de cet
connoiſſance de la nature , appellée Ph
fique inſtrumentale. Un Médecin &
Chirurgien qui ignorent les caufes des m
ladies , faute de favoir la ſtructure du cor
humain , ne peuvent pas les traiter , ni l
guérir. Il en eſt de même du Jardinier , q
doit être le Médecin & le Chirurgien d
plantes.

Nous donnons dans notre Ouvrage no
feulement le dénombrement des ces mal
dies , & nous en aſſignons les caufes ; m
nous preſcrivons les remedes fûrs , ce q
n'a point encore été fait.

MALE , Plante Male , Plante F
melle. La queſtion des deux fexes dans l
plantes eſt un jeu d'efprit qui n'intére
point pour la pratique.

MANNEQUIN. Arbres en Mannequi
Ce font des arbres que des Jardiniers tire
de terre , & mettent dans des mannequir
ou paniers d'ofier , leſquels enfuite ils

mettent en terre pour les lever & les transplanter avec leurs mannequins.

C'eſt, peut-être, la plus maudite manœuvre du Jardinage : on croit jouir plutôt qu plantant de tels arbres ; mais ces arbres, pour mille & mille raiſons, ne réuſſiſſent jamais. *Voyez* PANIER.

Il n'en eſt pas de même des arbres *emmannequinés* dans le jardin même, & avec q s précautions requiſes, dont eſt fait menton en ſon lieu.

MARAIS. *Voyez* LÉGUMES & LÉGUHIERS.

MARAISCHÉS, JARDINIERS MARAISCHÉS. Ils ont été ainſi nommés à cauſe qu'ils conſtruiſent leurs jardins légumiers dans des bas, par rapport à ce que les légumes y viennent mieux qu'aux endroits élevés, & que les puits y ſont moins creux, & auſſi par la conſidération du tranſport plus facile des fumiers. Les Jardiniers maraiſchés de campagne autour de Paris, & ſur-tout dans la plaine de S. Denis, portent leurs denrées à Paris. Il eſt des villages nombreux, où, en pleine campagne, on fait venir les gros légumes en une quantité

presque incroyable. Ces Maraîchés fo[nt]
différens des autres qui font autour de Pa[ris]
ris dans les fauxbourgs : ceux de campa[gne]
gne ne s'appliquent pas, comme ceux d[e]
Paris, aux menus légumes & aux plant[es]
hâtives, ni à faire des couches, comm[e]
ces derniers. Ces Ouvriers font les plu[s]
grands travailleurs du Jardinage. Il eft fai[t]
de ces travailleurs, mention plus ample e[n]
plus d'un endroit de notre Écrit.

MARCOTTE, MARCOTTER. On n[e]
voit pas trop l'origine de ce mot. C'eft fai[re]
prendre racine à un rameau de quelqu[e]
plante en le couchant en terre.

Deux fortes de marcottes, la fimple, [&]
celle à entaille. La fimple fe fait en co[u]
chant fimplement en terre quelque ramea[u]
de celles des plantes qui prennent aifémen[t]
racine. C'eft ainfi qu'on marcotte la vign[e]
le figuier, le coignaffier, le jafmin, le gr[o]
feiller, le murier & autres. La marcotte [à]
entaille eft celle qui fe fait par une incifio[n]
au rameau, avant que de le coucher e[n]
terre ; & telle on la pratique aux rameau[x]
d'œillets.

Toutes ces marcottes on les fevre en l[e]

roupant au-deſſus de l'endroit où elles ont
ris racines, & on les tranſplante. Il eſt
ne façon entendue de marcotter la vigne,
z de ſevrer les marcottes. La pratique uni-
erſelle eſt de coucher tellement quellement en terre, & de tirer à force dans le
temps pour l'avoir, puis de couper fort
près les racines au plus grand nombre d'el-
s. C'eſt mal travailler, il faut lever; il
en réſulte des avantages infinis.

MARNE, MARNER, MARNEUX. La
marne eſt une terre graſſe, qui tient beaucoup de l'argille. Les Jardiniers la laiſſent
aux Laboureurs, qui en tirent de grands
avantages.

On appelle terres marneuſes, celles qui
tiennent de la nature de la marne, ou
bien celles où cette terre domine. *Voyez* AR-
GILLE.

MASSE, en Phyſique, veut dire amas.
On dit l'air en maſſe, quand il eſt ramaſſé;
& au contraire, quand il eſt diviſé, mor-
celé, épars, on dit l'air en bulle. C'eſt de
cette derniere façon que l'on conſidere l'air,
quand, chaſſé par le feu, lorſque l'eau commence à frémir avant de bouillir, on voit

de petites bulles s'élever du fond du val
qui le contient. *Voyez* MOLÉCULES.

MASSIF ou ÉPAIS, c'est la même chof
On a donné ce nom à certains arbres, qui
à mefure qu'ils pouffent du haut , fon
coupés en forme de planifphere , ou plate
forme. On les tond avec des croiffans for
longs & des cifeaux de même : ces maffif
font des maffifs réguliers. Il en eft d'irré
guliers , qui font en pente & en glacis.

Certains Jardiniers qui ont de pareils maf
fifs , au lieu de les tondre dans le temps d
la pouffe & en verdure , laiffent croître le
bourgeons, qui forment de vrais hériffons
faifant un vilain coup d'œil. D'ailleurs ce
maffifs font pratiqués pour ne point ôte
la vue , au lieu que ces fortes de bour
geons hériffés , vilains à voir , ôtent cett
vue, & tels Jardiniers les élaguent d'hivei
des maîtres , bonnes gens , le veulent bien
Volenti non fit injuria. Voyez MOULER.

MAT veut dire brut, groffier & no
travaillé. On dit , en parlant des fucs d
la terre, fans être cuits , ni fubtilifés , mai
cruds & indigeftes , qu'ils font mats ; &
tels font ceux des arbres à greffes enterrée

L'humidité de la terre qui imbibe la greffe, à qui il faut du fec, délaie trop, abreuve trop, & morfond les fucs qui paffent alors par fon canal.

MAXIMES, SENTENCES, PROVERBES, regles de conduite qui fervent dans la façon de gouverner les plantes, font la même chofe.

MÉCHANIQUE, terme grec, qui fignifie ce pourquoi il faut des outils & divers inftrumens. Ce mot au pluriel fignifie les arts qui s'exercent plus par les forces & le travail du corps, que par les talens de l'efprit. Ce n'eft pas que les derniers n'y entrent pour quelque chofe ; mais les autres prédominent. On dit la méchanique des plantes, comme on dit la méchanique du corps humain. *Voyez* CONFIGURATION, CONFORMATION, MACHINAL.

MÉCHANISME eft l'affemblage, ainfi que la fonction de toutes les diverfes parties qui compofent un être vivant. *Voyez* MACHINAL.

MÉDICAMENT, pris du latin ; médicamenter les plantes. Par médicamens on entend tout ce qui peut foulager & guérir.

MÉDICAMENTER *les plantes* ; c'e
employer les remedes convenables à la n
ture de leurs maladies. Mais auparavant
faut connoître, & les maladies, & les d
pofitions des parties qui compofent l'i
térieur des plantes, & la vertu des rem
des. Qui eft-ce qui fait toutes ces chofe
parmi les Jardiniers ? Qui font ceux qu
s'empreffent de guérir ? & que d'arbres p
riffent faute de fecours ? On a plutôt fa
de replanter, fur-tout de la façon dont l
vulgaire plante. Quantité de Jardinie
vous difent, au fujet d'un arbre qui meu
faute de foin, bon, il n'a point d'ame à fau
ver. *Voyez* BOUILLON.

MEMBRANE, terme d'Anatomie. Ell
eft une peau formée d'un tiffu de fibres d
verfement arrangées, & entrelaffées enfen
ble, qui font plus ou moins épaiffes, plu
ou moins étendues, fuivant les parti
qu'elle couvre, ou qu'elle renferme. Leu
ufage eft de fervir d'enveloppe aux parti
pour lefquelles elles font formées, & d'
pratiquer des cloifons pour les féparer d
autres leurs voifines. On dit la membran
du foie, de la ratte, &c. Dans l'Anatomi

es plantes, il eſt de pareilles membranes,
ur-tout dans les pulpes des fruits, & dans
es feuilles. Les peaux de toutes les plantes & de tous les fruits ſont autant de membranes.

MEMBRANEUX, veut dire, qui eſt de
nature de la membrane, ou qui a une
membrane, ou des membranes.

MEMBRE. *Voyez* BRANCHE.

MENSTRUES, dans les plantes, ſont le
même, en un ſens, que dans les animaux
ſivans où elles ont lieu. Ce terme eſt pris
ici dans un ſens différent que dans l'Anatomie, & dans un ſens d'application. Les
hâtaigniers, les noyers, & quantité d'autres arbres, ont de ces ſortes de fauſſes-
fleurs qualifiées de menſtrues. Ce ſont des
ſpeces de guirlandes longuettes, & qui ſont
un amas de petites fleurs grouppées, pendantes vers le bas. Elles précédent toujours
la fleur, & il ne vient point de fruit ailleurs
qu'où pareilles choſes ne ſe rencontrent point.
Elles ne durent que quelques jours, puis
ſe fanent, noirciſſent & tombent. Quand
au printemps l'on paſſe ſous des noyers, on
voit la terre qui en eſt couverte. A leur

figure, par terre, alors on les prendroit
pour des chenilles. Que de merveilles cachées dans la nature ! Pourquoi ces moyens
employés pour faire fructifier ces arbres,
& point les autres ? Pourquoi ces derniers
donnent-ils leurs fruits, sans ces sortes d'a-
vant-coureurs & de signes de fécondité, &,
non ceux-là ?

Indépendamment de ces amas de fleu-
rettes, appellées communément des chatons, il est à chaque fruit du noyer deux
petites fleurs jaunâtres, ou une seule à la
tête du fruit, formant comme un croiffant.

Au mois de Mai, quand les châtaigniers
poussent leurs chatons dehors & fleurissent,
il se répand dans l'air un gout fade, que
nombre de personnes ne peuvent suppor-
ter, & dure environ quinze jours, ou trois
semaines. *Voyez* CHATON.

MESQUIN. On dit arbres, branches,
fruits mesquins & pousses mesquines,
quand toutes ces choses sont mal faites &
mal configurées. *Voyez* RABOUGRI.

MÉTHODE, terme usité en Jardinage
pour dire façon de régir & de traiter les

...rantes & les arbres suivant des principes & ...rs regles.

...n Il n'est point d'excrément du Jardinage ...ni ne se fasse une méthode à sa guise, la-...elle il a la sotte vanité de croire la plus ...cellente, quoique sans principe & sans ...raisonnement.

...La méthode de Montreuil est la seule qui ...it sûre pour avoir de beaux arbres, d'un ...rompt rapport, d'une longue durée, & ...s fruits exquis. Mais ceux des Jardiniers ...ui croient & qui disent la connoître, n'en ...ont pas la moindre idée. De plus, à Mon-...reuil même un grand nombre est novice ...ncore, sur quantité de points très-impor-...ns des pratiques essentielles que nous ...vons réformées, ou perfectionnées.

MEUNIER. *Voyez* BLANC.

MIETTE, MIETTES DE TERRE, METTRE ...A TERRE EN MIETTES. *Voyez* AMEUBLIR.

...n ne doit, quand on plante, mettre que de ...t miette sur les racines, & jamais, ni mot-...es, ni pierres : on devroit passer la terre ...la claie, ce seroit le plus sûr expé-...ient.

MOBILE, MOBILIAIRE, MEUBLE en

M

parlant de la terre. *Voyez* AMEUBLIR
ÉMIER.

MOBILE veut dire encore la principale cau
fe de quelque chofe que ce foit. Le gran
mobile de tout ce qui fe paffe quant aux plan
tes, c'eft l'air, comme fait l'or pour le
chofes de ce bas monde.

MOLÉCULES, terme de Phyfique.
fe dit de l'air. Molécule eft un diminut
de maffe ; il veut dire petite maffe. O
fuppofe, comme il eft de fait, que l'ai
étant pefant, appuie, preffe & pouffe, c
qu'on ne peut concevoir, fi l'on n'adm
point dans lui une pefanteur, & ce qu'o
appelle gravitation, ou la faculté d'ap
puyer, de preffer, & de pouffer fort
ment.

MONTÉ, MONTER, s'entend dans l
Jardinage en bonne & en mauvaife par
1º. pour toute production qui s'éleve co
venablement ; 2º. pour tout ce qui au lie
ou de pommer, ou de s'étendre fur terre
monte en graine. On dit de la feve qu'el
monte, qu'elle defcend. Quand & après ur
gelée blanche, les gens de campagne voie
la rofée monter, ils annoncent de l
pluie

suie : le même est par rapport au brouillard.

MONTREUIL, Village à une lieue, ou
environ de Paris. C'est l'endroit de l'Univers où l'on cultive le mieux toutes les
plantes dont on fait commerce des fruits.
On a supputé, à vue de pays, à combien
pouvoit se monter la vente des pêches seules, & l'on a trouvé qu'elle pouvoit aller,
bon an, mal an, à cent mille écus ; qu'il
s'en vendoit pour environ dix mille écus de
cerises ; les autres fruits, fleurs & denrées
peuvent encore aller à autant que le tout.
Mais il ne faut pas imaginer que le tout soit
un pur gain. Les frais de loyers de terre, de
fleurs, de fumiers, de voitures, d'échalas,
les journées d'hommes & de chevaux, ainsi
que tous les faux frais, consument beaucoup ; à quoi ajoutez que le Village paie
de fortes impositions au Roi tous les ans,
& que les loyers des terres y sont prodigieusement chers. Le Village & ceux adjacens, ne sont point ce qu'on appelle riches ; l'on y vit, mais à force de travail &
d'industrie. Pour quelques-uns qui ont de-
quoi, il en est d'autres qui ne font rien

X

moins qu'opulens ; perfonne ne fait mieu
que nous ce qui en eft.

Il y a environ un fiecle & demi, que
gout de travailler le pêcher s'y eft introdui
fans qu'il ait tranfpiré ailleurs que depu
environ quinze ou vingt ans. Maintenan
la méthode de Montreuil a percé & s'éten
de toutes parts ; mais particuliérement a
fauxbourg S. Antoine à Paris, où nombr
d'excellens Jardiniers vont de pair ave
Montreuil, & en une foule d'endroits o
nous l'avons admife ; mais elle n'a poin
tranfpiré encore dans les Provinces, ni dan
les pays étrangers. Les Anglois, nation l
plus induftrieufe, curieufe & inventive, n
la connoiffent en façon quelconque, quo
que prétendent à ce fujet quelques curieu
parmi ceux de cette nation. Quelques Jar
diniers Anglois, appellés ici pour les ana
nas & les ferres chaudes, mais les plus no
vices fur tout le refte du Jardinage réglé &
raifonné, ne peuvent la digérer cette mé
thode, & ils la blâment hautement fans l
connoître. Il n'en eft pas ainfi de quantit
de perfonnages d'un mérite diftingué parm
ces Infulaires, gens fenfés, qui raifonnen

réfléchiffent. Ces derniers l'ont admife
vec connoiffance de caufe. On ne fait nul
oute que les curieux, parmi ceux de cette
ontrée, ne l'embraffent, dès qu'ils l'au-
ont étudiée & approfondie : elle eft digne
e la fagacité particuliere de ces hommes
e génie, comme il eft fort en fa place que
autres, fans principes quelconques, im-
tués de leur prétendu mérite, la blâment
r l'étiquette du fac, comme on dit.

t Montreuil, quant à la culture des arbres,
t un nom collectif, c'eft-à-dire, qu'il
omprend les Villages circonvoifins, Ba-
olet, Vincennes, Charonne & autres.
oyez MÉTHODE.

MORFONDU fe dit en Jardinage de la
ve lors du printemps, & à l'occafion des
effes enterrées. Quant au printemps, il
t certains coups de foleil vifs, qui d'a-
ord mettent tout en mouvement, & font
onter précipitamment la feve, & enfuite
ces coups de foleil fi pénétrans fuccédent
out-à-coup des vents de Galerne, dont le
roid faifit & refroidit ces arbres, où cou-
it d'abord rapidement la feve : on fe fert
lors du terme de morfondre, pour expri

mer ce qui fe paffe dans les plantes. Il leu
arrive ce que nous éprouvons nous-mêmes, quand, paffant fubitement d'un e:
cès de chaleur à un froid faififfant, nou
fommes frappés de fluxion de poitrine.
fe fait alors en nous un mêlange & u
bouleverfemen d'humeurs qui brouiller
le fang. Le même arrive dans les plantes
& c'eft de-là que vient cette maladie,
fatale au pêcher, qu'on appelle la cloqu
ou la brouiffure.

On dit encore feve morfondue en pa
lant des greffes enterrées. Ainfi quand p
l'impéritie & la mal-adreffe du Jardinie
dont il n'eft prefque aucun qui fache pla
ter, la greffe eft enterrée, la feve qui paf
par ces greffes qui font abreuvées par l'h
midité de la terre, ne peut être que mo
fondue. Les greffes des arbres font fait
pour recevoir les impreffions de l'ai
comme les racines font faites pour l'h
mide de la terre, & non pour l'air. De m
me donc que les racines qui font faites po
l'humide de la terre périroient à l'air,
même auffi les greffes qui font faites po
l'air, fe trouvent fort mal d'être étouffé

...z morfondues dans la terre. Ce fujet, on
ne peut trop le rebattre, ni trop infifter
...effus à raifon de fon importance, & parce
...ue le mal eft prefque univerfel.

... MOTTE a plufieurs fignifications. On
...tend par mottes de terre, ce qui étant
...effeché par le hâle, fe durcit & fe fcelle.
...mais en labourant on ne doit laiffer de
...ottes. *Voyez* ÉMIER.

... On dit planter en motte, quand on leve
...n arbre avec fes racines, en total, ou en
...artie, la terre tenant au pied : il ne fait
...s bon planter en motte des arbres trop
...eux; c'eft temps, peine & argent perdus.
...endant quelque temps ces fortes d'arbres
...roiffent réuffir, & au bout de cinq, fix,
...pt, ou huit ans, il faut replanter. Ceci
...t d'après l'expérience la plus confom-
...ée.

... Jadis on plantoit en mottes, & gens qui
...e raifonnent point le font encore. La pra-
...que eft vicieufe, en ce que l'on eft forcé
...e couper rafibus de la motte toutes les ra-
...ines qui font le premier principe de toute
...égétation. Cela réuffit par fois, mais avec
...es dépenfes énormes.

MOTTE se dit encore de tout ce qui est planté, ou semé dans des pots, & qu'on tire de ces mêmes pots pour les transvaser ou pour les mettre en pleine terre. Suivant la méthode du présent Dictionnaire, qui a pour but de suivre en tout, d'imiter & de seconder la nature, les mottes dont est ici question, sont d'un fréquent usage; on n'arrache rien de tout ce qu'on transplante, arbres, arbrisseaux, légumes & fleurs, soit en les tirant des pots pour les placer sur couche, soit pour les mettre en pleine terre. Il est question de se conduire convenablement quant à ces mottes, & à ce sujet on se sert des termes suivans.

Ménager la motte, ne point ébranler la motte, ne point l'éventer, la briser, ni la déranger, ne point la châtrer. Ce dernier mot est fort impropre, & a une signification odieuse. Il est donc question d'enlever & de tirer du pot une motte pour la placer quelque part que ce soit. Alors renversez le pot sans dessus dessous, puis par un petit ébranlement la faire sortir pour la mettre en place sans la déranger, mais en la laissant dans son entier.

Tous les Jardiniers font dans l'ufage, de
ce qu'en terme de Jardinage ils appellent
châtrer la motte, quand ils dépotent quoi
que ce foit. La plante pouffe quantité de
filets blancs, qui, ne pouvant percer le
pot, fe replient le long de la motte en
deffous & tout autour. Or ces filets blancs,
qui font autant de racines épanchées, les
Jardiniers les coupent tout autour & en
deffous. Ils ne favent pas que ces mêmes
racines, quand on met la motte en terre,
ou dans un vafe plus grand, fe détachent
de la motte par leur extrêmité, & fuivent
leur direction en s'épanchant dans terre,
que que de couper tous ces filets blancs, c'eft
faire à ces racines autant de plaies d'où fort
le fuc nourricier, & qu'il faut que la nature les guériffe.

Ils font plus. Au lieu de ménager la
motte, pour ne point la brifer lorfqu'ils la
mettent en terre, ils appuient, au contraire, à force cette terre contre la motte,
&, de toute néceffité, ils la brifent; au
lieu qu'il faut tout fimplement la pofer dans
un trou proportionné, & approcher lé-

gérement la terre tout autour ; l'eau qu'on
y met la foude avec la terre.

MOUCHE NOIRE. C'eſt une mouch
de la petite eſpece, qui, comme une co-
lonie nombreuſe, va par bande, & ſe fix
ſur certains arbres & ſur certaines vignes
Elle les charbonne par ſa fiente au poin
qu'on les croiroit peints exprès en noir
Laver alors, éponger, frotter à diverſe
repriſes. Il n'eſt pas d'autre expédient con
tre cet inſecte.

MOULER *des arbres*, veut dire, en le
taillant aux ciſeaux, leur faire prendre di
verſes figures. On ſe ſert auſſi du terme de
figure en parlant des ifs.

On fait prendre à tous les arbres telle fi
gure qu'on veut, en les moulant de jeuneſſe. A Marly & à Verſailles, il eſt de ces
arbres moulés qui forment des corps d'Ar
chitecture, des portiques avec des cintres,
des timpans, des aſtragales, des pilaſtres,
des chapiteaux, des baſes, des piedeſtaux
des corniches, &c. La façon la plus ordi
naire de mouler des arbres, eſt de les dreſſer en boules, ou en pommes, & en maſ-
ſifs. *Voyez* BOULES, MASSIFS.

MOULES, terme pris des arts méchaniques, & employé dans la Physique du
jardinage, pour exprimer la façon dont la
seve se modifie & se diversifie à l'infini dans
les plantes. De même que ce sont les différens moules où l'on jette le métal fondu
qui forment les différentes figures, de même la seve est configurée dans les plantes
suivant les différens couloirs d'elles-mêmes par où elle passe. *Voyez* COULOIR, CA-
LIBRES.

MOUSSE. La mousse est véritablement
une plante qu'on a appellée parasite à raison
de ce qu'elle vit aux dépens des arbres sur
qui elle croît. La mousse a, comme toutes les plus grandes plantes, des racines,
un tronc, des branches, des feuilles, des
fleurs & des graines. Nos yeux ne sont pas
capables de distinguer toutes ces choses;
mais le microscope les fait voir dans la
mousse.

La mousse fait tort aux arbres, en ce
qu'elle empêche leur transpiration, en ce
qu'elle tire à elle les sucs, & qu'elle vit de
la substance des arbres, & en ce qu'elle gâte
leur peau par l'application des petites grif-

fes de fes racines qui entrent dans cett
peau & qui la piquent ; enfin parce qu'el
morfond la feve par l'humide qu'elle retien

On dit en Jardinage émouffer. C'eft ave
un petit morceau de bois fait en forme d
lame de coûteau ; ou même avec le dos d
la ferpette gratter les parties mouffeufe
des arbres. Jamais on ne doit émouffe
qu'après des humidités. On dit arbr
mouffeux , celui qui eft couvert d
mouffe.

MUCOSITÉ , Muqueux , terme d
Médecine pris du latin. Il fignifie la mê
me chofe que lubrique. *Voyez* LUBRIQUE
RACINES.

MULE *de fumier.* Quelques-uns difen
meule. C'eft un amas de fumier qu'on élève
à telle hauteur que l'on veut pour s'en fer
vir au befoin.

MULOTS. Secret pour s'en débarraffer.
Voyez LOIRS. Ce qui eft dit des loirs pour
leur deftruction , eft applicable aux mu
lots.

MURS , ou MURAILLES. Murs coupés
& pratiqués en tout fens. Ce font les pe-

...ts murs pratiqués à Montreuil pour brifer
...vs vents. *Voyez* BRISE-VENTS.

... MUR, *maturité des fruits* ; elle fe fait ap-
...ercevoir, pour peu qu'on ait d'ufage de
... façon de gouverner les arbres. Grand
...nombre les preffe en enfonçant leur pouce
...dans ; ils y font des contufions qui les
...déshonorent & les font pourrir. M. de la
...Quintinie fe fâche rudement contre ces
...iatineurs qui font ainfi des contufions aux
...fruits.

... MUSCLES, terme d'Anatomie. Ce font
...dans le corps humain des parties charnues
...qui font un tiffu de fibres capables de
...contraction, d'extenfion & de relâche-
...ment. Ces mêmes parties fe font apper-
...cevoir en plus d'une façon dans les plan-
...tes. On ne peut, par exemple, fuppofer
...le double mouvement que nous apperce-
...vons fi manifeftement dans la fenfitive, à
...l'occafion de notre attouchement, ou à
...l'occafion du froid & du chaud, de l'hu-
...mide & du fec, qu'en l'attribuant à l'action
...des fibres mufculaires qui entrent dans la
...compofition de fon être, ou dans la con-
...figuration de fes parties. Il eft une infi-

nité de plantes où le semblable se rencontre, c'est-à-dire, ce double mouvement de contraction des muscles & de leur relâchement. Elles penchent leurs feuilles & leurs fanes lors de la grande ardeur du soleil, & au serein, & à la rosée elles les relevent. Les fleurs durant le jour s'épanouissent communément, & se ferment la nuit ; du moins tel est le plus grand nombre, leurs branchages plient au gré des vents, s'élevent & s'abaissent ; or le tout, & autre semblable, ne pourroient avoir lieu, si dans les plantes il n'étoit point des parties musculeuses capables de ressort.

N

LA NATURALISTE eſt celui qui s'applique à la conſidération & à l'étude des effets de la nature dans les êtres vivans & inanimés, qui font partie de ce qu'on appelle
la matiere univerſelle.

LE NATURALISTE, dans ce qui concerne le
jardinage & la végétation, eſt un obſervateur qui ne laiſſe rien paſſer de tout ce
que la nature offre à ſes yeux, ſans le ſaiſir
& ſans l'examiner, pour en connoître la
cauſe & le principe, & agir en conſéquence quant au gouvernement des plantes; c'eſt un obſervateur & un cultivateur
tout à la fois.

Quelques Naturaliſtes ont pris à gauche
& ſe ſont écartés du vrai, en prêtant à la
nature des vues & des idées qu'elle n'eut
jamais. Pluſieurs ont induit une foule de
perſonnes en erreur, à qui ils promettoient
au-delà de toute eſpérance. L'Ouvrage, entr'autres, de Bernard Paliſſi, & autres de

son temps , celui de l'Abbé de Valmon
du Médecin Agricola , ne sont remplis q
d'exagérations , & de toutes choses impr
ticables. Parmi quantité de morceaux e
cellens répandus dans les Mémoires célé
bres des diverses Académies sur l'Agricu
ture & la végétation, il en est où ; fau
d'être cultivateurs, des hommes de gén
d'ailleurs ne rencontrent pas toujours just
& c'est ce que , sans déroger à l'estime &
la vénération dues à leur éminent savoir
nous démontrons en temps & lieu. Plin
entr'autres, est un grand Naturaliste.

NATURE. Ce mot a bien des signific
tions. Le sens le plus usité , quant au Ja
dinage ; & quant à tout ce qui en dépen
c'est celui qui nous représente la nature
comme le principe universel , & la cause
toutes les productions de la terre. C'est ceto
dre admirable & invariable qui regle le cou
ordinaire de tout ce qui se passe dans l
plantes & hors des plantes. C'est l'assem
blage & le concours de toutes les caus
particulieres , qui toutes ensemble coop
rent à la naissance , à la formation , à l'a
croissement , à la conservation ; à la mul

...lication & à la fécondité des plantes.
...est, en un mot, tout ce qui ne dépend
...aucune façon de l'art des hommes; mais
...e cet art toujours suppose comme pre-
...er principe.

...NATURE pris dans un autre sens, veut
...qualité, propriété, vertu, espece. On
...d chaque plante a sa nature particuliere,
...anger la nature d'une terre, qui, par
...e-même, est ingrate & stérile. La nature
...n tel fruit, d'un tel herbage, pour dire
...p rs qualités particulieres.

...NAVRURE, du mot NAVRER, em-
...yé dans sa signification propre en Jardi-
...e. Il est terme aussi de Treillageur &
...Tonnelier. Navrer une branche, c'est
...onner un coup de serpette, ou d'un outil
...nchant, pour ensuite, en appuyant des-
...us, ouvrir l'entaille, après quoi l'on rap-
...che les parties divisées, & on les atta-
...avec une ligature, y mettant l'onguent
...Fiacre. Ce moyen est efficace pour em-
...her, par exemple, qu'une branche ne
...nne trop de substance dans un arbre
...p fort d'un côté, & maigre de l'autre.
...e a lieu en quantité de rencontres. Nous

dirons à quelle occasion nous avons introduit une telle opération dans le Jardinage.

NIELLE, & non pas NUILE; NIELLER
& non pas NUILER, comme disent nombre de Jardiniers. C'est une humeur âcre
qui vient de l'air, & qui endommage beaucoup les plantes.

Quelques Jardiniers charlatans se font
fort, & se vantent de préserver les plantes
de la nielle. Ce sont des fourbes.

Quantité de Physiciens, dans ces derniers
temps, ont donné diverses dissertations sur
la nielle. Ils s'efforcent de remonter à son
origine, à sa cause, & à ses divers effets.
Ils prescrivent divers préservatifs & des an-
tidotes qui n'ont point encore produit
tous les effets qu'on attendoit. Il faut espérer qu'enfin on arrivera à quelque découverte qui comblera nos vœux.

Les moindres des gens de campagne
travaillant à la terre, prétendent que la
nielle des bleds vient tout-à-coup, & se
manifeste en 24 heures. Voici un fait recueilli par tous nos Campagnards.

Le soleil se leve dans toute la splendeur

ne plus brillante , & tout à coup du sein de
la terre , ou d'en haut , on voit éclorre un
brouillard le plus épais. Le soleil , après
avoir cessé pendant quelque temps de darder ses rayons sur la terre , reparoît sur
l'horizon dans tout son éclat. Alors tous
nos bonnes gens de campagne s'accordent
à dire , *gare la nuile pour les bleds* , ou bien,
aurons du velin , pour dire du venin , autrement des insectes de toute nature. En effet,
ce qu'ils prédisent ne manque pas d'arriver.

NITRE , NITREUX , SEL NITREUX ,
termes de Physique. On l'appelle aussi sal-
pêtre. C'est un sel qui est fort répandu dans
toute la nature , sur-tout dans les bâtimens
pyramides , dans ceux qui sont vieux & caducs. C'est une sorte de minéral chaud par
lui-même , sec & mordant , actif & produisant du mouvement. On suppose la nitre être un agent fort puissant pour la végétation. La terre ne pourroit produire
sans lui. Tous les Physiciens l'exaltent au-
dessus de tous les autres agens de la végétation ; & du temps de Virgile , on en sau-
poudroit les terres pour les faire produire.
Il seroit dangereux d'en user sans de sages

Y

précautions. On dit le nitre de l'air, parce
qu'il en porte par-tout avec lui. La neige est
bienfaisante aux plantes, parce qu'elle est,
dit-on, nitreuse, c'est l'opinion com.
mune.

NODUS est un mot latin, qui veut
dire *nœud*. Il est employé dans la Chirurgie, d'où il a passé dans le Jardinage. On
appelle *nodus* dans la Chirurgie toute grof-
seur, soit naturelle, soit contre nature,
qui fait quelque saillie en quelque partie
du corps humain. On dit les *nodus* des doigts
faisant la jonction des articles ; on dit de
même les *nodus* du bled & des autres plantes semblables, où le long de la tige sont
des grosseurs faisant saillie, & ces sortes
de *nodus* sont dans l'ordre de la nature pour
des raisons qui ne sont point du présent
sujet. Les *nodus* qui sont contre nature
sont des tumeurs qui ont pour principe
un dépôt d'humeurs vicieuses : tels dans les
goutteux les *nodus* qui se rencontrent aux
jointures, & qui y font des dépôts d'humeurs virulentes, & aussi les tumeurs &
grosseurs occasionnées dans le corps humain après la guérison de certaines plaie

aux parties offeufes & charnues. Le même
cht dans les plantes, quand, par des coupes
joicieufes & des plaies réitérées, il fe fait en
elles des tumeurs faillantes de quantité de
mourrelets cicatrifans. Une plaie n'eft pas
encore fermée, que l'année fuivante à côté
d'icelle, au-deffus & au-deffous, on en fait
ne nouvelles formant de nouveaux calus,
un auprès de l'autre, ce qui occafionne
es gros *nodus* fi difformes. Une branche,
n gros bois, auront été forcés, tors,
contournés par quelque caufe que ce puiffe
être; alors il s'y forme des *nodus* par l'ac-
creffion du fuc nourricier. Il furvient une
grêle fort groffe fouettée par le vent, laquelle hache, brife, & enleve la peau,
faifant des contufions & plaies fur plaies :
alors par-tout aux vignes, comme aux arbres ce ne font que de ces fortes de *nodus*.
Pour le tout font des remedes fûrs, mais,
ou ignorés, ou négligés.

NOGUETS, ou NOQUETS. Ce terme
eft d'ufage à Montreuil. Ce font certaines
mannes d'ofier fort plates, fur lefquelles
les gens de Montreuil arrangent leurs fruits,
dans de petits paniers d'ofier auffi, pour

les porter au marché. Ces noguets, ils le portent fur leurs têtes. *Voyez* PANIERS.

NOMBRIL. Le nombril des fruits eſt ce qu'on appelle la tête, ou la couronne c'eſt dans les fruits la même choſe que le nombril de l'enfant, qui eſt la cicatrice du boyau coupé, par lequel il tenoit à la mere. Le nombril du fruit eſt dans le même ſens la cicatrice d'une ſorte de petit boyau, par lequel le fruit, avant que d'être noué, tenoit à l'œil, ou bouton de la fleur.

NOUER ſe dit de toutes les plantes qui portent des fruits, ou des graines. Le fruit eſt noué, quand, de la fleur épanouie, ſort le fruit formé en petit. On dit que les graines, ou grenailles nouent, quand la fleur épanouie auſſi fait voir la coſſe formée également en petit.

NOUEUX ſe dit des arbres & de leurs tiges, quand il s'y trouve beaucoup de nœuds & de calus. Ne planter jamais de jeunes arbres dont la tige ſoit noueuſe mais de ceux en qui elle eſt bien unie. Ces nœuds, qui ſont les anciennes plaies de ſouſtractions de branches faites le long de tige, & lesquelles ne font point encore totalement refermées, marquent peu de vigueur dans l'arbre. De plus, quelle différence pour la facilité du paffage & de la communication de la feve par une tige liffe & unie, avec une autre raboteufe, remplie de *nodus* & de cicatrices entaffées l'une fur l'autre, qui font un obftacle au cours de la feve? C'eft la différence d'un ruiffeau, dont les eaux coulent fans obftacle quelconque, d'avec un autre où fe trouvent des pierres & autres, occafionnant des détours. *Voyez* NODUS.

NUD. Planter à nud, c'eft-à-dire, les racines à découvert, & non en mannequin, ni en motte, ni en pots. Toujours planter à nud, on voit ce que l'on fait, & l'on fait à quoi s'en tenir ; autrement on agit en aveugle. Les racines peuvent être enhancies, pourries, chancreufes, &c. fans qu'on puiffe le voir & y remédier.

X 5

O

OBLIQUE. *Voyez* BRANCHES.

OBSTRUCTION, terme qui vient d[u] latin, & qui appartient à la Médecine. [Il] a pour les plantes la même significatio[n] que pour le corps humain. On appell[e] obstruction en Médecine, un engorgement ou embarras causé par la quantité & l'ama[s] des humeurs vicieuses, grossieres, o[u] étrangeres, lequel se fait dans la cavit[é] des tuyaux, & qui forme un obstacle à l[a] circulation des liquides, d'où résultent dif[-] férentes tumeurs, soit intérieures, soi[t] extérieures. Dans les plantes toute obstruc[-] tion vient également d'une humeur vi[-] cieuse, qui fige & qui coagule le suc nour[-] ricier, qui l'empêche par conséquent d[e] couler comme auparavant ; c'est en un mo[t] une affection dans les conduits de la seve [,] laquelle y cause, ou un gonflement contr[e] nature, ou un affaissement. L'une & l'au[-] tre causes, quoique différentes entr'elles [,]

introduifent néanmoins les mêmes fymptomes.

Pour appercevoir, ou ces gonflemens,
ou ces affaiffemens dans les parties des plantes à l'extérieur, ou dans l'intérieur, il faut
être tout autrement Jardinier qu'on ne l'a
été jufqu'ici, de même que pour les prévenir & y remédier.

ŒIL. *Voyez* BOUTON. On dit, en parlant d'une greffe qui eft la plus ufitée,
greffe à œil dormant, celle qu'on fait en
Juillet, Août & Septembre, laquelle ne
pouffe qu'au mois de Mars fuivant. Cette
greffe, appellée autrement en écuffon,
a été appellée à œil dormant, parce que
l'œil femble dormir durant l'hiver.

ŒILLETON, comme qui diroit petit
œil. Ce font de petits yeux en effet, qui
partent de la fouche, qui, peu à peu groffiffent & s'alongent. Ces efpeces de boutons naiffent au pied des plantes, percent
la terre, & forment de petites fouches autour du maître-pied. On dit œilletons d'artichaux. On dit le même des petits rameaux
qui croiffent autour de la fouche, ou des
pieds d'œillets.

Y 4

ŒILLETONNER, c'eſt ôter ces partie qui naiſſent autour de ce maître-pïed. On œilletonne les artichaux, parce que ſi l'on leur laiſſoit tous ces œilletons aux pieds, ils ne pourroient les nourrir tous, & ils avorteroient. De même aux œillets ils affoibliroient le maître-pied.

ONGLET. C'eſt le bois mort reſtant à la coupe d'une branche, laquelle n'a pas été faite aſſez près de l'œil, ou de la branche, & qui forme, par ſon extrêmité, un excédant reſſemblant à la ſaillie, ou l'extrêmité de l'ongle de l'un de nos doigts, quand il n'eſt point coupé.

L'onglet empêche que la ſeve ne puiſſe recouvrir la plaie de la coupe faite à la branche. On ne doit pas laiſſer de ces ſortes d'onglets, ſous prétexte de les abattre l'année ſuivante : c'eſt faire deux plaies pour une, ce qui recule d'autant le recouvrement de la plaie.

ONGUENT SAINT-FIACRE. On a donné ce nom à l'emplâtre faite avec la bouze de vache, ou le terreau gras, ou la terre graſſe, ou même la terre du lieu, à cauſe que

LES Jardiniers ont pris Saint--Fiacre pour leur Patron. *Voyez* EMPLATRE.

M. de la Quintinie s'eſt ſervi du même terme, & pour les mêmes cauſes (1).

OPÉRATION, veut dire action, travail & la pratique de quelque choſe, dans quelque genre que ce ſoit, ſuivant une méthode & des regles.

L'opération ſans la théorie dans le Jardinage, & la théorie ſans l'opération, ſans la pratique, ou l'expérience, ne peuvent jamais rien faire de bien.

OPÉRER, c'eſt travailler en conſéquence des regles dans quelque art que ce ſoit. Que de gens dans le Jardinage, comme en tout autre genre, ſe tourmentent tant & plus, & s'agitent pour ne rien faire! *Operoſe nihil agunt*, dit un Ancien (2).

ORDONNANCE; une belle ordonnance, en terme de Jardinage, c'eſt l'ordre, l'arrangement & la propreté; c'eſt l'aſſemblage de toutes les parties du jardin d'après un plan bien dirigé, ſuivant lequel un jardin eſt conſtruit & dreſſé. La belle ordon-

(1) V. Partie, p. 57 & 59.
(2) Séneque.

nance regarde non-feulement les jardins
propreté , les parterres & les ornemen
mais encore les jardins fruitiers & po
gers. Dans tout , la belle ordonnance n'
autre que l'ordre , la fymmétrie & le ra
port de toutes les parties formant un b
enfemble , & un tout qui plait.

OREILLES. *Voyez* LOBES.

ORGANES , ORGANIQUE , ORGAN
SATION , ORGANISÉ. Tous ces term
font tirés de la Médecine , de la Chirurg
& de l'Anatomie ; ils appartiennent au
aux plantes.

ORGANE eft dans les plantes la mên
chofe que nos organes , tels que l'œil q
eft l'organe de la vue , & les autres. On a
pelle organes dans les plantes tout ce q
fert en elles aux fonctions particulieres q
leur font propres pour les divers effets au
quels la nature les deftine ; les racines , p
exemple , font différemment faites que
tronc , la tige & les branches , & elles o
des fonctions & des deftinations toutes au
tres : elles font les premiers organes d
plantes ; les feuilles font auffi des organ

les plantes, & elles ont des fonctions toujours différentes encore.

On appelle parties organiques des plantes, celles qui, suivant la deſtination de
la nature, produiſent en elles les effets qui
leur ſont propres. Ainſi les premieres parties organiques des plantes ſont les racines. Elles ſont les ſeules qui reçoivent la
nourriture immédiatement de la terre. Toutes les autres parties organiques la tiennent
d'elles. C'eſt ainſi encore que les feuilles
ſont après les racines les parties organiques
les plus néceſſaires, & les plus employées
pour travailler la feve, la préparer, & la
communiquer enſuite à tous les yeux, ou
boutons.

Ce qu'on appelle organiſation, eſt la diſ-
poſition des parties faites pour les effets
auxquels elles ſont propres. L'œil eſt autrement fabriqué par la nature que l'ouie &
l'odorat : de même les racines étant fabri-
quées par la nature autrement que les feuilles, ont des fonctions, & produiſent des
effets tout différens que les feuilles.

Corps organiſé, eſt tout corps vivant ayant
toutes les parties, tant internes qu'exter-

O

nes, propres à lui entretenir la vie & l'a-
tion. Les plantes font des corps organisé
comme les nôtres, & qui ont toutes l
parties qui leur conviennent pour tout
qui eft conforme à leur nature en to
genre.

Les graines & les femences de tout
les plantes, de même que tous les œu
des animaux appellés ovipares, volatils
infectes, font des corps organifés. Jama
nulle graine ne pourroit lever dans terre
ni aucun animal ne pourroit éclorre d'a
cun œuf, fi l'un & l'autre n'avoient vie
On voit dans une graine la plante future
elle y eft repréfentée en petit, comme
plus grand tableau eft tout entier dans un
mignature. De même le plus grand chên
eft en raccourci dans un gland. Tous deu
favoir, la graine & l'œuf, renferment
contiennent chacun en foi un corps org
nifé, avec toutes leurs parties appellées i
tégrantes.

ORIFICE. Il vient d'un mot latin,
veut dire petite bouche, petit trou, petit
ouverture, ou bien petite embouchur
Ce terme eft de la Phyfique, & eft en

Pl. VIII.   *Ibid. P.*

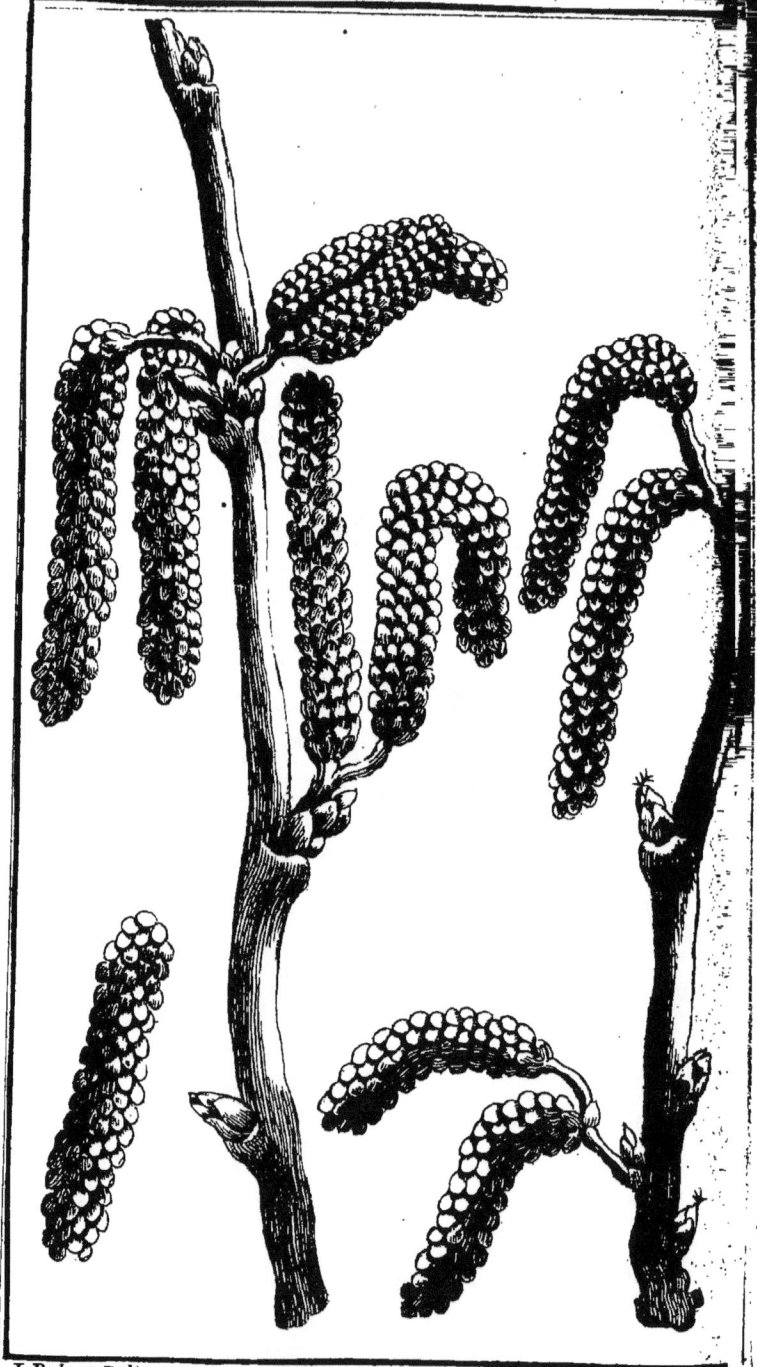

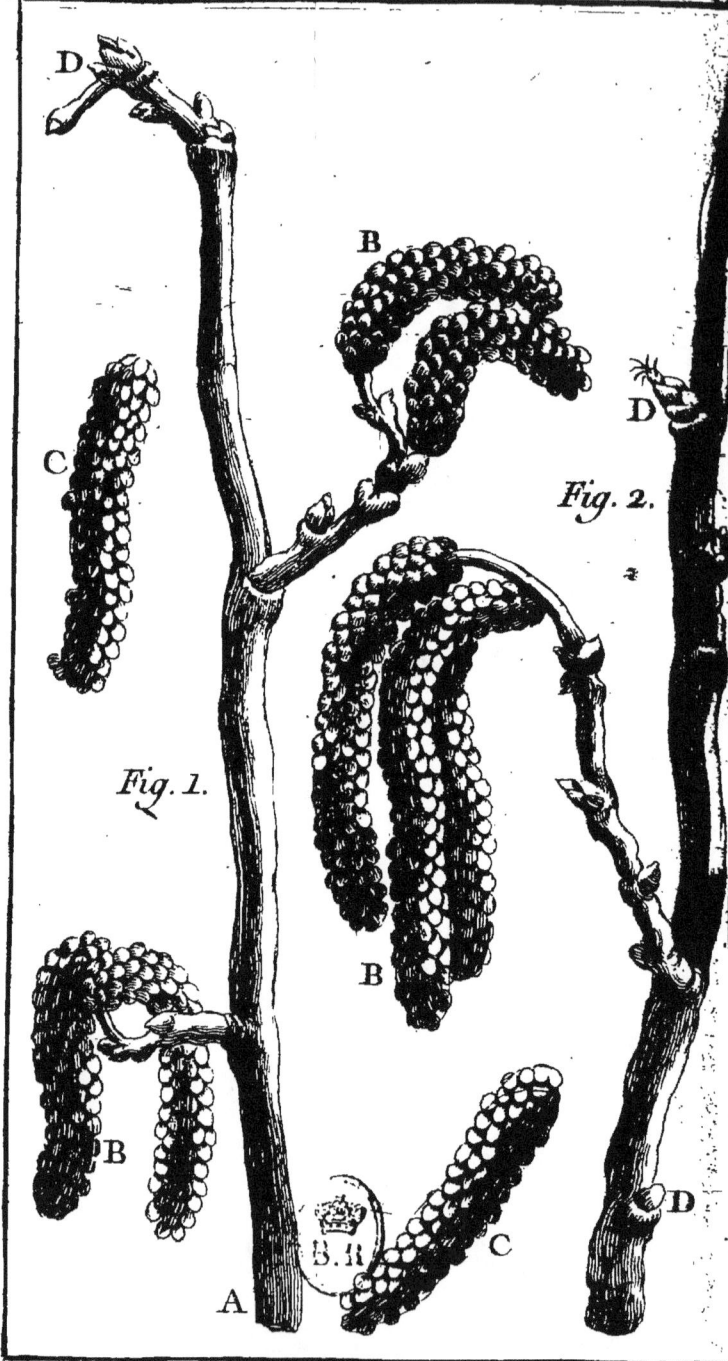

Pl. VIII.

D

B

C

D

Fig. 2.

Fig. 1.

B

B

C

A

B.R

D

J. Robert Delin et Sculps.

...oyé dans le Jardinage & dans la végéta-
...n, pour exprimer toutes les différentes
...vertures qui font dans le tiffu des pro-
...ctions de la terre, & par lefquelles l'air
... la feve leur font communiqués. Il eft
...ns les extrêmités des racines quantité de
...fortes d'ouvertures, ou orifices, par
...quels les fucs font lancés, ou pompés,
...ir être communiqués dans toute la
...nte. Ce qu'on appelle pores dans les
...ntes, font autant d'orifices par lefquels
...bienfaits de l'air leur font diftribués &
...artis.

...OSSEUX. Il vient du latin, & il eft pris
...l'Anatomie. Il veut dire qui fait partie
...l'os, qui eft de la nature de l'os, ou qui
...a la figure, la reffemblance, la dureté
...les qualités, ou bien encore faifant les
...ctions de l'os, & tenant lieu d'un os.

...On appelle racines offeufes celles qui,
...uvertes d'une peau épaiffe, font plus
...res & plus compactes que le bois des
...anches, & qui imitent la dureté de nos
... , ou bien encore celles qui par leur po-
...ion font placées & arrangées comme nos

os dans nos membres pour leur ser
de soutien. *Voyez* LIGNEUX, RACINES

OVIPARE, ANIMAUX OVIPAR
Mot composé de deux mots latins,
veulent dire produisant, engendrant par
moyen d'un œuf. On dit par contra
animaux vivipares ceux qui sont produ
immédiatement dans le corps de quelqu
nimal que ce soit.

Les plantes sont des êtres végétans
même-temps ovipares, qui se reproduis
& multiplient par la voie des graines,
sont des œufs bien réels, tels que ceux
tous les insectes. Ces derniers c'est le sol
ou sa chaleur qui les couve & qui les f
éclorre, & ceux-là germent dans terre,
s'élancent au dehors par la chaleur innée,
le feu central de cette même terre, sec
dée & aidée par celle du soleil.

Il est cette différence entre les anima
ovipares & les plantes, que, quoiqu'el
soient également ovipares, plusieurs d'
tr'elles peuvent être régénérées par d'aut
voies que par les graines, ou les œufs;
voir, par les marcottes, les boutures

Pl. IX.

Page 35

Fig. 2.

Fig.
1.

Fig. 3.

Fig. 4.

A

C

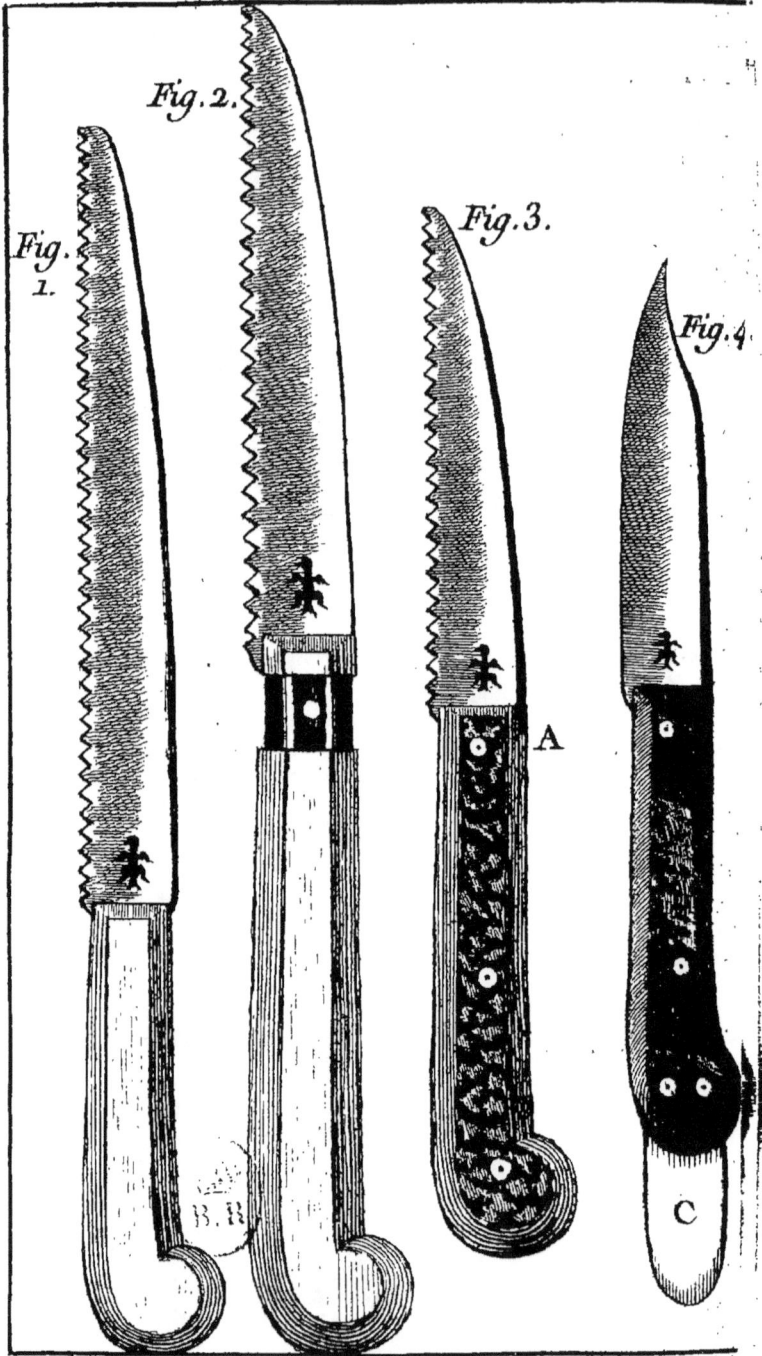

J. Robert Delin. et Sculps.

Pl. X.

Page 3.

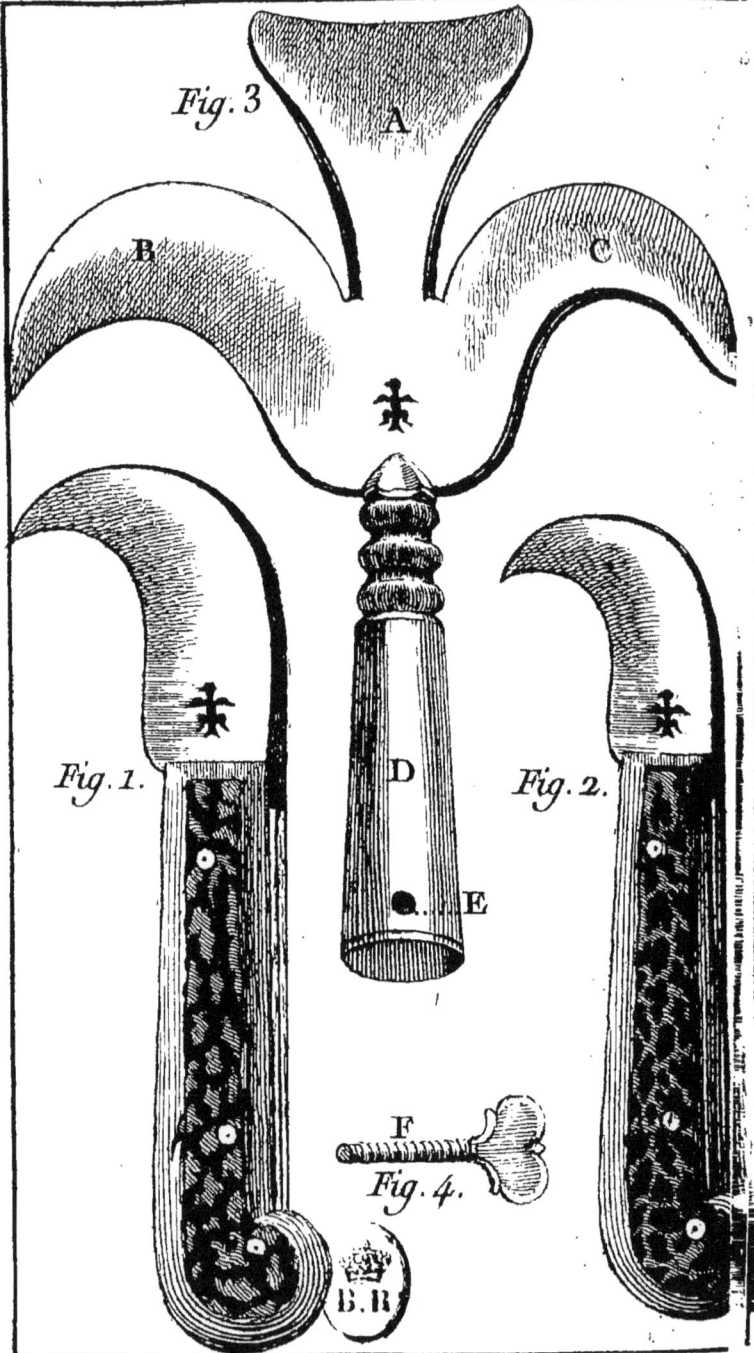

Fig. 3

A

B

C

Fig. 1.

Fig. 2.

D

E

F

Fig. 4.

B. R

J. Robert Delin. et Sculps.

Pl. XI.

Page 3

Fig. 4.

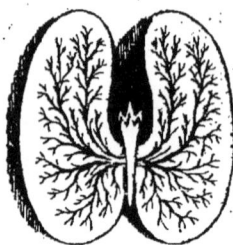

Fig. 5.

Fig. 2.

Fig. 1.

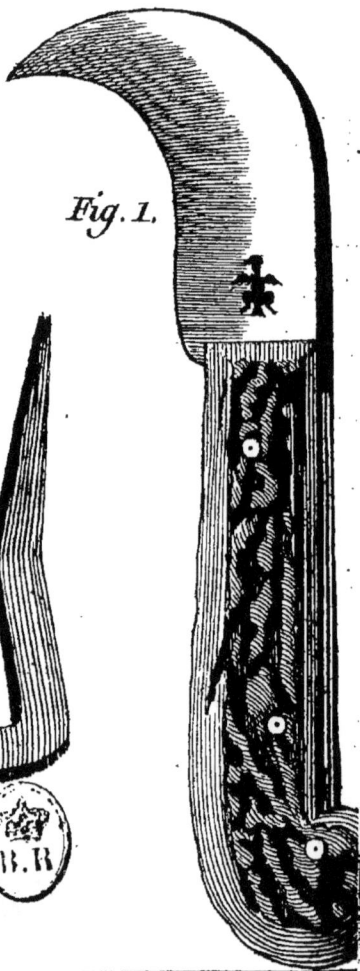

Fig. 3.

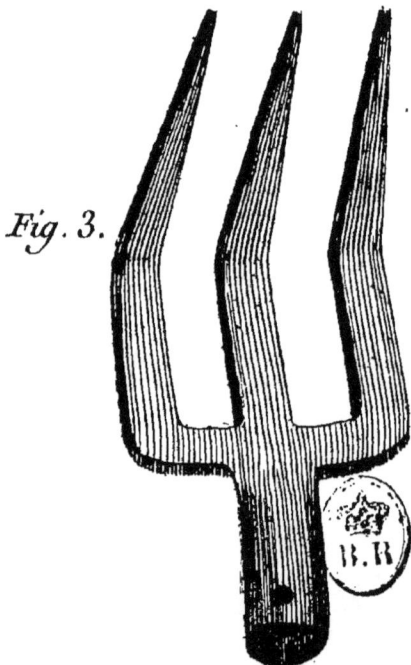

J. Robert Delin. et Sculps.

rejetons, privileges dont ne peuvent
jouir les animaux ovipares.

OUTILS, ou INSTRUMENS DE JARDI-
NAGE. Ce sont les uftensiles propres à opérer dans tout ce qui est du reffort de cette
profession.

Trois fortes d'outils fervant aux travaux
du Jardinage, des gros, des moyens &
des petits. Les gros, tels que les diverfes
pelles, fimples & doubles, les bars, les
civieres, les brouettes, les arrofoirs, &c.
appartiennent d'ordinaire au maître : on
les donne par compte au Jardinier qui doit
les bien foigner. Les outils moyens ; favoir, les beches, les rateaux, ratiffoires,
les ferpe, marteaux, &c. font d'ordinaire, & prefque toujours au Jardinier.
Enfin les petits outils leur appartiennent
feulement, & tels font les diverfes ferpettes & fcies à main, le greffoir, &c. Mais
parce que les Jardiniers font montés au
plus mal, & que l'ouvrage n'en va pas
mieux, nous avons examiné d'où venoit
la faute, & nous avons reconnu qu'elle
venoit toute de la part des Couteliers, qui
ne furent stylés & dreffés jufqu'ici à fabri-

quer ces fortes d'outils d'après des regl...
En conféquence , nous avons jugé à p...
pos , pour le bien des uns & des autre...
d'établir une réforme quant à ce poi...
Depuis environ une vingtaine d'ann...
qu'elle eft établie , il eft prefqu'incroya...
combien a été grand le débit de ces...
tes d'outils de nouvelle invention. Ils f...
repréfentés dans la planche ci-jointe. Il...
faut que les comparer avec ceux faits j...
qu'à préfent, pour juger de leur utilité...
de leur fupériorité au-deffus de ceux...
anciens. Voyez comme ces derniers f...
figurés dans M. de la Quintinie , tome...
partie IV, p. 520. Les ferpettes ont une la...
alongée , de la longueur même du manc...
& ne font que médiocrement courb...
par le bec. Le manche eft fort court...
reffort affleurant la garniture du manc...
& l'entaille de la lame qui emboîte le...
fort étant également à fleur du manc...
comme le tout eft à tous les couteaux...
cloud rivé de la lame eft , par une coi...
quence néceffaire , fur le petit bord...
manche , ce qui n'eft rien moins que...
lide. Au contraire aux ferpettes de n...

       invent...

invention le manche est d'un pouce plus long ; le ressort, au lieu d'être à fleur, est plus court au moins d'une ligne ; par conséquent l'emboîture de la lame descend d'une ligne de plus, & le cloud rivé se trouve plus bas d'autant, ce qui fait qu'une partie de la lame est enfermée dans le manche, & jamais elle ne peut, ni s'ébranler, ni se casser : la longueur de la lame ne faisant qu'embarrasser, nous avons tenu la nôtre beaucoup plus courte. Enfin le bec de la lame des anciennes serpettes étant tiré fort en long, & étant fort peu courbé, ce qui aussi empêche qu'on ne puisse faire l'ouvrage proprement, commodément & promptement, nous avons jugé à propos de donner aux nôtres beaucoup plus de croissant.

Ces serpettes de notre invention sont de quatre sortes : des grosses, pour les gros ouvrages, quand on veut travailler dans des haies, les broussailles & dans les bois : de celle-ci nous ne donnons point de modèles, parce qu'elles sont d'un usage peu fréquent dans le Jardinage ; des moyennes pour tous les ouvrages quelconques ; d'au-

Z

trés d'après celles-là , & qu'on nomm
demi-ferpettes , pour les moindres ouvr
ges ; enfin des petites appellées ferpillon
qui font de la plus grande commodi
pour l'ébourgeonnement & le paliffage,
pour nombre de menues befognes, con
me pour marcotter des œillets, tailler l
melons & concombres , &c.

Les greffoirs font auffi fabriqués diff
remment ; la lame en eft moins maffive
& le manche pareillement.

Quant aux fcies à main , nous avon
cru auffi devoir les rendre plus commod
& portatives que celles de M. de la Quint
nie. Voyez le tome 1 , IV partie, p. 22
Le manche en eft rond , & par fon extr
mité il eft du double de la groffeur d'c
haut. De plus , ces manches font tro
courts , & les dents de la fcie fort groffe
Les fcies qui font ici figurées font tou
l'oppofé. Il en eft de diverfes fortes & gran
deurs , fermantes & non fermantes ,
manches de buis & de corne de cerf: nou
préférons ces dernieres , qui ferment à re
fort , à celles de buis fermantes à virol
On peut allonger les lames & les manch
d'un pouce de plus. Quoi qu'il en foit

ces scies à main, beaucoup plus commodes que les anciennes, néanmoins nous pensons qu'on peut enchérir sur nous. C'est à chacun à s'aviser à ce sujet.

Pour les uns & les autres de ces outils, nous n'avons rien trouvé de mieux parmi les Coutelliers de Paris, que le nommé Bosnier, rue des Cinq Diamans, au coin de la rue Ogniart, quartier S. Merri, à l'Aigle d'Or. Sa trempe est parfaite. Convenu avec lui que, si quelque serpette se trouvoit pailleuse, ou graveleuse, il la reprendroit. Nous avons aussi fixé, de concert avec lui, les prix suivans; les grosses serpettes à 3 livres, les moyennes à 40 sols, & le reste à 30 sols; les grandes scies à main de buis à virole à 4 livres & à 5 livres, suivant leur force, & les autres moyennes de corne de cerf à 3 livres. Comme nous ne prétendons point favoriser un seul au préjudice d'autrui, il ne tiendra qu'aux autres Coutelliers de Paris & de la Province, d'en faire de semblables. Le grand débit qu'en ont fait avant ledit Bosnier quelques Coutelliers, & lui-même, dépose en faveur de ces sortes d'outils. A la priere

Z 2

dudit Bofnier, nous avons joint ici un mo-
dele d'échenilloir, qui n'eft pas de notre invention.

OUVERT, OUVRIR, terme pris dan
fa fignification propre. Il fe dit de tou
arbre d'efpalier, dont les branches, a
lieu d'être ferrées & rapprochées les un
contre les autres, font à des diftances pr
portionnées, qui, au lieu d'être en forn
d'éventails montées perpendiculairemen
font un peu déverfées & couchées fur l
côtés, formant un V un peu ouvert. *Voy*
BRANCHES, PERPENDICULAIRE.

P

PAILLASSON; c'eft un affemblage
pailles longues de froment, de feigle
autres, qu'on arrange les unes près des a
tres à une certaine épaiffeur, & qu'on
tache enfemble, foit avec des ficelles, f
avec des ofiers fur des échalas, fuivant
longueur & une étendue plus, ou mo
grandes, & déterminées quant au befo

Les paillaffons & les brife-vents, ainfi que les autres abris, font dans le Jardinage, par rapport aux plantes, ce que font dans les appartemens les paravents, ainfi appellés, parce qu'ils parent du vent. *Voyez* SUVENT, Brise-vent.

PALISSADE vient de l'art Militaire. Il eft en Jardinage le même, quoique dans un autre fens. Ce qui, en terme de fortification, eft un affemblage de pieux mis dans terre, pour fe défendre contre l'ennemi, eft un affemblage d'arbres & d'arbriffeaux plantés près à près d'un feul rang formant une tapifferie verdoyante de telles longueurs, hauteur & figure que ce foit. Cette paliffade fe tond au croiffant, ou aux cifeaux.

PALISSER, Palissage ont une femblable origine, à caufe qu'en arrangeant proprement les rameaux des arbres, chacun fuivant fa place naturelle fur une muraille, ou fur un treillage, l'arbre forme la figure d'un paliffage bien ordonné. Quelques-uns difent paliffader, mais fort mal.

PALISSAGE eft l'action d'arranger & d'attacher à un mur, ou à un treillage au

Z 3

moyen de quoi que ce puisse être, avec or
dre, & d'après des regles, les diverses bra
ches & les bourgeons des arbres & des arbri
seaux.

Le palissage à la loque est le plus parf
de tous. *Voyez* LOQUE.

PAMPRES, ou RAMEAUX VERDS; c'
la même chose. Le mot de pampres se
de la vigne plus particuliérement que c
autres plantes; ce sont les bourgeons cha
gés de raisins.

PANIER a plusieurs significations d
le Jardinage, & est de l'usage ordinai
suivant lequel, panier vient de pain,
corbeille dans laquelle on met du pain.

PANIER pour cueillir les légumes &
fruits. On a à Montreuil des especes
mannes longuettes, ayant de fort petits
bords & une anse dans le milieu; on le
nomme des noguets. Rien de mieux po
cueillir des fruits, même pour cueillir
provision des denrées du jardin, les f
n'en sont pas considérables. *Voyez* N
GUETS.

PANIER, *arbres en panier. Voyez* MAN
QUIN.

PARADIS. C'eſt le nom qu'on donne à ne petite pomme, dont l'arbre croît peu, qui reſte toujours fort petit, & qui n'a auſſi ne des fruits fort menus. On greffe ſur les rbres de cette eſpece toutes ſortes de pommes, qui y deviennent fort groſſes; mais arbre reſte toujours petit, & rapporte promptement & en abondance.

On dit planter ſur franc, quand on plante des pommiers greffés ſur des arbres venus de pepins, ou de boutures, & planter ſur paradis, quand on plante des arbres greffés ſur ces pommiers de pommes appellées pommes de paradis. Enfin greffer ſur doucin, appellé ainſi, parce que l'arbre porte des pommes douces, & que ſur es pommes douces on greffe diverſes pommes.

PARENCHYME. Mot grec, terme d'Anatomie. Dans cette ſcience, on entend par ce mot une ſubſtance cellulaire contenant un fluide. La rate eſt un parenchyme. Ce mot a lieu par rapport à l'Anatomie des plantes. C'eſt proprement la partie de toute plante & de tout fruit qui répond immédiatement à la peau intérieure des uns &

des autres , & qui eſt un peu plus poreuſe
C'eſt là ce que dans les gros arbres on appell
plus particuliérement l'aubier. Cet aubie
eſt un parenchyme à cauſe de ſes partie
molles , cellulaires & étendues dans la cir
conférence de l'arbre & de chaque parti
qui le compoſe. Le parenchyme d'un
graine , comme d'une amande , par exem
ple , eſt la partie moins compacte & plu
poreuſe qui compoſe les lobes. *Voyez l*
Traité d'Anatomie des Plantes par Grewe
célebre Phyſicien Anglois.

PAROIS , terme d'Anatomie. C'eſt tout
partie du corps humain qui unit & ſépar
tout enſemble. Par exemple , la partie car
tilagineuſe intermédiaire du nez qui ſépar
les deux narines , s'appelle un parois. Ce
mot eſt employé dans ce même ſens par ap
plication aux végétaux ; ainſi toutes le
membranes , les tuniques , qui , dans eux
ſervent d'enveloppes aux différentes parties
d'eux-mêmes , comme la peau , ſont au
tant de parois qui ſéparent & conjoignent
ces mêmes parties. Parois , ou contours
intérieurs des vaiſſeaux contenant quoi que
ce ſoit , ſont la même choſe. Ainſi lors du

froid les parois des veines se retirent, ils se
rétréciffent, ils se rapprochent; & lors du
chaud, quand le fang abonde, ces mêmes
parties prêtent, s'étendent & fe dilatent:
tels, dans l'ordre de la végétation, les
vaiffeaux lymphatiques des plantes. Confidérez, lors des grands froids, les plantes
dans jardins, & au-dehors les bleds & autres, leurs parois font tellement rapprochés, qu'à peine les voit-on, & quand le
dégel arrive, vous les voyez couvrant la
terre, que les uns & les autres tapiffent d'une
riante verdure.

Jadis on se servoit du terme de parois,
pour dire une muraille servant à clore & à
feparer un terrein d'avec celui du voifin.

PARTICULE veut dire petite partie. On
appelle, en Phyfique, particule, tout ce
qui échappe & fe détache de toute matiere d'une façon infenfible, ou impercep-
tible. La tranfpiration infenfible des corps
n'eft autre que l'émanation des diverfes particules de nous-mêmes, qui s'évaporent à
tout inftant. Les odeurs ne font autres que
des particules émanées des fleurs & de tout
ce qui rend des odeurs. Ces particules font

réparées en nous par les nourritures &
autres parties subſtantielles , & ſe reno
vellent continuellement. Quatre perſo
nes ſont dans une voiture , dont les glac
ſont fermées , à l'inſtant les glaces ſont te
nes. Ces mêmes particules émanent
nous & de tous les animaux vivans ,
produiſent dans l'air des traces & des ve
tiges de nous-mêmes. C'eſt à ces veſtig
& à ces traces que l'animal , ſymbole
la fidélité , reconnoît ſon maître , & le di
tingue de tout autre.

Lors de la grande ardeur du ſoleil , tout
les plantes ſont lâches , veules , molles ,
ce qu'on appelle fanées , parce que l
particules humides qui les abreuvoient
les imbiboient , ſont enlevées & évaporée
Qu'il ſurvienne une pluie , d'abord tout
réparé , & tous les vuides ſont rempli
au moyen de quoi il ſe fait de leur part u
nouvel envoi de ſemblables particules
qui perpétuellement a lieu , plus ou moin
& perpétuellement ſe répare, plus ou moi
auſſi ; telle en nous la double tranſpiratio
ſenſible & inſenſible.

PASSER. Ce terme a pluſieurs ſens da

le Jardinage. On dit entr'autres , paffer par-deffus l'ouvrage, quand on fait toutes chofes fuperficiellement, quand les Jardiniers s'embarraffent peu fi l'ouvrage eft bien , ou mal , pourvu qu'il paroiffe fait.

PASSÉ fe dit des fruits trop mûrs, & qui n'ont plus de gout.

PASSER *à la claie* ; c'eft jetter la terre avec la pelle fur une claie faite de grand ofier , & qui eft un peu à claire voie afin que la terre puiffe paffer à travers , & que les pierres reftent en - deçà au bas de la claie.

Jamais ne planter, ni remuer les terres où il y a des pierres & des cailloux fans les paffer à la claie.

Jamais non plus ne paffer à la claie que de bonne terre ; paffer de mauvaife terre à la claie , comme font quantité de gens , c'eft perdre fon temps , fa peine & fon argent.

PEAU. C'eft dans les arbres la même chofe qu'en nous. La peau eft ce qui couvre nos chairs , nos offemens , & tout notre corps à l'extérieur. Dans les plantes , c'eft ce qui fert d'enveloppe à toutes les

parties intérieures qui composent les plantes. Les racines, les branches, les fleurs
les bourgeons, les feuilles, les fruits & les
graines, ont tous des peaux particulières
Voye SURPEAU.

Les peaux des plantes ont divers usages
comme les nôtres. C'est d'abord pour contenir toutes les parties internes & leur servir d'robe, d'étui, de fourrure, &c. ensuite
pour parer tout ce qui pourroit endommager les parties internes que ces peaux renferment. C'est encore pour servir à ce qu'on
applle la transpiration & la respiration
Toutes les peaux des plantes sont criblées de
petit trous imperceptibles comme notre
peau & par ces trous déliés, l'air pénetre
les rsées s'insinuent, & aussi l'air en sort
le soeil & l'air en pompent l'humide qui
leur ft rendu par les rosées, ou par l'humidité de la nuit. Toutes ces choses ont
lieu par l'entremise des peaux des plantes.

Il y a point de peau dans les plantes,
ou dans les parties d'elles-mêmes, qui ne
soit ouble, comme en nous. Toujours
il y a ne premiere peau, qui est étendue
sur la seconde ; la premiere est toujours

...rt mince, à cause de quoi on la nomme ...llicule, ou petite peau ; puis une autre ...r laquelle cette petite peau est collée.

Les peaux des arbres sont différentes ...ce qu'on nomme écorce, & non écos-... On appelle communément écorce ...te partie extérieure des arbres, qui a ...peau en son temps, & qui, par la suite, ...devenue fendue de toutes parts, & ...ailleuse, ou toute par écailles. De ces ...ailles la nature se débarrasse peu-à-peu, en ...poussant dehors par parcelles ; mais ...toujours sous ces écorces écailleuses, est ...ue peau qu'on appelle surpeau, autrement ...t en Chirurgie épiderme, ou peau de ...ssus, puis la peau qui est appliquée sur ...bois, ou sur la partie solide de toute au-...plante. *Voyez* ÉCORCE.

PÉDICULE, tiré du latin. C'est un di-...minutif de pied, comme qui diroit petit ...ied. Par ce mot on entend la partie des ...uilles, des fruits, des fleurs, des grai-...es, des boutons & des bourgeons qui leur ...ert d'attache, où le tout est né. Le pé-...icule d'un fruit est l'endroit de la queue ...ar lequel cette queue est enchassée ; ou

encaftrée dans la branche qui l'a produit.
Elle y eft placée, comme on dit en term
d'art, en queue d'aronde, ou comme n
diamant dans fon chaton.

PELLE, inftrument du Jardinage, vie
du mot de peller, en ce qu'enlevant
deffus la terre les immondices avec un
pelle, on la rend unie comme la pea
C'eft un outil de bois plat & large, un pe
creux dans le milieu, avec deux rebor
aux côtés & un manche.

Il eft des pelles de fer applati, fort minc
ayant une douille auffi de fer, & un mai
che de bois. Elles font d'une grande utili
pour enlever la terre meuble. Cette pell
de fer n'eft point employée dans le Jard
nage, mais fort mal à propos, car elle a d
grands avantages.

PELLICULE. Mot latin, diminutif d
peau, comme qui diroit petite peau. C'e
une membrane mince & fort déliée qui cou
vre une autre peau. *Voyez* CUTICULE, Épi
DERME.

PÉPINIERE. Originairement c'étoit u
lieu confacré à la femence des pepins pou
y élever des arbres provenans de ces pepin

mais à présent c'est un endroit où l'on éleve toutes sortes d'arbres, d'arbrisseaux & d'arbustes fruitiers & non fruitiers. Les meilleures pépinieres sont celles de Vitry, mais on arrache, au lieu de *lever*; au moyen de quoi on ne peut avoir de la satisfaction des plantations.

Les pépinieres d'Orléans sont un grand débit, & l'on y arrache comme ailleurs.

Quant à celles des Chartreux de Paris, c'est le même à cet égard. Ces pieux Anachoretes font commerce d'arbres pour le seul bien public. On sait d'eux-mêmes qu'elles leur causent plus d'embarras que de profit; autre chose est d'exploiter par soi-même, comme font tous les autres Pépiniéristes, & autre chose de faire façonner par autrui. Ils sont trop honnêtes gens pour tromper, mais ils ne sont pas exempts d'erreur. Ils confondent l'Abricot de Nancy avec ce qu'on appelle *Abricot-Pêche*, qui sont aussi différens l'un de l'autre, que l'Abricot commun de tous ceux des autres espèces. Il a fallu regreffer sur vrais Abricots-Pêches, tous les Abricots de Nancy par eux fournis pour le Roi

*

Choify, ainfi que chez les principaux Seigneurs de la Cour. Nous donnons un Trait
des Pépinieres. Nul jardin de certaine grandeur où ne doive être pépiniere convenabl

PÉPINIÉRISTE eft celui à qui appartien
la pépiniere, ou du moins ce qui eft fur
terre : c'eft celui qui la feme & la plante
qui en cultive les arbres, & qui en fa
commerce.

PERCE-OREILLE, animal long d'en
viron un demi-pouce, étroit & plat, ayat
deux pinces, avec lefquelles il entame,
ronge, il perce & déchiquete les feuilles
& mange les fruits. Il a à l'extrêmité de fo
corps deux petites pointes en forme de croi
fant. Cet animal fe refugie communémei
fous les feuilles dans lefquelles il s'enferm
Là il tend une forte de petite toile blanche
il y dépofe fes œufs & meurt. Il fe refi
gie également dans les creux des murai
les, dans les replis des écorces d'arbres,
dans toutes fortes de recoins. Il n'éclot qu
lorfqu'il y a de la verdure formée, vers
fin d'Avril. Il eft des fecrets infaillibles po
détruire cette pefte des jardins. On te
des cornets de papier, ou des tampons

feuillag

...uillages dans lefquels il fe refugie. On les
...coue tous les matins , & même dans le
... urs ils tombent , & on les écrafe. Il
... paroît communément que la nuit.

... PERCER. Ce mot fe dit en Jardinage
... fujet des plantes en caiffe que l'on arrofe.
...n dit , en parlant des arrofemens qu'on
...t aux orangers , qu'on veut arrofer à
... nd, il faut les baigner & les percer,
...ft-à-dire , jufqu'à ce que l'eau paffe à
...vers les joints de la caiffe par en bas.

... PERPENDICULAIRE , terme de Géo-
...métrie. Ce terme a lieu dans le Jardinage,
...rticuliérement par rapport aux branches
...i montent droit , foit de la tige , foit du
...nc de l'arbre. On les nomme encore
...anches verticales. Ces branches dans les
...bres dévorent toujours les latérales & les
...liques. Jamais il ne faut laiffer à tous
...res quelconques que des branches obli-
...es & latérales. Obferver qu'il eft ici quef-
...n d'arbres fruitiers en efpalier & en
...ntre-efpalier, & non des autres quelcon-
...es.

...Quant aux branches perpendiculaires qui
...loiffent fur les obliques , comme elles ne

Aa

le font pas directement, ni primitivement
elles ne peuvent emporter la feve, à moi
qu'elles ne fuffent branches gourmande
alors fi elles font mal placées, on les fu
prime. L'expérience ici, comme dans
refte, eft un juge fans appel. *Voyez* BRAN
CHES.

PÉTALE, terme de Botanique. On
fait pas trop pourquoi l'on a appellé
ce nom les feuilles formant les fleurs. O
dit monopétales, polypétales, les fleu
qui n'ont qu'un rang de feuilles, ou ce
les qui en ont plufieurs. Ce font des v
riétés de la nature, dont on ne peut rend
raifon.

PHÉNOMENE. Mot qui vient du grec
il eft de la Phyfique ; il fignifie tout c
qui eft apparent dans la nature, ma
dont on ne connoît pas la caufe, ni le pri
cipe.

On appelle communément phénomen
tous les événemens qui s'offrent à nos yeu
dans les effets de la nature, foit dans l'a
& dans le ciel, foit fur la terre, foit enfi
dans tout ce qui compofe la matiere un
verfelle, & dont on cherche les caufes pa
ticulieres.

Les phénomenes du Jardinage font tous les effets de la végétation que bien nous appercevons, mais dont nous ignorons les vrais principes. Cet art offre de toutes parts à nos yeux des phénomenes fans nombre & à tout inftant. Le vulgaire du Jardinage, qui en eft le témoin oculaire, n'en appercoit quoi que ce foit, lefquels les favans ne peuvent appercevoir, parce qu'ils ne pratiquent pas.

PHYSIQUE. *Voyez* EXPÉRIMENTALE.

PHYSICIEN, vient du grec. Il veut dire obfervateur de la nature ; tous les Jardiniers devroient être tels, du moins jufqu'à un certain point, & comme le font les gens de Montreuil. *Voyez* OPÉRATION, *Voyez ci-après* PRATIQUE.

PIE, ou PIED. C'eft la partie d'en bas de toute plante, celle qui eft à la fuperficie de la terre, où eft la jonction du tronc avec la tige. On dit le pied d'un arbre, un pied de vigne, &c. le pied du mur.

Le mot de pied en Jardinage fe prend fouvent pour la plante même. On dit un beau pied d'arbre, un pied de fraifier, de

chicorée, de cardon, de melon, de concombre, de céleri, un pied d'œillet, de
baſilic, de giroflée, &c.

PIÉTINER *la terre. Voyez ci-après* TRÉ-
PIGNER.

PINCEMENT, PINCER, c'eſt arrêter &
caſſer, ou couper par les bouts les bourgeons de la pouſſe de l'année, quand ils ſon
à une certaine longueur.

Ce pincement eſt en uſage univerſelle-
ment dans le Jardinage, excepté à Montreuil, & chez toutes les perſonnes qui font
uſage de leur raiſon.

Comme on a trouvé ce pincement établi & pratiqué dans le Jardinage, on a
imaginé qu'il ne pouvoit être que bon ſans
autre examen. Cependant il eſt la ruine des
arbres. Tout ce que diſent les partiſans de
cette opération meurtriere des arbres pour
la juſtifier, n'eſt qu'un pur radotage enfanté
par l'ignorance.

PINCER, c'eſt, avec l'ongle du pouce
& le ſecond doigt, caſſer l'extrêmité d'un
rameau tendre, ou bien, quand le rameau
eſt devenu bois dur, l'éclater par le bout
avec les doigts, ou le couper avec la ſerpette; ainſi font tous les Jardiniers pin-

...eurs au grand détriment des arbres.
Il est pourtant des occasions où l'on
pince à Montreuil, mais c'est avec discernement, ou dans le cas requis : par exemple, lors de la taille, au lieu de faire des
coupes aux bourgeons latéraux, ou de côté
des arbres en buisson, & même de ceux
en éventail, ce qui fait d'un arbre un nid
de pie ; ne faire que pincer & éclater par
les bouts, & vous êtes sûr d'avoir, en peu
de temps, des fruits à l'infini ; & par après,
d'année en année, vous rapprochez tant &
plus, suivant le besoin.

Voici encore une occasion où le pincement a lieu, où même il est nécessaire.
Vous voulez dompter un gourmand de
milieu, & en faire une branche avanta-
geuse pour garnir votre milieu. Si vous
le laissez pousser à sa volonté, il absorbera
toute la seve, il appauvrira les autres branches, & ruinera tout votre arbre. Quand
donc il a environ deux pieds de long, vous
le ravalez & le réduisez à un pied seulement. Alors les yeux au-dessous du pincement poussent plusieurs bourgeons que
vous étendez en palissant ; & au bout d'un

mois, vous le raccourciſſez encore, en ra-
valant de nouveau ſur les bourgeons qui
ont pouſſé plus bas. C'eſt le cas encore
d'un buiſſon que vous voulez former, &
qui ne pouſſe qu'une ſeule branche, ou
deux branches; vous pincez alors pour
faire drageonner. Enfin vous pincez heu-
reuſement & à propos une giroflée & autres ſemblables pour les évaſer, quand, ne
pouſſant qu'un jet, elle s'étoileroit. Hors
ces cas, & leurs pareils, c'eſt, en Jardinage, un crime énorme de pincer; néanmoins un tel pincement eſt de pratique
univerſelle, & même il eſt preſcrit par
tous les livres. Tous juſqu'ici, faute de
lumieres, faute de phyſique & de réflexion,
ſe ſont entendus à détruire ainſi, ou du
moins à troubler étrangement l'ordre & le
méchaniſme de la nature.

PIOCHE eſt un outil du Jardinage connu
de tous. Quelques-uns l'appellent auſſi be-
ſoche. Ils ne different qu'en ce que l'une eſt
un outil pointu, en langue de chat, &
l'autre eſt camus, applati & large à ſon extrêmité.

PIVOT. Ce terme eſt pris des différens

...ts. On dit une porte qui roûle sur son
...vot, quand elle est supportée par un mor-
...au de fer, qui est perpendiculairement
...n dessous. C'est d'après cette idée qu'en
...jardinage on a appellé pivot, ou racine
...pivotante, la grosse racine d'un arbre, la-
...quelle est placée immédiatement sous le
...tronc, & qui darde en terre.

...Tous les Jardiniers se sont accordés jus-
...qu'ici, & s'accordent encore dans la prati-
...que de supprimer tout pivot à tout arbre.
...Qu'on en demande les raisons, il n'en est
...que de si misérables, qu'elles font pitié.
...Telle est la force du préjugé & de l'igno-
...rance.

...La plupart des jeunes arbres ne périssent
...que par-là. Il est à ce sujet une observation
...la plus importante, également ignorée par
...les Physiciens & par les Jardiniers; savoir,
...qu'en supprimant un pivot, comme le
...prescrivent tous les livres du Jardinage, &
...comme tous les Jardiniers le pratiquent;
...deux événemens s'ensuivent: le premier,
...c'est le dépérissement, la langueur, & sou-
...vent la mortalité de l'arbre: faites une ex-
...périence à ce sujet. Passez votre main dans

terre fous le pivot coupé, & vous trouverez que le tronc qui eft le réfervoir commun de la feve, où toutes les racines reportent, ne peut plus contenir la feve, fe
trouvant à jour perpendiculairement en-
deffous, & que la terre eft trempée à cet
endroit-là même, comme fi elle avoit été
mouillée exprès, & cela durant un affez
long temps, jufqu'à ce que, ou l'arbre
meure, ou que la plaie guériffe, quand l'arbre eft affez vigoureux pour foutenir cette
cruelle opération.

La feconde obfervation n'eft pas moins
certaine; favoir, qu'à la place du pivot
coupé, la nature, quand l'arbre reprend,
fait éclorre du tronc un autre pivot, ou
des racines pivotantes, équivalentes au pivot récepé. Vifitez tels arbres un an, ou
deux ans après, & vous en ferez convaincu. Ces deux points font inconteſta-
bles. Pourquoi donc priver une plante d'u-
ne partie effentielle d'elle-même, dont la
privation lui eft mortelle, ou que la nature
eft obligée de reproduire? Enfin toutes les
plantes imaginables, à l'exception des plantes bulbeufes & de quelques arbres & ar-

...sistes à racines, qu'on appelle fibreuses, ...nt incontestablement un pivot; persil, ...seille, carottes, panais, cardons, raves, ...noux, chicorées sauvages, &c. ainsi que ...us les arbres des forets plantés par la na-...ure.

Mais voyez tous les arbres des forêts qui ...roissent d'eux - mêmes : ils ont leur pi-...ot; viennent-ils moins bien ? Au con-...raire.

On peut ajouter un troisieme fait; savoir, ...u'un arbre qui a son pivot, profite plus ...en trois ou quatre ans, que l'autre en dix. ...l'est encore une épreuve à faire.

Malheureux le Jardinage contre lequel ...homme d'esprit, comme le stupide, cons-...irent également; ils semblent travailler à ...venvi à sa destruction. Tous s'accordent, ...ontre toute vraisemblance, à supprimer ...e pivot, qui est une partie essentielle des ...rbres. Il ne faut point d'effort de génie; ...n ne faut que du bon sens pour apperce-...oir la nécessité du pivot dans toute plan-...e, puisque la nature le procrée dans toutes ...es plantes imaginables, à l'exception des ...plantes bulbeuses & à racines fibreuses, à

qui, par un ordre particulier de cette m.. .
commune des végétaux, il n'eſt point i.
ceſſaire, parce qu'il ne peut y avoir li.
Parmi ceux des Auteurs modernes conj.
rés contre les pivots, il en eſt un, fa
galant homme d'ailleurs, qui leur en ve
juſqu'à la mort. Il appréhende tellem...
qu'on n'oublie de les proſcrire, qu'en ce..
endroits de ſes Écrits il en ordonne la ſu..
preſſion. Quel acharnement, grand Dieu..
mais ſur quoi fondé ? Nulle raiſon.

Voulez-vous planter ſans couper le p..
vot dans un terrain qui n'a point, ou qu..
fort peu de fond ? Courbez-le en genoui..
lere, par ce moyen vous ferez de lui un..
racine horizontale ; & quant aux autr..
racines, qui piquent en en bas comme l..
pivot, courbez-les de même en genouil..
lere, & alors vous pourrez, à la faveu..
d'un tel expédient, planter dans un te..
rain qui n'auroit qu'un pied de bonne terre..
Il faut dire à ce ſujet deux choſes qui ſon..
eſſentielles : 1°. qu'en ce cas il faut arroſe..
de tels arbres lors des ſéchereſſes : 2°. qu'i..
faut planter des arbres avec des racines d..
toute leur longueur, & qu'on puiſſe cour..

..., ce qui ne se peut, quand elles sont
...urtées suivant la routine. *Voyez* GE-
...UILLERE.

...PLAN, ou DESSEIN, c'est la même cho-
... mot pris de l'Architecture. On dit plan
...un jardin, comme on dit plan d'un bâti-
...nt, d'un château, d'un palais, &c,
...n qu'un jardin puisse être bien, il faut
...'il soit fait d'après un plan. Rien de plus
...re qu'un jardin correct. Presque tous sont
... pieces & de morceaux, comme on dit,
...tous communément assez mal assortis.
...mesure qu'un jardin change de maître,
...aque propriétaire veut y mettre du sien,
...les Architectes enchérissent sur ce qu'ont
...it leurs devanciers.

...PLANCHE, en terme de Jardinage, est
...espace de terre que l'on dresse d'ordi-
...ire, & qu'on pratique de 4 pieds de lar-
...e, sur la longueur du quarré dont elle fait
...artie. Toujours une planche a à droite
...& à gauche un sentier d'un pied de large.
...On dit dresser, former, labourer, border,
...emer, sacler, &c. une planche.

...PLANCHES à Montreuil se dit des plan-
...ches de bois qu'on met à plat sur des po-

tençaux de fer le long du chaperon d[...]
murs, pour détourner les eaux & les in[...]
fluences malignes de l'air. *Voyez* PAILLA[...]
SONS PLATS, ABRI.

PLANISPHERE, terme latin compof[...]
qui eft pris de la Géographie & de l'Aftr[...]
nomie. Il veut dire furface plate. Telle e[...]
la figure qu'on fait prendre aux arbres tail[...]
lés en maffifs réguliers. Toujours on le[...]
coupe à plat à mefure qu'ils pouffent. *Voye*[...]
MASSIFS.

PLANT, qui vient du mot de planter[...]
s'entend de plufieurs manieres.

On dit du plant de laitues, de chicorées[...]
de melons, de concombres. C'eft, en géné[...]
ral, tous les éleves qu'on fait des graine[...]
femées, pour les replanter enfuite. On dit[...]
auffi du plant d'afperges, de fraifiers, &c[...]
lorfqu'il eft queftion de les mettre en[...]
place.

Le mot de plant fe prend encore pour[...]
la chofe même plantée, ou femée, com-[...]
me quand on dit un plant d'artichaux, un[...]
plant de haricots, de groffes feves, de[...]
fraifiers, framboifiers, &c. quand les unes[...]
& les autres font fur terre.

A PLANT *d'arbres*. C'eſt l'aſſemblage de pluſieurs arbres de mêmes., ou de différentes eſpeces, plantés en un même lieu. On dit plant de poiriers, plant de ceriſiers, plant d'ormes, ou de tilleuls en quinquonces.

PLANTATION eſt l'action de planter. *Voyez* PLANTER.

PLANTE eſt un terme général, qui comprend toutes les différentes ſortes d'arbres, d'arbriſſeaux, d'arbuſtes, d'herbages, de fleurs, de légumes & autres qui croiſſent, ſoit dans les terres, ſoit dans les jardins, ſoit dans les campagnes & les bois. Il eſt des plantes de tant de diverſes eſpeces, qu'on ne pourroit les nombrer.

Toute plante eſt un corps vivant organiſé venant de graine, ou de bouture, ou de marcotte, ou de rejeton, lequel eſt nourri des ſucs de la terre, ayant des racines, un tronc, une tige, des branches, des feuilles, des yeux, ou boutons, des fleurs, des graines & des fruits, le tout enſemble, ou ſéparement.

PLANTER. C'eſt, après avoir ouvert la terre en largeur & en profondeur convenables, & fait un trou ſuivant les re-

gles , mettre dedans une plante , puis la
couvrir de terre. Rien de plus rare que
trouver un Jardinier qui fache planter ; ce
pendant les non Jardiniers s'en mêlent auſſi
comme du reſte du Jardinage.

On verra par le détail de l'opération de
plantation , ſi elle eſt ſi aiſée , & les effe
de la bonne & de la mauvaiſe plantatio
L'on y apprend à planter pour la prompt
jouiſſance , & pour ne plus replanter ſan
fin , comme juſqu'ici.

Il eſt bien des façons de planter , outr
celle ci-deſſus ; ſavoir , en bordure , en ri
gole , en échiquier , au plantoir , dans de
pots , en caiſſe , en mannequin , en rayon
en pépiniere , en motte , en quinquonce
&c.

On dit planter ſur franc, ſur coignaſſier
ſur doucin , ſur paradis. *Voyez* aux différen
tes lettres dans le préſent Dictionnaire ce
différens articles.

Il eſt un proverbe qui dit, *qui plante d'heure*
(ou de bonne heure) *gagne un an.* Il eſt un
autre proverbe qui dit encore , *qui plante*
bien en gagne dix.

PLANTER *un arbre* ; rien de plus aiſé en

...nsparence. Tous plantent, & croient favoir planter: cependant, à bien le prendre, ils ne favent que ficher un morceau de
bois en terre, qui verdit d'abord, puis re-
ligne la plupart du temps, & meurt.

De cent arbres, que par fuppofition l'on
plante, qu'on en faffe l'obfervation, il y
en a, au plus, la moitié qui fait un peu
quelque chofe, & l'autre moitié périt peu
à peu en moins de dix ans. La preuve gît
in fait. Combien d'arbres ne replante-t-on
pas chaque année dans tous les jardins ?

Quiconque fut planter ne replanta jamais, fi ce n'eft par des accidens qu'on ne
peut prévoir.

PLANTOIR eft un morceau de bois
coudé en forme de béquille, lequel eft de
diverfes grandeur & groffeur, fuivant les
plantes qu'on veut mettre en terre. Il forme la figure d'un 7, dont la quarre eft un
peu arrondie à fon coude, & il dégénere
en pointe. On appuie deffus le manche
pour faire un trou dans terre, puis on l'en
retire, & l'on met fa plante dans le trou.
Les plantoirs pour les buis font par en bas
applatis des deux côtés & garnis de fer.

PLATE-BANDE. C'eſt un terrain lonn
& étroit, bordé d'un côté ſeulement, o
de tous les deux, lequel eſt deſtiné & em
ployé à des fleurs, ou à de menues plante
Elles ſont mal nommées préſentement; ca
l'uſage univerſel eſt de les tenir plus haute
du haut que du bas, ſoit celles des parter
res, ſoit celles des murailles. Mais com
me ces parties de terre étoient plates dan
leur inſtitution, elles ont conſervé leu
nom.

PLAIES *des arbres*. Ce mot a la même
ſignification pour eux comme à notre
égard. C'eſt tout dérangement interne, ou
externe en quelque partie d'eux-mêmes,
ſoit qu'il y ait rupture entiere & fracture,
ſoit qu'il n'y ait ſeulement que déchirement
& ce qu'on appelle ſimple léſion, en un
mot toute ſolution de continuité dans la
partie offenſée.

Deux ſortes de plaies aux arbres & aux
plantes: des plaies naturelles venant du vice
du ſuc nourricier qui s'épanche, ainſi qu'il
arrive aux arbres gommeux, quand la gomme y forme des chancres, ou bien encore
par la qualité défectueuſe d'une humeur
maligne

ligne dont ce suc est formé. Ces mêmes
plaies sont accidentelles & forcées, comme celles qui arrivent aux arbres par les
gelées, les vents & toutes les causes vio-
lentes qui cassent, brisent, détruisent &
arrachent.

Il est encore une troisieme sorte de plaie
aux arbres, lesquelles sont occasionnées
exprès, & qui sont artificielles, savoir,
celles que nous leur faisons en les taillant,
les greffant, les rapprochant, les récepant, &c.

Toutes ces plaies sont traitées appro-
chant de même que les nôtres. *Voyez* BAN-
DAGES, MÉDICAMENT.

Il ne faut pas attendre que les plaies
soient frappées par l'air pour y apporter les
remedes ; mais les traiter dès leur naissance.
Il est des moyens non-seulement de les guérir, mais aussi d'en prévenir, & de leur en
épargner beaucoup.

Indépendamment de l'Écrit ci - devant
mentionné, présenté par ordre du Roi à
l'Académie Royale de S. Côme, sur les
plaies des arbres, on donne dans l'Ouvrage
pour lequel le présent Dictionnaire est fait,

Bb

un Traité des maladies particulieres des arbres, avec les remedes les plus éprouvés en même-temps que les plus simples.

PLOMB, D'A PLOMB ; c'est quand quelque ce soit est perpendiculaire, sans être plus d'un côté que d'un autre. Il est pris des méchaniques & des arts, Maçonnerie, Charpenterie, Menuiserie, &c. Un arbre, soit en pleine terre, soit en caisse doit être toujours sur son à plomb, pourquoi le Jardinier soigneux doit y regarder de peur que l'arbre ne se déjette, ni plante quelconque. Les palissades doivent être tenues toujours d'à plomb, plutôt un peu à fruit qu'en surplomb.

PLOMBER, veut dire s'affaisser. La terre remuée se plombe & s'affaisse d'un pouce par pied : voilà à quoi il faut prendre garde quand on plante, pour que la greffe ne soit pas enterrée, & voilà à quoi personne ne prend garde : telle est la raison pour laquelle tant d'arbres infertiles. Leurs greffes sont enterrées.

POILS. Il est quantité de plantes en qui l'on voit des poils, & des formes de duvets répandus en différentes parties d'eux-

...êmes. Ces parties, fuperflues en apparen-
...ces, furent placées en eux par la nature pour
... on mêmes ufages & la même fin que ceux qui
... ..nt aux corps vivans, & entr'autres, pour
... tranfpiration & l'écoulement de quan-
... é de petites parties infenfibles qui s'é-
... oporent par-là. En les examinant au mi-
... ofcope, on les apperçoit creux, à peu
... ès comme font nos cheveux.

... O POLYPODE. Mot grec compofé, qui
... ut dire ayant plufieurs pieds. Il eft plan-
... n., mais étrangere à l'arbre fur lequel il
... oît contre l'ordre de la nature. Le po-
... pode a des feuilles femblables à celles de
... fougere. Il vit de la fubftance même de
... arbre fur lequel il fe forme. Le nombre de
... racines qui s'enfoncent dans l'écorce
... l'arbre fur lequel il monte droit, lui a
... it donner le nom de plante à plufieurs
... eds, ou polypode. Il croît fur l'arbre
... même d'un fuc dégénéré, de même qu'en
... ous certains corps glanduleux, fquir-
... eux, les loupes, & autres concrétions
... e chair mollaffe & baveufe. Cette plante
... âtarde a de grandes propriétés pour la
... Médecine. Les vieux arbres font plus fujets

P

à ces fortes de corps étrangers que les autre*
Les polypodes font ftériles, ne donnant j*
mais, ni graines, ni fruits ; du moins n'e*
a-t-on point encore apperçus. Ils font mon*
tres dans le genre de la végétation.

POMPER, POMPEMENT. Pris dans l'u*
fage commun & appliqué dans le mêm*
fens aux racines. On fuppofe qu'elles a*
pirent les fucs de la terre, comme les pi*
tons d'une pompe afpirent l'eau pour l*
faire monter jufqu'au tuyau de décharge d*
la pompe.

Non-feulement les racines pompent &*
afpirent les fucs qui leur font contigus*
c'eft-à-dire, ceux qui font à l'entour d'el*
les, mais encore les fucs éloignés haut &*
bas & au pourtour. C'eft ainfi qu'à mefur*
qu'on tire de l'eau d'une fource, l'eau lu*
arrive des lieux circonvoifins. Pour donne*
à ce point curieux & intéreffant de Phyfi*
que, jufqu'ici non traité, une étendue con*
venable, il faudroit être moins borné qu'o*
ne l'eft dans un Dictionnaire, mais voye*
au mot SUÇOIR.

PORES, POREUX, POROSITÉ. Le mo*
de pore pourroit venir de porte. En effet*

qu'on appelle *pores* font autant d'ouvertures infenfibles, ou prefqu'infenfibles à travers lefquelles fe fait la tranfpiration dans tous animaux vivans. Ils fervent d'écoulement aux humeurs fuperflues, & d'introduction à l'air. Ces petits points qui font à notre peau, font autant de pores pour lus ufages. C'eft le même pour les plantes, toutes font criblées de femblables ouvertures, pour évacuer leurs humeurs fuperflues, & recevoir les influences d'en haut.

POREUX, qui a des pores. Il eft dans les plantes grand nombre de fujets fort poreux, celles à odeurs fortes, choux, ail, oignon, de même toutes les plantes aromatiques, & les fleurs parfumant les airs.

POROSITÉ, ou la qualité poreufe plus ou moins grande des corps & des végétaux.

POTAGER. Jardin potager, eft celui où l'on cultive les plantes qui fervent pour la cuifine, & en particulier pour le potage & à la foupe, d'où lui vient ce nom.

Un potager bien tenu, proprement, avec ordre, où tous les légumes fe fuccédent,

& où la propreté, ainsi que la belle ordonnance régnent de toutes parts, & où foi-
sonnent en tout temps les légumes de toutes les saisons, vaut bien un parterre d
fleurs.

Plantes potageres, sont celles qu'on fai
venir dans ces sortes de jardins pour servi
à notre nourriture. Plantes potageres & lé
gumes sont la même chose, ainsi que jar
din potager, & jardin légumier.

La halle de Paris est le plus beau jardin
potager de l'Univers, & où l'on a des lé
gumes en tout temps, les plus beaux &
à meilleur compte. Mais sont-ils aussi favoureux venant sur couches, à plein col
lier, comme on dit, dans le terreau & à
force d'eau, que ceux qui croissent dans les
terres substantielles des campagnes ?

Un arpent de jardin potager à loyer fort
cher, fait souvent vivre toute une famille,
& quelquefois un de trois, quatre & cinq,
même au-delà, ne peut suffire pour une
maison bourgeoise. La raison est bien simple ; l'un travaillant pour son compte est
bien autrement avisé & clairvoyant que celui
qui travaille pour le compte d'autrui. *Oculus*

magiſtri, dit Columelle, *optima ſtercoratio.*

O POTS, en Jardinage, ſont de trois ſortes ; des pots communs de terre cuite pour
y mettre diverſes plantes ; d'autres, ſoit de
fayance, de toutes grandeurs & de toutes
figures, ſoit de cuivre, de fer fondu, &c.
pour y mettre des fleurs & des plantes curieuſes ; enfin des pots de ſimple ornement
appellés vaſes, & qui ſont de toute maniere, leſquels ſont ornés & ſculptés, &
dans leſquels on ne met rien.

On dit arbres en pots. Ce ſont d'ordinaire des Paradis, ou des pêchers nains de
la petite eſpece, mais dont les pêches ne
valent rien. Ne jamais acheter d'arbres, ni
de marcottes de vignes en pots, mais bien
des fleurs & des arbuſtes.

Pour placer des arbres, ſi petits qu'ils
puiſſent être, dans des pots & dans des
mannequins, il faut, de toute néceſſité,
circoncire toutes les racines qui, comme
il a été dit, ſont le premier principe de
vie des plantes. En ſuppoſant qu'à la faveur
du terreau & des arroſemens, ces arbres
reprennent, que peuvent-ils devenir, ſoit
quand ces mêmes racines pouſſant, iront

se brifer contre le pot, soit lorsque, placés dans la terre, ils n'auront plus que de nourritures fortes ? Tel un jeune enfant dont, à force de chatterie & de friandises, on a altéré le tempérament ; au lieu qu'élevé avec bon pain de pâte ferme, il devient robuste & de bonne constitution. Les Fleuristes qui font commerce de pareils arbres, savent bien à quoi s'en tenir à ce sujet ; mais quantité de gens veulent être dupes, & en faveur du gain, ils s'y prêtent. Le même est, à peu de différence près, au sujet des mannequins. L'unique façon de planter avantageusement, c'est de planter à nud.

POUDRES SÉMINALES , ou Poussieres. Dans le système de la distinction des deux sexes dans les plantes ; ce sont elles qui par l'entremise de l'air & des vents, operent une conjonction pour se féconder réciproquement. Dans le système opposé elles sont des menstrues. Ces poudres ne sont autres que les odeurs des fleurs. *Voyez* FLEURS , CHATONS.

POUDRETTE. On a donné ce nom au terreau qui se forme au bout de deux,

ζabis, ou quatre années des vuidanges, dont
in fait les décharges hors de Paris, de ma-
ceres appellées fécales. Ce terreau alors ne
nt plus rien du tout; mais il eſt fort
bnaud, & il faut le bien battre, & le mê-
ver avec la terre, ſi l'on le mettoit deſſus,
me même qu'on fait à l'égard du terreau
ordinaire, comme il ne manqueroit pas de
aluler les racines; ce terreau étant fort ſpi-
ritueux, ſeroit bientôt évaporé, s'il étoit
long-temps au grand air. La poudrette ne
convient qu'à certaines plantes & aux ter-
ois froides, ainſi que la fiente de pigeons.
La poudrette entre dans la compoſition
de la terre à orangers; mais il faut qu'elle
ſoit employée avec prudence.

POUPÉE, GREFFE EN POUPÉE. On
appelle de ce nom toutes les greffes en
fente, parce que pour retenir les greffes
dans leur place, ainſi que pour empêcher
que l'air ne les ſaiſiſſe & ne les deſſeche,
pour également empêcher que les pluies,
les roſées, les brouillards, n'entrent dans
à fente, on applique deſſus de la terre
graſſe avec du foin qui ſert à les entourer,

en détrempant le tout dans de l'eau av.
du foin. *Voyez* ENTE, GREFFE.

POUSSER. Arbre, ou plante qui pouſſ
eſt celui, ou celle qui produit des rameau
verds, des feuilles, des fleurs, des yeux
ou boutons, des graines & des fruits, o
l'une, ou l'autre de ces choſes. C'eſt en
core groſſir, s'étendre & profiter en tou
ſens.

POUSSER ſe prend en mauvaiſe pa
dans le Jardinage, en parlant des arbre
qu'on n'a pas aſſez ménagés. Arbre pouſſ
& épuiſé, c'eſt la même choſe. On dit a
bre pouſſé, comme on dit cheval pouſſé

On dit encore pouſſer à l'eau, en parlan
des herbages & des fleurs, c'eſt-à-dire, le
arroſer abondamment, pour qu'ils ne mon
tent pas en graine, & pour les avoir plutô
& plus nourris.

On s'exprime encore d'une autre façon
en diſant faire pouſſer un arbre, ou tout
plante, quand, à force de fumer, labou
rer, biner, ſacler, mouiller, &c. on leu
fait faire des progrès.

POUSSE *des arbres.* Ce ſont les jets nou
veaux.

PRATICIEN. Jardinier praticien, eſt celui qui exerce le Jardinage. Jardinier ſpéculatif, eſt celui qui, ſans avoir pratiqué, mais qui, à la faveur de quelque teinture ſuperficielle du Jardinage, médite, raiſonne & dogmatiſe, s'ingere même trop ſouvent d'écrire. Combien de ces ſortes de gens, pervertiſſant le Jardinage, inondent cet art par des volumes entaſſés, & qui ne ſont imprimés que par la ſeule démangeaiſon d'écrire : & c'eſt ce que nous ferons voir en analyſant quelques-uns de ces ſortes d'Écrits dans la ſuite du préſent Ouvrage. On y verra, tant de la part des Jardiniers-Travailleurs qui ont oſé ſe faire Auteurs, que des autres ſimples ſpéculatifs, tous non avoués par la nature, combien d'erreurs groſſieres, de mépriſes, de bévues, de préjugés faux, de mauvais raiſonnemens, de pratiques vicieuſes & meurtrieres pour les plantes quelconques. Il eſt donc queſtion d'une réforme univerſelle, autant dans la façon de penſer, que dans celle d'opérer. Cette réforme elle s'établit depuis nombre d'années, & elle perce en quantité d'endroits, de jour en jour.

Ce mot de praticien a une autre significaton. Il veut dire un Jardinier ſtudieux, économe, induſtrieux, qui, avec peu d[e] dépenſe, fait beaucoup de bons Ouvrages; un Ouvrier qui, au lieu de tout laiſſer périr, faute de ſoin, faute de veiller ſur chaque choſe, & de raccommoder dans l[e] temps, fait ſon capital de pourvoir à tout.

PRATIQUE eſt toute opération du Jardinage, conformément à des regles à & de[s] principes. On dit la pratique de Montreuil, pour dire la façon de cultiver les plante[s] uſitée à Montreuil.

PRATIQUE s'entend auſſi des arts & des ſciences, où l'on opere par des exercices corporels, ce qui forme ce qu'on appelle expérience ; ſuivant le dire des bonnes, à force de forger on devient forgeron.

PRATIQUER un art, ou une ſcience, c'eſt exercer l'un, ou l'autre, s'y former, y acquérir des connoiſſances & de l'expérience. On dit pratiquer le Jardinage, comme on dit pratiquer la Médecine & la Chirurgie.

PRIMITIF, PRIMORDIAL. *Voyez* DIRECTION.

PROBLÊME. Mot grec, qui veut dire opinion, point particulier, sujet, question, proposition pouvant souffrir le pour & le contre, & qu'on peut soutenir de part & d'autre.

Dans le Jardinage ce qu'on appelle problême, est un événement dans la nature sur lequel les uns & les autres opinent à leur gré ; il fait le sujet des présomptions & des suppositions pour découvrir les secrets de la nature. C'est un problême continuel & le plus surprenant de voir comment la seve peut se modifier en tant de manieres, dans les racines, la tige, les branches, les feuilles, les fleurs & les fruits ; le changement d'un mauvais fruit en un bon par le moyen des greffes, est un problême ; de même de savoir pourquoi la ciguë & l'aconit font mourir, tandis que la laitue bienfaisante, ou toute autre plante salutaire vivifie. Les vapeurs des fruits & des herbages, les nuances & les formes si dissemblables des fleurs, &c. font autant de problêmes, & toujours ils donneront lieu à des raisonnemens & à des systê-mes sans fin.

PUCERON. C'eſt comme qui diroit
une petite puce. C'eſt un inſecte qui s'attache à quantité de plantes, ſur-tout aux
feuilles du pêcher, qui les ronge, & qui
par là-même, cauſe un préjudice conſidé-
rable à ces arbres. Il eſt des pucerons de
toutes eſpeces. Il en eſt qui ſont ſi petits
qu'on ne peut les appercevoir qu'à la faveur
de la loupe, ou du microſcope; inſtrumens
qui groſſiſſent les objets bien autremen
que les lunettes.

L'air eſt plein de ces inſectes & de leurs
œufs, comme il eſt rempli de graines de
mauvaiſes herbes. Telle eſt la raiſon pour
laquelle, après des brouillards, qu'on appelle vermineux, toutes les plantes ſe trou
vent couvertes de toutes ſortes d'inſecte
que le ſoleil, lors du printemps & en été
fait éclorre en 24 heures.

On dit arbre empuceronné, celui qui eſt
attaqué de pucerons. On dit encore épu-
ceronner, comme on dit écheniller, pour
dire ôter les pucerons.

Les recettes de drogues, quelles qu'elles
puiſſent être, ne font point mourir les pucerons; ou, ſi elles les tuent, elles ne peu-

ent le faire fans danger pour l'arbre. On
peut les détruire autrement qu'en les
cherchant & les tuant, de même que les
vermines humaines & celles des animaux.
On donne des moyens ailleurs qu'ici pour
y parvenir.

PUNAISE DE JARDINS. Infecte qui
incommode les arbres. Il en eft de deux fortes, la grande & la petite efpece. Ceux de
la grande font de la largeur d'une groffe
lintille, & ont une odeur infecte. Ces
fortes de punaifes mangent les fruits tendres, & fur-tout les pêches. Elles ont des
doubles aîles; celles de deffus font comme
des écailles femblables à celles des hanne-
tons, & en-deffous d'autres aîles qui font
dépliées, & qui font à jour comme des ré-
feaux. Ces animaux on les détruit en les
cherchant & en les écrafant. Il faut s'y
prendre lors du foleil, qu'ils chériffent beaucoup. On arrache une feuille, & on a foin
de les prendre avec; autrement les doigts
feroient empeftés par leur odeur abomi-
nable. L'autre forte de punaife de la petite
efpece n'a aucune odeur, mais eft bien plus
à redouter pour les arbres. Ce petit animal,

dont il est fait ailleurs par nous la descri
tion, ronge les feuilles en-dessous, & j̣
sa fiente, noircit & charbonne les feuille
l'écorce & les fruits, de même que
treillages & la muraille. Il fait des coqu
d'œufs qu'il répand par-tout & qui pull
lent à l'infini. Ces œufs n'éclosent que lo
que la verdure est suffisante pour les nou
rir, vers le mois d'Avril & de Mai. Si l'o
néglige de les détruire, l'arbre s'en trou
fort mal, & trop souvent il meurt néc
sairement. Quand on les a laissé engr
ner jusqu'à un certain point, il n'y a p
d'autre moyen, pour s'en débarrasser, qu
de laver les arbres, les treillages & la mi
raille avec de l'eau de savon, puis épo
ger avec de l'eau simple. On n'en est p
quitte pour une seule fois. Il faut recon
mencer à plusieurs reprises d'année en ar
née, à raison de ce que, quelque précau
tion qu'on prenne, il reste toujours du cou
vain, qu'on ne peut appercevoir. De plu
il en renaît d'autres. Le temps d'y procé
der est lorsque les boutons ne sont pas e
mouvement durant l'hiver. De plus, a
lieu de frotter du haut en bas, ou horizon
talement

lement, il faut toujours frotter du bas en
haut, de peur d'arracher, ou d'endommager les boutons.

Il est une troisieme forte de punaises qui
font rouges & de moyenne grosseur. En
Normandie, où elles font fort nombreuses,
on les appelle des mazarins. Elles ne laissent
pas que d'être répandues par-tout ailleurs.
Elles vont en bande & défolent les jardins,
dévorent les fruits, criblent les feuilles &
les mettent à jour. Au printemps, quand
ces animaux attaquent un pêcher, ils rongent toute la verdure naissante jusque dans
l'écorce même, & font périr l'arbre : comme ils aiment fort la chaleur, ils s'adonnent
aux espaliers, & ne se débandent ailleurs
que lors du temps chaud. Le plus grand
nombre des Jardiniers qui n'observent rien,
ne s'apperçoit nullement de tous ces dégâts,
les voit d'un œil tranquille, & les laisse bon-
nement faire, ne les soupçonnant aucunement ; on les détruit en les écrasant.

Cc

Q

QUARRÉ *de jardin*. C'eſt un eſpace particulier du jardin ayant une forme quarrée & des allées au pourtour, qui partagent le jardin & le coupent en différentes pieces. On coupe enſuite & l'on diviſe les quarrés par planches, ayant autour d'elles des ſentiers. Il eſt auſſi des quarrés en une ſeule piece, & uniquement employés à une ſeule ſorte de plante ; on dit un quarré de choux, de navets, de pois, &c. Alors ces quarrés on les ſeme à la volée, & on n'y pratique point, ni planches, ni ſentiers ; mais il eſt plus propre & plus régulier, ſur-tout dans un jardin qui n'eſt pas immenſe, de partager les quarrés en planches & en ſentiers.

QUEUE ſignifie, dans le Jardinage, toute extrêmité attachée à quelque choſe, ou ce à quoi quelque choſe eſt attachée. On dit la queue d'une feuille, d'une fleur &

que d'un fruit ; c'est l'attache qui les tient à la branche, ou à la tige.

Il faut bien prendre garde de casser la queue des fruits en les cueillant ; ils ne sont plus, ni de mise alors sur la table, ni de garde au fruitier.

La queue des feuilles, des fleurs & des fruits qu'on voit tous les jours, sans y faire attention, renferme des curiosités dignes d'être remarquées. Elle est le canal par lequel les feuilles, les fleurs & les fruits reçoivent la nourriture de la branche, & elle contient quantité de petites parties, qui servent également à sa subsistance, & à celle des choses pour lesquelles elle est faite, & dont le détail seroit ici déplacé.

Les queues des plantes sont aussi diverses que les figures mêmes des plantes.

QUEUE D'ARONDE. Il veut dire queue d'hirondelle, & par corruption queue d'aronde. C'est un terme de quantité d'arts.

Il a lieu parmi les Menuisiers, Charpentiers, Serruriers & autres. C'est un emboîtement de deux pieces ensemble, encastrées de façon que l'entrée soit beaucoup plus étroite que le fond. Mais pour pou-

voir loger dans l'entaille cette extrêmité
beaucoup plus large que l'entrée, on l'y
introduit par en-deſſus. Cette figure d[e]
queue d'aronde ſert à expliquer commen[t]
les feuilles des plantes ſont enclavées dan[s]
leur peau, comment celles des arbre[s]
peuvent tenir contre l'effort de certain[s]
grands vents, & comment, lors de leu[r]
chute, ces feuilles, en ſe rétréciſſant &
en diminuant de volume, ſe détachen[t]
de leurs entailles dans la peau, & tombent. Pluſieurs Artiſans diſent encor[e]
queue d'hirondelle, quoique l'uſage ſoi[t]
queue d'aronde. Cette figure eſt en effet celle
de la queue de cet animal, & c'eſt d'aprè[s]
ſa reſſemblance avec elle, qu'elle eſt ainſ[i]
appellée dans les différens arts.

QUINCONCES. Mot grec, & no[n]
quinconges, comme diſent quelques-
uns. Ce ſont des rangées d'arbres en échiquier, & non en échiquiet. Elles préſen-
tent des allées, de quelque côté qu'on le[s]
regarde.

La façon de planter la plus univerſelle,
eſt de tout planter en échiquier, ce qui eſt
une forme de quinconce. Elle eſt for[t]

avantageufe pour gagner du terrein, pour
faire plus aifément les labours légers & les
binaclages, ainfi que pour le coup d'œil. C'eft
ainfi qu'on plante & qu'on doit planter
tout dans les jardins utiles, & dans ceux
de fimple ornement, à l'exception des
plate-bandes, des allées, de plein-bois &
des maffifs.

R

RABAISSER *un arbre.* C'eft quand il
monte trop, le ravaler en le coupant plus
bas, ou fur des bons yeux, ou fur des branches jeunes & vigoureufes. On dit encore
dans un autre fens rabaiffer les branches fur
les côtés quand, au lieu de les placer perpendiculairement aux efpaliers, ou aux
contre-efpaliers, on les tire de côté, depuis le bas du mur, ou du contre-efpalier
jufques en haut. C'eft les étaler à la façon
dont nous étendons nos bras de toute leur
longueur; au lieu qu'en les montant droit,
comme on a coutume de faire, on a tou-

jours de fort vilains arbres, presque pas de
fruits, & la muraille est toujours dégarnie
du bas. *Voyez* EMPORTÉ.

RABOUGRI, terme populaire. Il se dit
des arbres, de toute plante & des fruits.
Ratatiné & racorni font la même chose.
C'est, en fait d'arbres, celui qui ne fait que
rechigner, dont les pousses sont maigres,
qui ne donne que des fruits mesquins, dont
l'écorce est toute raboteuse, qui, au lieu
de profiter, semble décroître, un arbre en un
mot hideux, vilain à voir.

Ces sortes d'arbres péchent par le principe, vice d'origine, mauvaise plantation,
mauvais régime, défaut aussi quelquefois
de la part de la terre.

Le remede est d'en mettre un autre à la
place, mais en changeant la terre, &c.

Plantes rabougries se dit des herbages &
des fleurs qui ont les mêmes défauts que
les arbres & les fruits rabougris. Les fruits
rabougris sont de petits fruits ratatinés,
graveleux en dehors, pleins de bosses & de
creux, pierreux en-dedans, & qui n'ont
nulle saveur. Le Jardinier est le maître
d'empêcher les arbres d'avoir de tels fruits,

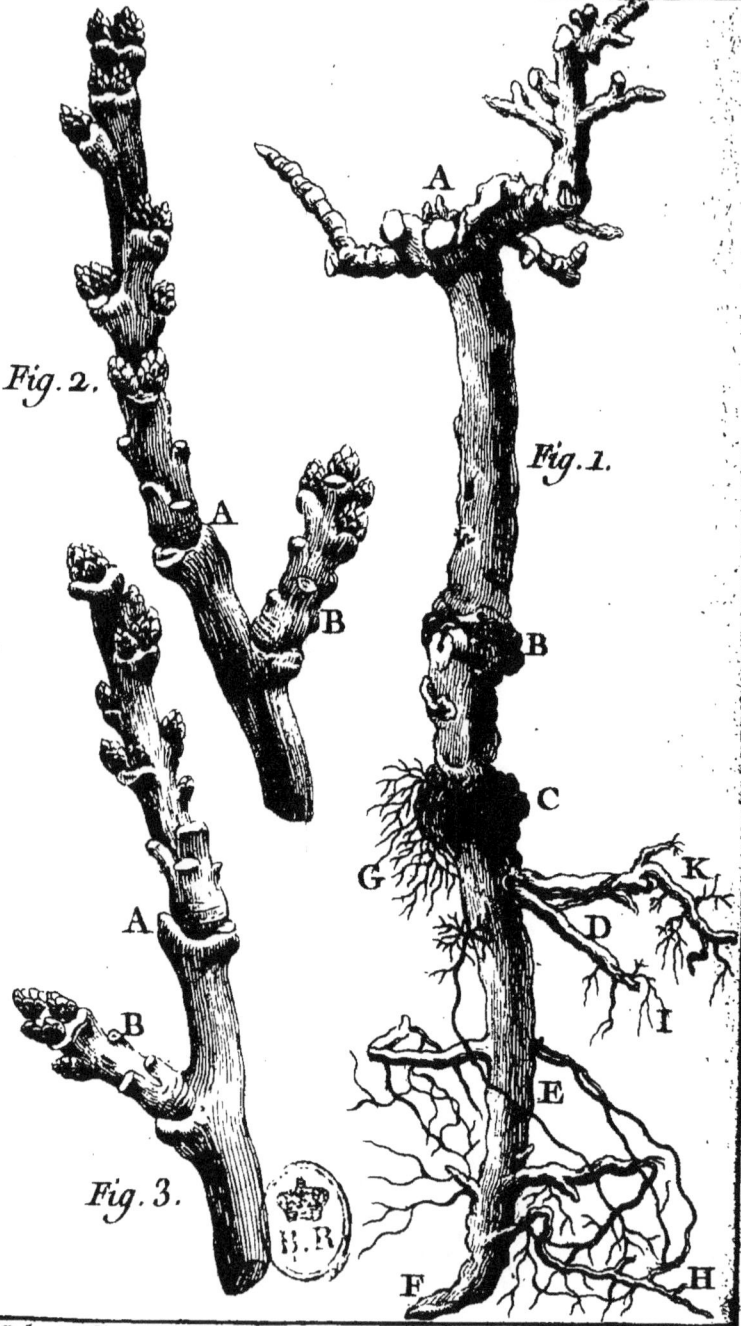

Pl. XII.

Page 407

Fig. 2.

Fig. 1.

A

B

A

B

A

B

C

G

K

D

I

E

F

H

Fig. 3.

B. R.

J. Robert Delin. et Sculps.

& ce en mille manieres trop longues à détailler ici.

RACINES, font la partie inférieure de
toutes plantes, laquelle réfide & eft ca-
chée toujours en terre. C'eft cette partie
d'elles-mêmes qui toujours eft formée la
premiere dans toutes les femences, & qui
reçoit, ou qui pompe directement les fucs
de la terre pour les faire paffer continuellement à tout le refte des plantes.

Les racines font compofées d'une furpeau & d'une peau, & elles font criblées
de petits trous de toutes parts. Dans toutes
eft un gluant dont il va être donné une légere ébauche.

La deuxiéme peau eft toujours imbibée
de ce gluant, qui eft un fuc limonneux &
gras, fervant à faire couler la feve, comme dans notre gofier le femblable, qui
fert à faire couler les nourritures, fans quoi
elles s'y attacheroient.

Toutes les racines font creufes par les
bouts, & ouvertes pour pomper, ou pour
recevoir les fucs de la terre.

Il eft auffi dans toutes des efpaces vuides, des loges, des interftices, des parois,

qui fe vuident fans ceffe, & qui également à tout moment fe rempliffent, de
même que nos veines où le fang paffe &
s'échappe continuellement ; mais qui eft
auffi fans ceffe remplacé par ce même
fang arrivant toujours fans difcontinuer.

On range dans quatre claffes les diverfes
racines ; favoir, des groffes, des moyennes,
des petites, & le chevelu, defquelles va être
dit un mot.

On dit racines chancies, moifies, pourries, ufées, épuifées, brulées par les bouts
& chancreufes. A toutes ces chofes font
des remedes, mais que nul ne connoît, ou
ne pratique. On laiffe périr quantité d'arbres faute de foin, ou de favoir pour les
panfer.

On appelle racines, quantité de plantes
qui fervent à nous nourrir, telles les panais, navets, carottes, raves, falfifis,
&c.

Ces quatre fortes de racines font des ligneufes, ou offeufes, qui font ainfi appellées,
à caufe qu'elles tiennent de la nature du bois
& de nos os pour la folidité. Des demi-
ligneufes, ou demi-offeufes, qui font in-

térieures à celles-là. Des fibreuses, qui font des filets creux, plus, ou moins gros & alongés ; enfin les chevelues, à caufe qu'elles ne font pas plus groffes que des cheveux. Ailleurs on traite au long ce fujet.

Faute d'avoir étudié fuffifamment la nature dans les racines, pour connoître leur tiffu, leur organifation, leur méchanifme, leurs fonctions diverfes, leur action & leur jeu, non-feulement on ne les a pas affez ménagées ; mais on a péché grièvement à leur égard, la pratique univerfelle étant de les mutiler étrangement. Tous en effet s'accordent en ce point, de n'en laiffer prefque point en plantant, & nul livre qui ne le prefcrive. Monfieur de la Quintinie, entr'autres, excelle en ce point : il donne des préceptes pour le faire avec art, & il entre, à ce fujet, dans un détail le plus ample. Quiconque eft au fait du méchanifme, tant interne, qu'externe, des racines, & de ce qui compofe leur tiffu intérieur, fe garde bien de les offenfer aucunement; & c'eft fur quoi il eft queftion d'inftruire ici par rapport à un point effentiel univerfellement ignoré, & qui eft des

plus curieux, & autant important pour la
pratique.

Il n'y a point de plante, si petite qu'elle
puisse être, où ne se rencontre nécessairement dans l'intérieur des racines une couche inhérente d'un muqueux, un gluant, un
collant qui tapisse les parois du parenchyme. A ce muqueux est toujours joint un
acide, ou un levain, tel qu'il puisse être,
lequel est propre & particulier à chacune
des especes des végétaux ; de cet acide l'intérieur de la racine est toujours impregné.
Ce muqueux sert d'abord à faciliter, comme a été dit, l'introduction & le passage
des sucs de la terre dans les racines, puis
dans tout le reste de la plante, où le semblable est placé par la nature. C'est ainsi que
le Créateur a placé dans l'œsophage, ou
le gosier de tout être vivant, un glaireux,
un limonneux, un gluant, pour l'écoulement des nourritures dans l'estomac. Pareil muqueux, & une sorte de velouté est,
pour diverses raisons, également dans nos
visceres.

L'acide, ou le levain, qui semblablement
y réside, sert à décomposer les sucs de la

terre , & à les rendre propres à chaque efpece de plantes. La feve , qui eft un liquide
fpiritueux compofé de toutes parties ni-
treufes , fulphureufes , onctueufes en même-temps que balfamiques , n'eft qu'une,
quoi que dife , au contraire , le profâne
vulgaire , & même quelques favans Cultivateurs. Les uns & les autres prétendent
que la terre contient autant de fucs qu'il
y a de plantes différentes , & que la feve eft
autant diverfe : nous faifons voir dans notre Traité de la feve , qu'elle n'eft qu'une.
C'eft à la faveur de ce levain , ainfi que par
le moyen des moules intérieurs & des calibres où eft le muqueux que cette feve acquiert tant de formes diverfes , de configurations fi variées, de qualités & de propriétés particulieres ; & telle eft la raifon , du
moins la plus apparente , pour laquelle la
ciguë donne la mort , tandis que la laitue
vivifie. Ainfi dans les animaux les nourritures, quoique les mêmes , font modifiées
diverfement. C'eft en conféquence auffi
qu'une greffe appliquée fur un arbre , laquelle ne vit que de la fubftance du fauva-
geon , porte des feuilles , des fleurs & des

R

fruits tout autres qu'auparavant, à raison
du changement d'organes travaillant tout
différemment la feve.

Ce muqueux, qui est dans le parenchyme des racines, qui s'étend, & qui se communique à toute la plante, produit conjointement avec le levain, & aussi par le
moyen des organes, la diversité de forme,
& de gout dans les feuilles, les fleurs & les
fruits. Enfin les eaux minérales & autres
contractant des qualités ferrugineuses, &
diverses autres, suivant les veines de terres
par lesquelles elles passent, peuvent donner
un grand jour à ce problême. On peut,
sans recourir à des expériences fictives avec
le vinaigre, l'eau-forte, & l'application de
toutes matieres corrosives, s'assurer du vrai
en disséquant, & en mettant dans sa bouche, ou en décomposant des morceaux de
ses racines. Ce muqueux s'apperçoit plus
particuliérement dans les racines fibreuses,
en les froissant & les brisant dans les doigts.

De tout ce que dessus que conclure ?
Une foule de conséquences, qui nous
meneroient trop loin ; mais en deux mots,
qu'il faut respecter les racines, & en mieux

...ser envers elles, qu'on n'a fait jufqu'ici :
enfin, qu'il en coute prodigieufement à la
nature pour réparer tous les dommages qui
lui font faits par la mutilation & le retranchement des racines, dont on dérange, &
dont on détruit l'organifation & le méchanifme, tant interne qu'externe. *Voyez* Su-
ÇOIR.

RACORNI, vient du mot de corne,
qui, quand elle fent la chaleur, ou le feu,
fe replie, fe refferre ; dont alors les parties
fe rapprochent les unes des autres, com-
pofant un moindre volume, & remplif-
fant un moindre efpace ; ou bien quand,
étant à l'humidité, elle fe gonfle & fe déjette. Ainfi le cuir, le parchemin & autres,
éprouvent le femblable, à l'occafion de ces
deux contraires. C'eft dans le premier fens
qu'en Jardinage on dit de la peau d'un arbre, d'un fruit, d'un légume qu'ils font
racornis, quand ils fe fanent, fe rident, &
lorfque cette peau n'eft point bandée,
comme elle doit l'être, bouffie & rebondie. C'eft figne de dépériffement. Un Jardinier intelligent aimant fes plantes, n'attend pas que les chofes en viennent là : il

prévient le mal , ou il y remédie , & en cherche la caufe. On donne en fon lieu tous enfeignemens à cet égard.

RACORNISSEMENT n'eft autre que comme deſſus , un flétriſſement des parties & une ſorte de rétraction ſur elles-mêmes , un rétréciſſement. *Voyez* CRISPA-TION.

RADICAL , HUMIDE RADICAL , il vient du latin , & veut dire principe d'humidité. On le dit particuliérement de la terre : ſi ce principe tariſſoit , c'en ſeroit fait de toute plante ; & lorſque cet humide radical eſt altéré , ces mêmes plantes ont beaucoup à ſouffrir , ſi lés arroſemens n'y ſuppléent.

RAFRAICHIR les racines des arbres & des plantes avant que de les mettre en terre, ce n'eſt pas les écourter , comme font tous les Jardiniers , qui les réduiſent preſque à rien ; mais c'eſt ôter ſeulement à l'épaiſſeur d'un ſou neuf l'extrêmité , qui eſt un peu gercée , ou fanée , ou bien auxquelles il ſe trouve de petits lambeaux par les bouts. *Voyez* HABILLER.

Pl. XIV.

PL. XIII.

RAGRÉER. *Voyez* RAFRAÎCHIR, RÉPARER.

RAJEUNIR *un arbre* ; c'eſt le tailler uniquement ſur les branches de la nouvelle pouſſe, & ſupprimer la plus grande partie du vieux bois. Cette opération doit être faite avec toutes les précautions & les conditions requiſes, & toujours en employant l'onguent S. Fiacre ſur les plaies férieuſes.

RAMEAU. *Voyez* BOURGEON.

RAMIFICATION. Ce mot eſt compoſé du terme de rameau & du verbe faire, comme qui diroit, fait de différens rameaux.

On appelle ramifications dans les plantes les diverſes diſtributions des rameaux, ou branches moindres qui tirent leur origine de rameaux plus gros. C'eſt ainſi qu'à nos veines on apperçoit quantité de ramuſcules, ou petits rameaux dérivant des groſſes.

RAMIFICATIONS DES FEUILLES. Ce ſont certains filets qu'à travers les feuilles on apperçoit dans leur intérieur, & qui ſur le plat de ces mêmes feuilles ſont ras & unis,

mais faillans & raboteux au revers. C'e[ɭ]
par-là que la feve leur arrive, & eſt diſperⱼ
ſée dans toute la capacité de la feuille, pou[r]
y être cuite & digérée par l'air qui le[ur]
frappe, & tamiſée dans tous leurs contour[s]
& leurs circuits faits en forme de laby-
rinthes.

RAMPANT, Plantes Rampantes
Ce ſont celles qui, étant extrêmemen[t]
tendres, creuſes en dedans, & remplie[s]
d'une humeur ſéreuſe, ne peuvent ſup-
porter d'être attachées à quoi que ce ſoit, &
ſont répandues à plat ſur terre, où elles s'é-
tendent au loin, chacune ſuivant leur capacité. Tels les melons, les concombres, le[s]
citrouilles, les courges & autres. Il e[ſt]
quantité d'autres plantes également rampantes, comme ſont la plupart des légumes, perſil, oſeille, épinards, pourpie[r]
Il eſt des plantes ſarmenteuſes, telles qu[e]
la vigne & ſes ſemblables, qui rampen[t]
également ſur terre ; mais à qui il faut de[s]
ſupports, ou à qui la nature a accordé de[s]
griffes pour s'attacher, ou des grapins, tel[s]
le lierre, la vigne-vierge & autres. Il eſt auſſi
de ces ſortes de plantes rampantes à qu[i]

cett[e]

cette même nature a donné la faculté de s'entortiller autour de tout ce qu'elles rencontrent, ou spiralement, tels que les pois, les haricots, les lizerons, &c.

RAMUSCULE, diminutif de rameau, & qui veut dire petit rameau. Ce sont dans les feuilles les divisions de ces filets qui sortent des plus gros, & dans les racines, ce sont les petites qui sortent des moyennes à différens étages.

RAPPELLER *un arbre*, est un terme nouveau ; mais inventé avec jugement, & employé à Montreuil avec autant de discernement. Rappeller s'entend des arbres qui, après avoir été quelque temps laissés un peu à eux-mêmes jusqu'à un certain point, à cause de leur trop de vigueur, sont, par la suite, tenus un peu plus de court. On les rappelle alors ; c'est-à-dire, on les soulage à la taille, on les rapproche un peu, on les rabat & on les décharge.

RAPPROCHEMENT, Rapprocher, se dit des arbres & des palissades. Le rapprochement des arbres a lieu, quand les arbres s'étant trop allongés du haut & des côtés sont dépouillés du bas & du milieu ;

alors on eſt obligé de les tailler plus bas pour
les regarnir. Mais ce rapprochement ſe fait
par gradation, un peu dans une année, &
un peu dans une autre, en 3, 4, 5, ou 6
ans; & voilà ce qui n'eſt rien moins qu'entendu dans le Jardinage.

On ne ſait que tout ſabrer d'abord, étriper, ébotter, réceper, étronçonner, tout
abattre, voilà ce qu'on entend au mieux;
mais ménager de bon bois pour ſe reprendre deſſus, ravaler adroitement, peu-à-peu,
d'année en année, pour ne pas tout-à-
coup épuiſer un arbre, à force de lui faire
des plaies graves, où ſouvent les chancres
& la gangrene gagnent & carient les arbres. S'attacher à tirer avantage de certaines pouſſes heureuſes, inattendues & capables de renouveller tout l'arbre; lui donner le temps de ſe remettre, le remonter
avec de bons engrais, quand il y a lieu de
tout eſpérer encore d'un arbre vif d'ailleurs;
enfin ſe retourner habilement de diverſes
façons pour ſauver un arbre en qui eſt encore de la reſſource; voilà ce qu'on ignore.
L'on a plutôt fait d'arracher & de planter.
Mais ce nouvel arbre combien durera-t-il?

Après peu d'années un pareil fort l'at-tend, qui n'eft que la fuite d'un traitement femblable à celui de fon prédéceffeur. C'eft ainfi qu'on ne jouit point en dépenfant gros, en perdant beaucoup de temps, & toujours qu'on n'a rien en comparaifon de ce qu'on pourroit & devroit avoir.

RAPPROCHER une paliffade de char-mille, d'ormille, d'érables, de tilleuls, &c. C'eft quand, au bout d'un certain nombre d'années qu'elle s'eft trop allongée & éclaircie, on la coupe tout près du vieux bois pour lui faire pouffer de nouveaux fcions.

RAT dans les Jardins. Moyen de s'en dé-livrer. *Voyez* TAUPES.

RATATINÉ. *Voyez* RABOUGRI, RA-CORNI.

RATEAU, RATELER, RATISSER, RA-TISSOIRE, termes d'ufage dans le Jardina-ge, pour fignifier des outils de cet art, & l'action de travailler avec.

RATEAU eft un outil de bois où font des dents de fer, avec un long manche, pour attirer à foi les immondices du Jardin, & les amaffer pour les enlever.

R

RATELER, c'est avec le rateau faire ce que dessus.

RATISSER, c'est avec la ratissoire gratter le dessus de la terre pour ôter les mauvaises herbes, & les enlever par le moyen du rateau.

RATISSOIRE est un instrument de fer plat replié, long d'environ un pied & étroit, ayant une douille & un long manche de bois.

Il est une autre ratissoire qu'on appelle à pousser, & dont le fer est à plat, & l'on pousse en avant pour écrouter la terre ; au lieu qu'avec celle ci-dessus on fait en tirant à soi.

RAVALEMENT, RAVALER. Ce terme est pris de la Maçonnerie. Dans cet art on appelle ravaler un bâtiment, quand en s'y prenant du haut, on fait un nouvel enduit en allant toujours jusqu'en bas. Le même se pratique dans le Jardinage, quand un arbre est emporté, & qu'on le rabat sur les branches inférieures. *Voyez* RABAISSER, RAJEUNIR, RAPPELLER & RAPPROCHER.

RAYON, Semer & planter par rayons.

Rayon, ou petite raie, c'eſt la même choſe. On dit rayon d'aſperges, de vigne, &c.
Voyez TALUS.

Semer par rayons, c'eſt, après avoir fait
avec un traçoir une raie ſur terre au cordeau, y répandre de la ſemence, ou des
graines, & les couvrir de terre.

Planter en rayons ſe dit de la vigne & des
aſperges plus particuliérement. Voici l'u-
ſage commun. On fait au cordeau une
fouille d'un, ou de deux pieds de profondeur, ſur autant, ou environ de large, &
on laiſſe un entre-deux de terre de ſemblable grandeur, ſur lequel on jette la terre
de la fouille, & l'on plante dans ce fond
ainſi creuſé, puis d'année en année on
prend de la terre de cet entre-deux pour
rechauffer toujours le plant, juſqu'à ce que
le fond ſoit rempli, & que tout ſoit de niveau. Tel eſt l'uſage ordinaire. Quoiqu'il
ne ſoit point blâmable en lui-même, cependant on peut le perfectionner de la façon qui ſuit. Au lieu de deux pieds d'un
rayon à l'autre & d'un ados ſemblable, en
donner quatre; par conſéquent chaque
planche & chaque rayon auront quatre

pieds. Alors il y aura beaucoup moin
d'ombre que de la part des ados, ſi durs, &
ſi près l'un de l'autre, à deux pieds de diſtance ſeulement : les plantes par conſéquent recevront plus amplement tous le
bienfaits de l'air. Il ſera loiſible en outre
d'eſpacer davantage ſon plant, qui aura
plus de nourriture. Enfin combien de
facilités pour les labours & pour placer le
engrais, ainſi que pour tout le travail ? I
eſt encore d'autres avantages qui ne ſon
point à comparer à ceux de l'uſage commun. On peut en eſſayer. Tout ce que
deſſus eſt d'après l'expérience.

RAYONNER. C'eſt tirer & marquer
avec un outil des raies ſur la terre, & la
creuſer enſuite, ſuivant ce qu'on veut y
planter. On dit rayonner pour planter des
aſperges & de la vigne, &c.

RAYS, terme uſité à Montreuil, & inconnu par-tout ailleurs. Ce ſont les rayons
des vieilles roues de caroſſes que des gens
achetent à Paris, pour déchirer & mettre
en piece. Les gens de Montreuil achetent
ces rayons pour les faire ſceller au haut de
leurs murailles en ſaillie, & deſſus ils po-

...ent des paillaſſons plats, comme a été dit.
...N *Voyez* PAILLASSONS.

Pourquoi plutôt ces rays, ou rayons
de roues que d'autres bois, comme pluſieurs en ont ? C'eſt par rapport aux diverſes couches de vermillon en huile qui
les garantit de la pourriture.

REBOTTÉ, terme de Pépiniériſte. On
appelle un arbre rebotté, celui que le Pépiniériſte n'a pu vendre, & qu'il a coupé
tout près de ſa greffe. Il pouſſe un, ou deux
jets, qui reſſemblent beaucoup aux jets des
greffes ; mais ces arbres ainſi rebottés, à
cauſe de ces deux plaies, ſi proches l'une
de l'autre ; ſavoir, celle de la greffe de l'année précédente, & celle du rebottement
faite tout près de celle-là en dernier lieu,
ſont fort riſquables. Cependant il en eſt qui
ne laiſſent pas que de bien faire : mais cela
eſt plus rare que le contraire. Beaucoup de
Jardiniers, qui ne s'y connoiſſent point,
ou qui n'y regardent pas, prennent de ces
arbres rebottés, & ſont fort ſouvent trom-
pés. Le rebottement n'a lieu que par rapport au pêcher, qui, quand on le laiſſe
ſans le rabattre, ſe dégarnit du bas, & n'eſt

plus de défaite ; ce qui n'arrive point aux autres arbres qui percent du bas, au lieu que rarement le pêcher.

RÉCEPER vient du latin, & veut dire couper une seconde fois. C'est un arbre déja rebaissé qu'on rabat plus bas encore, parce qu'il ne s'est pas remis. *Voyez* ÉBOTTER & ÉTRIPER.

RECHIGNER. On entend par rechigner être de mauvaise humeur, chagrin, triste, bourru, mélancolique, & l'on dit par comparaison qu'un arbre rechigne quand il fait mauvaise figure dans le jardin, soit pour avoir été mal planté avec les racines écourtées & mutilées, comme aussi pour être trop avant dans terre, soit pour être charpenté continuellement, & privé de ses rameaux, qu'on ôte, ou qu'on pince & repince, qu'on racourcit sans fin, & qu'on tourmente en toutes manieres, soit pour être dans un terrein défavantageux, &c. *Voyez* RABOUGRI.

RÉCHAUF, RÉCHAUFFER, se dit des couches. On appelle réchauf du fumier de cheval, ou de mulet sortant de dessous l'animal, lequel on place tout autour d'une couche à l'épaisseur d'un pied, quand la couche commence à se refroidir.

Si l'on fabriquoit les couches, comme il est prescrit à l'article des couches dans le présent Dictionnaire, on ne seroit pas dans la nécessité de réchauffer après coup, ni aussi souvent qu'on le fait. Il est hors de doute que les couches tiendroient leur chaleur le double du temps ordinaire.

On peche assez communément dans le Jardinage au sujet des réchaufs. On attend ordinairement que la couche soit presque froide pour appliquer le réchauf; de plus on met la plupart du temps le réchauf de niveau avec sa superficie, au lieu de l'exhausser au moins de 6 pouces de plus: en outre il faudroit qu'il fût bien soudé, battu & piétiné; en sus encore il seroit question d'avoir toujours une seconde couche toute prête, & lorsque la précédente commenceroit à se ralentir, on transporteroit son plant sur la nouvelle faite; bien entendu qu'on n'arracheroit point, & qu'on ne tireroit pas hors de terre de quelque façon que ce puisse être le plant; mais qu'usant de petits pots à basilic, on les transporteroit tout brandi fur la nouvelle couche, & qu'on enfonceroit jufqu'au rebord, comme ils étoient. Enfin en fuppofant une terre factice pour fubftituer au terreau, qui eft extrêmement poreux, & qui par conféquent fe refroidit auffi aifément qu'il s'échauffe, la couche conferveroit bien plus long-temps encore fa chaleur avec cette terre plus compacte & plus ferrée, compofée d'ailleurs de tous ingrédiens propres à s'échauffer fuffifamment, fans trop s'enflammer.

Ce qui eft propofé ici, tant pour les réchaufs que pour les couches, n'empêcheroit pas que pour les falades de primeur, on ne pratiquât, comme on a fait jufqu'ici, en laiffant fon plant à demeure fous chaque cloche ; mais il faudroit remonter & renforcer le terreau en lui donnant plus de corps. *Voyez* COUCHE, TERRE FACTICE.

Tout ce que deffus, ainfi que ce qui eft dit à l'article des couches, ne préjudicie en rien aux chaffis ; feulement il y faudroit fubftituer au terreau la terre factice. Ceci est tellement d'importance, qu'on ne peut trop le rebattre, ni insister dessus.

RÉCHAUFFER *des asperges*. On pourroit s'y prendre autrement qu'on ne fait pour réchauffer des asperges. Elles sont communément maigres, petites, courtes & toutes blanches, filandreuses, souvent ameres, ou sans gout. On les leve de terre, & on les met dans le terreau, soit sous chassis, soit sur couches chaudes. Le terreau est trop veule pour leur donner de la qualité. De plus ces asperges qu'on réchauffe ainsi, ont d'ordinaire été cueillies l'année même, par conséquent elles ne peuvent être valeureuses : enfin la plupart du temps ces asperges qu'on réchauffe sont de vieux plants usés qu'on veut détruire, & qui sont invalides.

Voici donc comme il faudroit s'y prendre. Au lieu de déplanter, ce qui altere & affoiblit la plante, il faut réchauffer en place ; faire pour cet effet aux deux côtés d'un rayon d'asperges de 5 à 6 ans dans sa pleine vigueur, deux tranchées d'un pied & demi de large, & d'autant de profondeur. Là mettre du fumier chaud que l'on

R

piétine tant & plus pour qu'il tienne ſa
chaleur , & l'exhauſſer de chaque côté de
6 bons pouces de plus que la terre du rayon.
Couvrir le rayon avec de la grande paille
qui n'ait pas été ſous les chevaux , laquelle
on briſe , ou de la grande litiere , qui ait
été long-temps à l'air depuis qu'on l'a tirée
de deſſous les chevaux , & qui par conſéquent n'ait point de gout. Si l'on a des
chaſſis en commandement , on porte un ,
ou pluſieurs chaſſis ſucceſſivement ſur le
rayon , & l'on pouſſe plus , ou moins pour
accélérer , ou retarder , ſuivant le beſoin.
Sur cette grande paille briſée , ou ſur la litiere , on met une épaiſſeur de 8 , ou 9 pouces de fumier chaud , & par-deſſus des
paillaſſons pour parer contre les humidités.

De temps à autre on leve le tout quand
le froid n'eſt pas grand pour faire brunir &
verdir les aſperges , puis on recouvre. Si
les gelées ſont fortes , on ſe tient coi , &
lorſqu'il eſt un rayon d'un beau ſoleil , on
en profite. On ne réchauffe pas tout à la
fois , mais ſucceſſivement ; faire à cet égard ,
ſavoir pour couvrir & découvrir , le mê-

rme que pour les plants d'artichauts.

On obferve de ne pas cueillir l'année
même les rayons d'afperges que l'on deftine pour réchauffer, & on les laiffe auffi
l'année d'après fans les cueillir, &, par conféquent, on peut, de deux années l'une,
réchauffer alternativement les mêmes
rayons.

Ces afperges, qui ont été réchauffées,
on les reftaure pour les remettre de leur fa-
tigue, avec fumier bien confommé; on
ôte la grande litiere qu'on a mife deffus & le
fumier des réchaufs, & on remet la terre
qu'on avoit ôtée.

Ne point laiffer de lacunes; & fi quelqu'afperge vient à manquer, la rempla-
cer par une autre, qu'on leve avec toutes
fes racines à un bout de rayon qui eft fa-
crifié pour ce fujet.

Sur tout ce que deffus, on peut enchérir & perfectionner. On ômet ici beaucoup de menus détails auxquels on peut
fuppléer; mais voilà le principal.

D'après cette pratique, on a des afperges, à peu de différence près, auffi grof-

fes, auffi belles & auffi favoureufes que
dans la faifon.

Tout ce qui eft ici prefcrit eft dans un
fens moins embarraffant, qu'en déplantant
& en tranfportant fur couches, ou fous
chaffis, & eft bien plus fimple & plus naturel. Le tout à commencer vers la fin
d'Octobre, & continuer jufqu'au printemps. Renouveller les réchaufs en cas de
befoin. Nous convenons que le tout eft
plus couteux que fuivant la façon ordinaire. Mais qui font ceux qui mangent
d'un tel mêts ? fi ce n'eft les oppulens curieux, à qui rien ne coute pour fe fatisfaire.
Quoi qu'il en foit, il vaut mieux patien-
ter pour avoir chaque chofe en fon
temps.

RECOQUILLÉ, & non pas RECRO-
QUEBILLÉ. Recoquillé veut dire, en parlant des feuilles, qui eft replié en forme
de coquilles : c'eft ce qui arrive au printemps, quand les temps font contraires.
Voyez CLOQUÉ.

REGREFFER veut dire greffer un arbre
qui l'a déja été, parce que fon fruit n'eft pas
bon, ou pour toute autre raifon.

Quiconque veut avoir des fruits monf-
trueux, n'a qu'à greffer tous les ans un
même arbre fur la pouffe de la nouvelle
greffe, en changeant toujours d'efpece de
greffes ; & au bout de 9, 10, 11, ou 12
ans, les fruits qui viendront fur la derniere greffe feront furprenans. L'expérience juftifie ce point. Elle en a été faite
plus d'une fois, & fpécialement par l'Auteur du préfent Dictionnaire jufqu'à neuf
fois, & en dernier, il a eu des fruits monf-
trueux.

REMEDES quant aux plantes. *Voyez*
MÉDICAMENT.

REMONTER DES TERRES, TERRES
REMONTÉES. Ce font celles qui, dépourvues de fubftance, foit par leur nature, foit
pour avoir trop porté, font renouvellées
par d'autres terres qu'on y rapporte, ou par
abondance de fumier qu'on a mêlés avec
elles, foit avec force terreau gras.

RENOUVELLER. *Voyez* RAJEUNIR.

RÉPARER, terme de Jardinage. C'eft,
lorfqu'on a fcié quelque branche, unir
la plaie en ôtant avec le tranchant de la
ferpette toutes les bavures, les efpeces d'ef-

quilles, les petits lambeaux de l'écorce occasionnés par les dents de la scie. C'est à quoi il ne faut pas manquer ; autrement la plaie ne se recouvriroit point, le bois sécheroit, & il s'y feroit un chancre. Surtout emplâtre d'onguent S. Fiacre.

REPLANTER veut dire planter une seconde fois, soit un arbre à la place d'un autre, soit un arbre qu'on transporte d'une place dans une autre. Quiconque plante bien, & suivant une méthode, est bien sûr de ne point replanter. Ne devroit-on pas être las de replanter sans fin, comme sans jouir ? Que de temps perdu !

RÉSERVE, BRANCHE DE RÉSERVE. *Voyez* BRANCHE.

RESSORT. *Voyez* ÉLASTICITÉ.

REVERS DES FEUILLES, ou leur ENVERS. C'est cette partie plate d'elles-mêmes qui est en-dessous. Toujours le revers, ou l'envers des feuilles est différent du dessus. La nature a ses raisons dans ces sortes de dissemblances dans un même sujet, & dont ailleurs on rend raison.

RIDES. *Voyez* ANNEAUX.

RIGOLE, RIGOLER, terme de Jardinage.

mage. Rigole, ou petit creux tiré en long. Par rigole, on entend une fouille étroite faite dans la terre pour y mettre des femences, ou de menues plantes. Il eſt quantité de graines & de plantes qu'on feme & qu'on met dans des rigoles, comme l'ofeille, le perſil, le cerfeuil, les laitues à couteau, &c. Il eſt auffi des groffes femences que pareillement on met dans des rigoles, telles les pois, la poirée, la chircorée fauvage & autre. Le même eſt pour quantité de plantes & de fleurs qu'on met en bordures par rigoles; les fraiſiers, par exemple, dont nous avons donné un Traité.

RIGOLER, c'eſt faire de ces tranchées étroites, ou fouiller des terres pour y mettre certaines plantes qu'on veut faire blanchir dans la terre, comme le céleri, que dans la fuite on butte, & autres plantes.

RIGOLER pour faire écouler les eaux; c'eſt faire de petites tranchées en forme d'orniere, pour diriger les eaux dehors. Il eſt auffi des rigoles faites avec des gouttieres pour porter les eaux d'un quartier du Jardin dans un autre, comme en ont la plûpart des Maraîchers autour de Paris.

ROBE, *fruits à robe*. Ce font tous ceux qui ont, à l'extérieur, une forte de furtout en forme d'écorce, dans lequel eft enchaffé le fruit. Tels les avelines, les noifettes & le gland.

ROGNER. *Voyez* ARRÊTER, PINCER.

ROUILLE eft une maladie des arbres & des autres plantes. Elle eft appellée ainfi à caufe des taches livides de la couleur de la rouille du fer qui les prend. Cette maladie, qui vient de bien des caufes, fait grand tort aux plantes. Il eft des remedes pour la guérir, quand elle n'a point fait trop de progrès. Les arrofemens faits avec des eaux trop dures & trop crues de puits fort profonds, & qui font trop froides, ou bien qui ont paffé à travers des bancs de pierre tendre, font rouiller & périr quantité de plantes, les melons, entr'autres, & les concombres, le céleri, comme auffi quantité de plantes tendres & délicates. Les humidités froides produifent le même effet : les pluies démefurées encore.

Arrofer en plein midi les plantes tendres fur les feuilles, occafionne la rouille. Le contrafte du chaud & du froid produit dans les plantes les mêmes effets qu'en nous; lorfqu'excédés de la chaleur, nous allons dans un lieu froid, où nous buvons alors très-frais. Telle eft la caufe la plus ordinaire de la rouille des plantes.

La rouille eft préjudiciable aux plantes, en ce qu'elle attaque leurs feuilles, qui font les ouvrieres de la feve; & qui lui fervent de cribles & de tamis; une plante rouillée ceffe de profiter; elle va toujours en dépériffant; enfin la plupart du temps elle avorte. Dès que les ouvrieres, faites pour travailler, cuire, digérer la feve, & de plus pour pomper au-dehors les bienfaits de l'air & les influences d'en haut, afin de les tranfmettre à toute la plante, font hors d'état de faire leurs fonctions à raifon du dérangement de leur tiffu, la plante patit de toute néceffité. Les taches livides imprimées fur les feuilles, font autant de froiffemens; où la feve ne peut plus arriver; ces parties ainfi froiffées venant à fe fecher, deviennent paralytiques.

La rouille a pour caufe , entr'autres , les vents brulans auxquels fuccéde tout-à-coup une pluie froide & morfondante , qui incife & déchire les parties membraneufes de ces mêmes feuilles. Dans les lieux humides , foit du côté de la terre , foit du côté de l'impreffion de la trop grande humidité des vapeurs le long des étangs & amas d'eau , contribue encore à la rouille.

Les Maraifchers autour de Paris arrofent fans obferver quoi que ce foit de tout ce que deffus ; mais d'abord ils ne peuvent faire autrement ; enfuite ils ne s'en trouvent pas mieux : enfin ils ufent de précautions envers les plantes délicates , de même que les curieux pour les fleurs & pour les plantes graffes. Nous traitons de la rouille dans notre Traité des maladies des plantes.

S

SACLER, ou SARCLER. M. de la Quintinie dit l'un & l'autre, I. Partie, p. 92, & dans son Dictionnaire ; mais le dire universel des Ouvriers & des gens de campagne est sacler. On entend par ce mot ôter, de quelque façon que ce soit, les mauvaises herbes.

SACLAGE est l'action de sacler.

SACLEUR, est celui qui sacle. Il est un art pour le faire à propos, sans nuire aux plantes utiles.

SACLOIR, est l'instrument de fer avec lequel on coupe les mauvaises herbes. Cet instrument est connu de tous les Jardiniers, & il est d'une différente forme & figure, suivant l'usage des lieux.

Jamais on ne devroit sacler dans un Jardin bien entendu, mais biner & serfouir. En ôtant les mauvaises herbes, dès leur naissance, on ne leur donne point le temps de s'approprier & de consumer en pure perte les fucs de la terre ; ces mauvaifes herbes font au moins autant de confommation de ces fucs, que les bonnes & les utiles. Il ne faut que comparer la production de ces herbages fortuits avec les plantes fructueufes qu'un même efpace de terrein peut rendre, & l'on verra qu'ils font équivalens à celles-ci, s'ils ne l'emportent. *Voyez* HERBES.

SAGE. Ce mot, dans le Jardinage, eft confacré à Montreuil, pour fignifier l'état d'un arbre qui, après avoir pouffé follement par trop de vigueur & d'embonpoint, eft enfin ce qu'ils appellent fubjugué, à force de lui avoir laiffé pouffer des gourmands & des demi-gourmands, & de l'avoir chargé, tiré & allongé, pour, comme difent encore les bonnes gens de ce lieu, lui faire jetter fon feu. C'eft donc alors qu'un tel arbre eft devenu fage. Cette fageffe, attribuée alors à cet arbre, confifte à ne plus pouffer que modérément, & toutes branches fructueufes. Telle eft la façon dont ces agriculteurs s'y prennent pour réduire ces arbres indociles, & ils y parviennent pour leur profit particulier, & pour l'avancement de l'arbre qui, au moyen de ce qu'on lui lâche la bride, comme ils le difent encore, fait, en peu d'années, des progrès immenfes.

Dans la vieille routine, on raccourcit toujours, on ravale & l'on rapproche fans ceffe; au moyen de quoi l'on n'a, ni arbre, ni fruit, & l'on eft des 10, 12, 15 ans à former des arbres.

Ils ufent encore de ce même moyen pour ceux des arbres qui s'obftinent à ne pas donner de fruit. Les Jardiniers pendant des 10, 15 & 20 années, les tourmentent de toutes façons en pure perte. Mais fans les tourmenter ainfi & les mutiler, ils les ont bien-tôt rendu fages. Ils ufent encore d'autres moyens non moins fenfés & réfléchis, mais ignorés dans le Jardinage commun.

Ce mot fe trouve employé dans la même fignification par M. de la Quintinie, IV Partie, ch. XXXVII, p. 645.

SAIGNÉE *des arbres.* Tiré de la Chirurgie. Cette opération n'eft entendue, ni faite à propos qu'à Montreuil. C'eft une incifion faite avec précaution & connoiffance de caufe par la pointe de la ferpette à l'écorce des arbres, ou des branches. C'est un des moyens dont se servent les gens de Montreuil pour traiter leurs arbres dans différentes circonstances où cette opération a lieu. Elle a ses regles & ses principes. Il faut être bien avisé & bien prudent pour ne pas l'employer contre les regles, par exemple, en face du soleil, & à l'exposition des pluies, ni à des arbres catéreux; mais toujours de côté & par derriere. Cette invention n'est pas pratiquée seulement à Montreuil. Il y a environ deux cens ans qu'elle fut mise en avant par le Docteur Tongres, Médecin Anglois, comme il paroît par les Mémoires de l'Académie de Londres. Nos Jardiniers, bonnes gens, n'abuseront pas d'une telle invention; ils ne la connoissent pas. On dit, par métaphore, saigner un ruisseau pour diminuer l'eau, &c.

SARMENT, nom qui a été donné au bois formé & aoûté de la vigne.

SARMENTEUX, Plante Sarmenteuse; c'est toute plante qui, de même que la vigne, quoique ligneuse, ne se soutient point par elle-même, comme les arbres , telles la vigne - vierge , &c.

SAUVAGES , en parlant des fruits , font ceux qui viennent fans être cultivés , ni greffés , tels que ceux des bois.

SAUVAGEON. Il fe dit de tous les arbres, qui, ayant befoin d'être greffés pour rapporter des fruits favoureux, ne porteroient que des fruits fauvages , comme ceux des bois.

Tous les arbres font originairement fauvageons. Ceux que nous greffons ont été pris dans les bois, & apportés dans nos jardins pour être entés fur d'autres fauvageons. Tous les jours on découvre dans les forêts de nouveaux fruits. M. de la Quintinie parle, dans fon Ouvrage, de poires à lui apportées des bois par un Curieux de Guienne. Les Chartreux , dans leur lifte des fruits , accufent quantité de nouveaux fruits , qu'ils donnent pour tels , ainfi que pour excellens. Il eft une efpece de poire, entr'autres , qu'on nomme la bergamotte de Hollande , qui fe garde jufqu'au mois d'Août , laquelle eft affez belle , paffablement bonne , elle eft de date affez récente. Tous les curieux devroient s'appliquer à multiplier ce fruit , pour les compottes fur-tout, & qui n'est pas indifférent à être employé au couteau.

SCARIFICATION, terme de Chirurgie par nous adapté au Jardinage. Cette opération est pour les arbres la même que pour les humains. Un arbre pousse à outrance, il fleurit toujours & ne porte jamais ; scarifiez-le, & lui laissez tout son bois durant une année sans le tailler aucunement, & à coup sûr, il rapportera la même année de l'opération. Elle se fait ainsi.

Avec le tranchant de la serpette vous incisez transversalement du bas en haut toutes les branches jusqu'à la partie ligneuse, en faisant une espece de hoche, en coulant la serpette en-dessous, & la couchant par conséquent. Vous faites de semblables incisions dans tous les sens, pardevant, par derriere, & des deux côtés. La distance d'une incision à l'autre doit être depuis 7, 8, ou 9 pouces jusqu'à 1 pied. Si l'on faisoit les incisions du haut vers le bas, les incisions ne tarderoient pas à se fermer, & toujours la seve reprendroit son même cours ; mais ces incisions étant faites en-dessous, du bas en haut, il faut, absolument, que cette seve soit retardée dans son cours, qu'elle n'arrive que difficilement & par menues parcelles ; & par ce moyen elle est, de toute nécessité, élabourée, cuite & digérée. De telles opérations, & de quantité d'autres semblables, dont on s'est avisé, on rend dans l'Ouvrage les raisons plus détaillées ; mais elles sont rendues bien autrement certaines par l'expérience & le succès. On la fait au renouveau, en Mars.

SCIE A MAIN. *Voyez* OUTIL DU JAR-DINAGE.

SECRÉTION. Ce terme vient d'un mot latin, qui veut dire séparation. La secré-tion est un terme usité en Médecine, & il signifie la séparation des parties grossieres & superflues des nourritures d'avec les par-ties alimentaires. Le même a lieu dans les végétaux. M. Halles, dans son Traité ad-mirable de la Statique des Végétaux, ad-met dans les plantes de même que dans les animaux vivans, une faculté de se déchar-ger des parties superflues par voie d'éjec-tion, & l'expérience le confirme. Leur peau est criblée de pores, comme la nôtre, par lesquels ils transpirent d'une façon aussi senſible que nous. Ils ſe dépouillent de leur vieille écorce par parties , & une autre écorce naiſſante , pouſſant celle-là , prend ſa place. Les baumes , les gommes , les réſines , fluant ſans cauſes forcées , &c. ainſi que les odeurs des fleurs , les chatons de certains arbres & autres , font une preuve de cette vérité.

SECTION , vient d'un mot latin , qui veut dire coupure. Il s'applique aux végétaux & aux inſectes. Le bled , par exemple , l'avoine , le ſeigle , & leurs ſemblables , ſont fendus par le milieu , d'une extrêmité à l'autre , & cette fente , ou coupure , s'appelle ſection. Dans les inſectes , comme dans les mouches à miel , les guêpes , les bourdons ; ce qu'on appelle ſection , c'eſt le milieu de leur corps après leur eſtomac , qui paroît ne tenir qu'à un fil.

SEL. On dit les ſels de la terre , c'eſt-à-dire , les parties ſpiritueuſes qui ſont dans la terre , & qui participent à la nature du ſel. *Voyez* NITRE , NITREUX.

SEMENCES. *Voyez* GRAINES.

SEMER , c'eſt répandre la ſemence ſur terre , & l'y enfouir en la couvrant de terre.

Il y a plusieurs façons de semer ; savoir,
à champ, ou en plein champ, ou à la volée, en rigole, en pots, c'est-à-dire, en
faisant de petits bassins pour y mettre pois,
feves, lentilles, &c. On dit encore semer
au talon dans les terres meubles & les terres légeres, lorsqu'en frappant fermement
du talon sur la terre, on y fait un trou,
dans lequel on met des pois, & autres semences, qu'ensuite on recouvre de terre.
Semer sagement, rien de plus rare. Tous
mettent au moins le double de la semence, toujours ils ont peur de ne pas assez
charger ; & quand le plant leve, il faut
l'éclaircir, sinon il s'étiole ; & alors on n'a
rien. Il est un proverbe qui dit : *qui seme*
dru recueille clair, & qui seme clair recueille
dru. Les habiles semeurs sont chiches de
semence ; aussi recueillent-ils le double des
autres. Les Jardiniers prodigues de semence, disent pour raison, qu'ils doutent de
la bonté de leurs graines. A ce frivole prétexte, on répond en deux mots ; savoir,
que pour s'assurer des semences, il est un
expédient infaillible, le voici. Mettre tremper toute graine dans de l'eau tout simple-

ment, durant 5 ou 6 heures, plus, ou
moins, peu importe. Toutes les graines
qui ont des amandes bonnes vont au fond,
& celles qui font vuides furnagent. Avec
une écumoire enlever tout ce qui flotte, &
le jettez en toute fureté. Mettez les graines
du fond fur un torchon clair au foleil, ou
en lieu fec, pour fe reffuyer, puis femez,
& vous êtes fûr qu'il n'en manquera pas
une feule graine. Mais parce que cela demande quelques momens, du foin, de
l'attention, & une forte de fujétion, &
que tout fe fait à la hâte dans le Jardinage,
on feme à telle fin que de raifon. Si la femence eft trop drue, on en eft quitte,
dit-on, pour l'éclaircir. Mais le plant trop
près fe nuit, (on ne peut en difconvenir);
d'ailleurs c'eft de la femence perdue ; en
outre, quel temps employé mal à propos
à éclaircir le plant ? Enfin en arrachant le
plant de trop près, n'incommode-t-on pas
le plant voifin ? On ne peut encore en difconvenir : fi au contraire la femence ne
leve point, on en eft quitte, dit-on encore,
pour reffemer ; mais alors il eft des femences dont la faifon eft paffée, & on n'y revient plus.

On donne ici pour maxime à l'occafion préfente, de ne jamais rien femer, fans auparavant l'avoir mis tremper. M. de la Quintinie eft de cet avis, quant au bien qui en réfulte. L'amande de la graine alors fe gonfle, la peau fe bande & s'étend, le germe humecté s'élance déjà pour fortir, toutes chofes qu'il faut que la nature faffe, & dont, par ce moyen, on lui épargne les frais : auffi elle en eft tellement reconnoiffante, que la germination en eft admirablement diligentée. Mais point de ces mixtions folles, qui font de pures charlataneries ; de l'eau tout fimplement.

SÉMINALES, Feuilles Séminales. Voyez Dissimilaires.

SERFOUETTE & Serfouir, inftrument & action du Jardinage. La ferfouette eft un outil du Jardinage qui a une partie de fon fer faite en forme de petite befoche, & l'autre en forme d'une petite fourche à deux dents, lequel fert à donner un labour léger aux plantes. Voyez Binage, biner, binette ; ferfouette & ferfouir étant, à peu de chofes près, les mêmes que binette & biner.

SERFOUIR, c'eft labourer avec la binette, de l'un, ou de l'autre de ſes côtés, ou de tous deux, pour, ou enfouir, ou enlever les mauvaiſes herbes.

Quelques Jardiniers, peu inſtruits dans leur art, corrompent ce mot. Les uns diſent *ſarfouir*, les autres *ſarfouer*, d'autres encore *ſerfouetter*. Tous ces termes ſont contre les regles de l'art.

SERPETTES. *Voyez* OUTILS DU JAR-DINAGE.

SERRE vient du mot ſerrer. C'eſt tout lieu deſtiné pour ſerrer pendant l'hiver les plantes qui redoutent le froid. Aujourd'hui l'on pratique des ſerres d'une nouvelle invention toutes différentes de nos anciennes; mais qui ſont ſi diſpendieuſes, que chacun n'y peut atteindre.

Les Auteurs des nouvelles ſerres ſont principalement les Anglois & les Hollandois, à cauſe de la température ingratte du climat; ils ont inventé des ſerres où, par le moyen d'une chaleur douce & modérée des fourneaux y pratiqués pour y faire un feu égal & ſucceſſif, on fait venir des pois en Mars, des haricots, des fraiſes; & en Mai des pêches, des figues, du raiſin, des melons,

melons, des rofes, des jafmins, des œillets, &c. Les Allemands s'y appliquent auffi.

Il eft au Jardin Royal des Plantes, à Paris,
de ces fortes de ferres ; mais pour des plantes de fimple curiofité.

Nombre de Seigneurs & de Particuliers
opulens ont de femblables ferres. Il en eft
dans les Maifons Royales. Nos Jardiniers
n'ont pu encore atteindre au gouvernement
de telles ferres ; & communément ce font
des Ouvriers qu'on fait venir des Pays
étrangers, qui régiffent ces fortes de ferres, tant le Jardinage eft encore borné chez
nous. La chofe n'eft pourtant rien moins
que difficile.

Il fe paffera encore un fort long-temps
jufqu'à ce que nos gens y mordent. Accou-
tumés aux chofes de routine, à ce qu'on
appelle trantran ; lorfqu'on les retire de là,
& qu'on les emploie aux chofes où ils ne
font pas verfés, ils n'y font plus. On en
connoît plus d'un, pour qui l'on a fait les
frais de les envoyer fur les lieux, & qui
en font revenus, à-peu-près, tels qu'ils
étoient partis ; défaut d'abord de lumiere, de capacité, d'intelligence, d'induf-

trie & de génie ; défaut ensuite d'éducation, de disposition naturelle ; enfin défaut de volonté & d'application. Vous en-
voyez à Rome de jeunes Eleves de Peinture, de Sculpture, d'Architecture, &c.
mais ils ont, outre des commencemens
& quelques notions de ces arts, un fonds
avantageux du côté des talens : or quant à
ceux des Jardiniers qu'on fait voyager dans
les contrées où se pratiquent les serres
chaudes, à peine savent-ils les premiers
élémens de l'art dont ils font profession ;
comment imaginer qu'ils pourront se sty-
ler à des pratiques toutes différentes de
celles usitées chez eux ? Pour réussir, il
faudroit envoyer un jeune homme qui
n'eût pris aucun pli, qui, ayant du feu &
de la bonne volonté, restât plusieurs années & s'appliquât. Notre méthode n'est
pas, comme on dit, la mer à boire, &
l'on ne peut, ou l'on ne veut y mordre.

SEVE. On entend par ce mot, un liquide spiritueux provenant des sucs de la
terre, lequel est le principe de la formation des plantes, de leur accroissement,
de leur fécondité & de leur multiplication.

La feve eft proprement le fang des arbres. Elle fait en eux, ainfi que dans toutes les plantes, les mêmes fonctions que le fang dans les animaux. Elle eft auffi différente en eux que celui-ci dans ceux-là.

Seve fe prend quelquefois pour gout. On dit d'un fruit, ou d'un vin qu'ils ont une feve exquife, pour dire un gout exquis.

On dit encore que les arbres font en feve, quand les boutons commencent à mouvoir. Il faut, dit-on auffi, faifir le temps de la feve pour greffer.

Il eft, lors du folftice & durant la canicule, un renouvellement de feve. On dit premiere feve, féconde feve, feve d'Août.

La feve, quoique la même dans fon principe, eft diverfe dans les différentes plantes pour fa couleur, fon gout, fa forme, fa figure, fes qualités & propriétés. De toutes ces chofes, il eft des raifons très-pertinentes déduites ailleurs.

On dit arrêter la feve, la troubler dans fon cours, retarder la feve, la précipiter, l'éventer, l'épuifer, &c. comme encore l'action, le mouvement, l'impétuofité,

l'irruption , l'intempérance & la furabon-
dance ; la fougue même de la feve , & auffi
feve appauvrie , défaut de feve , inondation
de feve , noyé par la feve , en parlant de l'é-
cuffon d'une greffe , &c. On dit encore
amufer la feve , en laiffant beaucoup de
bourgeons à un arbre. Eft un Traité en forme fur la feve , faifant partie du préfent
Ouvrage.

SEVRER. Tiré de l'ufage commun &
tranfporté dans le Jardinage. C'eft quand
ayant couché en terre un rameau de quelque plante , ce qu'on appelle marcotte , on
le coupe , & on le fépare de la plante fa
mere , après que ce rameau a pris racines ,
pour le replanter ailleurs.

SILIQUE. *Voyez* GOUSSE , COSSATS.

SILLON. Ce mot a lieu dans le Jardinage , comme dans le labourage. On dit
fillonner pour faire un plant de vigne dans
un des quarrés du jardin. On dit encore tirer un fillon d'un bout à l'autre d'une allée
pour planter dedans des fraifiers d'après notre méthode , toute différente de celle jufqu'ici. En général tout fillon dans le Jardinage , comme dans le vignoble , doit

être fait au cordeau, pour être droit & régulier.

SILLON & rayon, quoiqu'ils ne soient pas synonymes, approchent bien l'un de l'autre dans l'usage commun du Jardinage.

SORTIES. Mot barbare pour les Jardiniers du commun ; il vient du mot sortir. Nous appellons sorties, tous boutons, ou à bois, ou à fruit sortant de la tige par en bas aux arbres nains qu'on plante. Tous les Pépinieristes, parce que leurs arbres sont plantés trop près, coupent toutes les pousses du bas, lesquelles s'offusqueroient, & qui empêcheroient d'aller, de venir & de labourer dans la pépiniere ; mais ces arbres privés de sorties, quand on les plante dans son jardin, ont toutes les peines imaginables à percer une écorce épaisse quelquefois de deux lignes, & souvent meurent à la peine ; en outre, si ce sont des arbres fruitiers, combien de temps sont-ils à se mettre à fruit ? Aux arbres de tige, c'est différent ; il leur faut aussi des sorties, mais aux branches ; pourquoi, au lieu d'abattre les têtes des arbres de tige, comme très-

ineptement on fait, laisser toujours quelques
branchettes pour servir au passage & à l'introduction de la seve. Par ce moyen on a des arbres qui, la premiere année, ont des têtes ré-
gulieres formant déja un coup d'œil agréable, au lieu qu'en abattant la tête, votre
arbre n'est plus qu'une perche fichée en
terre, faisant un fort vilain coup d'œil.
A la seconde année, un arbre planté de la
sorte, c'est-à-dire, ayant des sorties sur le
vieux bois, lesquelles font amplement des
pousses que l'on éclaircit, en ôtant tout le
fretin, présente déja un arbre touffu, &
à la troisieme, il est arbre formé, comme
d'ordinaire à dix, suivant la routine d'été-
ter. Le même est pour tous les arbres
fruitiers, ou non, espaliers, contre-
espaliers, buissons, quand on peut avoir
des sorties aux arbres qu'on plante, &
du vieux bois sortable, sur qui on puisse
se reprendre. Mais il faut tout dire, c'est
qu'on doit planter non à racines écourtées,
ou hachées, mais des arbres levés avec toutes racines de toute longueur; & quand
on est assez dépourvu de sens pour planter
sans racines, ou à racines massacrées, il

il faut étêter comme le stupide vulgaire, parce que ce font les racines feules qui peuvent fournir, & aux forties, & aux vieux bois. Par tel moyen on jouit & l'on n'attend pas. Ce point concernant les forties aux arbres, quand on plante, eft une des clefs du Jardinage.

Une autre raifon pour laquelle il eft affez difficile d'avoir des forties aux arbres nains & aux tiges ; c'eft, en premier lieu, parce que la plupart des pépinières étant en plein champ, on empaille les arbres l'hiver, de peur que le gibier ne mange l'écorce tendre de ces arbres, & afin de pouvoir les empailler, on coupe toutes les forties des arbres nains, ce que pourtant on pourroit fe difpenfer de faire : en fecond lieu, on coupe les têtes en entier des tiges à caufe du tranfport, & auffi par routine.

SOUCHE. C'eft la partie de toute plante, qui eft entre la tige & les racines, & autrement dit le tronc auquel font attachées les racines. *Voyez* TRONC.

SOULEVER LA TERRE, voici ce que c'eft. Un Jardinier plante un arbre tellement quellement ; ceci n'eft que trop or-

dinaire : au bout d'un mois, ou fix femaines, quand la terre eft affaiffée, l'arbre fe
trouve enterré de 3, 4, 5, ou 6 pouces. Au
lieu de fouiller alors avec précaution la terre,
pour en tirer l'arbre, fans offenfer les racines,
& le replanter fagement, que fait-on?
Tous, fans exception, fourrent la beche
entre deux terres plus bas que les racines,
& faifant une pefée, ils la fouleyent avec
l'arbre, fourrant enfuite un peu de terre en-
deffous. C'eft tout d'un coup fait. Mais fi
l'arbre a des racines, que deviennent-elles?
Comment s'accommodent-elles d'un pareil traitement? Ce qui eft de certain, c'eft
que cette terre ainfi foulevée, ne tarde
guere à s'affaiffer, à peu de chofe près,
comme auparavant, & que l'arbre refte en
terré. Le même eft ufité pour toutes les
autres plantes trop enterrées, foit fur couche, foit en pleine terre. On fouleve de
la forte, & l'on brife les racines. C'eft ainfi
que, fans croire mal faire, fans y faire attention, prefque tout eft fait à rebours du
bon fens. Voilà fur quoi il faut abfolument
fe réformer.

　　Terre foulevée s'entend des terres gon-

flées dans leur fuperficie. Les labours foulevent la terre , puis , peu à peu , elle s'affaiffe : les taupes en fouillant la terre , la
foulevent. Rien ne fouleve tant la terre &
ne la rend plus meuble , ou mobile , que
la neige & les gelées. Les pluies d'orage
battent , au contraire , la terre & la plombent.

† SOUPIRAUX , ou TRANCHÉES , terme
d'Anatomie. Dans les plantes , on appelle
foupiraux quantité d'ouvertures imperceptibles , par lefquelles l'air entre dans la capacité intérieure des plantes , & en fort, de
même que dans les corps animés. *Voyez*
PORES.

Faute de liberté de ces foupiraux dans les
plantes , ou elles languiffent , ou elles périffent. Les arbres plantés trop avant ne
patiffent & ne viennent à leur fin que par
cette raifon. C'eft auffi pour le même fujet , que les arbres galeux & mouffeux ne
profitent pas.

Les arbres encore qu'on entortille avec
quoi que ce puiffe être par la tige , pour
quelque motif que ce foit , ceffent auffi
de profiter. Les arbres encore à qui on

laiſſe trop long-temps de ſuite les paillaſ⸗
ſons au printemps, blanchiſſent & s'atten⸗
driſſent, faute de reſpiration.

Toutes les plantes qu'on veut faire blan⸗
chir & attendrir, on les prive de l'air, tel⸗
les les chicorées, le céleri, les cardons;
enfin les plantes qui pomment par elles-
mêmes, comme les laitues, les choux &
autres, ne blanchiſſent & ne s'attendriſ⸗
ſent que faute de ſoupiraux dans l'intérieur
d'elles - mêmes, ou de leur obſtruction.
Voyez VENTOUSE.

SOUS-YEUX ſe dit de la vigne & des
arbres. On appelle ſous-yeux ces petits yeux,
ou boutons qui ſont placés au-deſſous des
yeux formés de tous les arbres. Toujours
ils ſont plus petits du double que ces yeux
formés. Chacun de ces ſous-yeux a une
plus petite feuille auſſi, qui lui ſert de mere
nourrice, & cette feuille eſt conſtruite
tout différemment que les grandes feuilles
qui ſont aux yeux formés.

Ces ſous-yeux reſtent toujours nains, &
ne produiſent que des bourgeons nains
auſſi. Il eſt un moyen d'en tirer avantage

& de les convertir en boutons à fruit par de cassement. *Voyez* CASSEMENT.

SPECULATIF. Ce sont ceux des savans Physiciens qui ont raisonné & raisonnent sur les phénomenes de la nature dans le Jardinage & la végétation; mais qui n'ayant pas opéré dans les diverses fonctions de l'Agriculture, ne sont pas à portée de raisonner d'après une expérience suivie. C'est, en fait d'Agriculture & de Jardinage, ce qu'est un Médecin théoriste qui n'a jamais pratiqué la Médecine, & qui n'a pas vu de malades.

SPIRALE. *Voyez* FIBRE.

STERCORATION vient d'un mot latin, qui veut dire excrément. Ce mot en Jardinage signifie tous les excrémens des animaux servant à amander la terre & à faire venir les plantes. *Voyez* FUMIER.

SUCCION, SUÇOIRS, vient du verbe sucer. Ce qu'on nomme sucer est attirer à soi, par le moyen des levres, tout liquide renfermé dans quoi que ce puisse être. Un enfant suce ainsi la mamelle de sa mere pour en tirer le lait. La bouche & les levres de l'enfant sont les suçoirs ou les or-

ganes & les inftrumens qui fervent à fucer le lait de la mamelle. La fuccion ef
l'action de cette faculté de fucer. On fuppofe donc dans les plantes, de la part de
racines, cette action de fucer & de tette
les fucs de la terre ; & comme l'enfan
ne tette que pour faire paffer le lait dans
fon eftomac, afin d'être fuftenté, de même les racines n'afpirent les fucs de la terr
que pour les tranfmettre au tronc, qui ef
le réfervoir commun, d'où ils font répar-
tis dans tout l'arbre.

A propos de ces fuçoirs (ceci eft un de
points le plus effentiel du Jardinage fur le
quel on ne peut trop infifter) : on avance
ici deux vérités inconteftables, capables,
s'il en fût jamais, de faire impreffion fu
ceux qui, faute, ou de lumieres, ou de réflexion, ou d'expérience, tarabuftent tan
& plus ces fuçoirs, & fur-tout les pivots des
arbres, qui enfeignent à le faire, &, qui
pis eft, le prefcrivent. Il eft, fans contredit, une grande différence entre être fimple fpéculatif, ou être cultivateur & obfervateur tout à la fois ; entre ne voir que
de loin & fuperficiellement, ou confidéret

de près, & voir attentivement fur le tas
même fans difcontinuer. Voici une premiere vérité démontrée par l'expérience &
une foule de faits.

Non-feulement les racines fucent, pompent & attirent les fucs prochains de la
terre ; mais encore ceux qui font au-delà à
des diftances éloignées, par proportion à
la faculté de chacune d'elles, pour pomper
& attraire la feve. C'eft un fait certain que
toutes les racines ne pompent, ne travaillent & ne charient la feve qu'à raifon de
leur étendue & de leur capacité. Pourquoi
les arbriffeaux & les arbuftes ne parvien-
nent-ils jamais à la groffeur des chênes, des
ormes, des noyers, marronniers & autres ?
C'eft parce qu'ils n'ont que de petites racines, & en quantité bornée. Il faut pourtant obferver que quelquefois la multitude des fuçoirs dans certaines plantes, comme dans l'if, le pin, le fapin, le cyprès, & autres femblables à racines touffues, équivaut
par un ordre particulier de la nature à la
groffeur des fuçoirs de nos arbres les plus
gros, qui furent pourvus de racines ligneufes
d'une groffeur prodigieufe & d'une étendue

immenfe. Les autres raifons étant étrangeres au préfent fujet, font déduites ailleurs: mais cette exception nous fait voir que la nature, inépuifable en reffources, produit fouvent les mêmes effets, & arrive à la même fin par des moyens, en apparence, tout-à-fait difparates.

A mefure donc que les fuçoirs des arbres & des plantes quelconques pompent les fucs de la terre, il fe fait aux environs, de proche en proche, un envoi fucceffif de fucs nouveaux, fans quoi la feve tariroit: de plus s'il n'en étoit point ainfi, il feroit fort indifférent de planter près à près, ou non. La comparaifon de l'enfant qui tette eft la plus jufte, quant au préfent fujet : cet enfant qui tette, afpire non-feulement le lait qui eft contigu au bouton de la mamelle, mais encore celui qui eft au-delà; puifque à mefure qu'il tette, il fe fait, de proche en proche, de la part des vaiffeaux lactés, un dégorgement & une émanation fucceffive de nouvelles portions de ce lait, qui fe porte vers le bouton d'icelle. On conçoit que, s'il n'en étoit point ainfi, la mamelle, après quelques gorgées de lait

de la part de l'enfant, tariroit infailliblement. Voilà une image la plus ressemblante
de l'action des racines pompant la seve. En
n'offensant donc, en coupant & en raccour-
cissant les suçoirs des plantes, qui sont le
premier principe & les agens de la végétation, les pourvoyeuses, les meres nourrices des plantes, que fait-on autre chose,
sinon d'altérer & de détruire l'organisation
des plantes, de troubler & de déranger leur
méchanisme ?

    Ceux qui suivent & observent la nature
sur le tas même, sont à portée de vérifier
le tout. On abat, par exemple, quelques
gros arbres, considérez la terre tout autour,
& au loin par-delà les racines, & vous la
verrez comme de la cendre. Le même est,
par proportion aux plantes moyennes &
aux petites, en semblable cas. Telle est la
raison pour laquelle dans le Jardinage,
quand on plante un arbre à la place d'un
autre, soit vivant, soit mort, on observe
scrupuleusement de changer la terre. Quant
à la plantation d'un nouvel arbre dans le
même trou d'un autre qui y est mort, M.
de la Quintinie dit, que le nouvel arbre

qu'on y plante, fans changer la terre périt
à caufe d'une impreffion & d'une odeur de
mort laiffée dans le trou par le prédéceffeur. C'étoit l'opinion de fon temps.

L'autre vérité n'eft pas moins digne de
toute l'attention, fur-tout des hommes de
génie; favoir, qu'en détruifant, de propos
délibéré, quelques fuçoirs pour en faire
pouffer nombre d'autres, c'eft infirmer la
végétation, au lieu de la procurer. Ce n'eft
pas tant la multitude des petites racines,
& fur-tout de telles racines procréées contre l'ordre de la nature, qui opérent la végétation, que le volume, la force, la longueur & le diametre. Cette propofition
générale eft vraie, toute proportion gardée, dans toutes les fortes de plantes. Quiconque prétend, en coupant les fuçoirs,
les multiplier, & par-là bien faire aux plantes, fait le même raifonnement que celui
qui difoit, qu'au lieu d'un tuyau d'un pied
de diametre à une pompe, ou à un réfervoir, il en faudroit appliquer douze d'un
pouce de diametre chacun; qu'au lieu d'un
gros cable pour enlever quelque fardeau,
on n'auroit qu'à multiplier les ficelles. Si

ceux

ceux qui se sont déclarés contre les racines, à telle fin que de raison, avoient examiné & suivi les opérations de la nature,
ils sauroient qu'une seule racine osseuse
tire plus de sève, & la travaille mieux que
cent racines fibreuses, & un millier de
chevelus. Entre des exemples à l'infini de
cette vérité, on produit celui des arbres
fruitiers, ce qu'on appelle *sur franc*. Ces
sortes d'arbres n'ont, la plupart, pour toutes racines qu'un pivot en forme de crosse
allongée; cependant nuls arbres aussi abon-
dans en sève. Les Jardiniers n'en veulent
point, parce qu'avec tous leurs efforts, ils
ne peuvent les mettre à fruit, & dans nos
mains ils portent fruit d'abord. A de tels
arbres ôtez le pivot, c'est autant de morts.
Si les Physiciens simples raisonneurs étoient
en même-temps manouvriers, ô! qu'ils
changeroient de langage; & si nos manouvriers étoient Physiciens jusqu'à un certain
point, combien ils se réformeroient quant
à l'opération. La Physique dont nous en-
tendons parler ici, est cette Physique ins-
trumentale & expérimentale dont nous

avons fait un Traité particulier que nous produirons en son temps.

Il eſt un miſérable proverbe du Jardinage, contre lequel d'honnêtes gens & des gens ſenſés ne peuvent trop s'élever, & que nous diſcutons ailleurs ; ſavoir que, *ſi un Jardinier plantoit ſon pere, il lui couperoit la tête & les pieds*. En conſéquence on a agi, & on agit encore. Des hommes de mérite d'ailleurs, ne rougiſſent point de ſe déclarer les apologiſtes & les partiſans d'une pratique auſſi perverſe & auſſi contraire à la nature. *V*. POMPEMENS, POMPER, RACINES.

SUPPURATION , terme de Médecine & de Chirurgie. Ce mot eſt un mot compoſé, qui vient principalement de celui de pus. Le pus eſt une humeur corrompue, provenant de toute plaie quelconque. La ſuppuration eſt l'écoulement de cette humeur. Dans les végétaux, pour peu qu'on ſoit obſervateur, on reconnoîtra le ſemblable. On ſait combien d'arbres ſont ſujets à de pareils écoulemens d'humeurs provenantes du ſuc nourricier corrompu, ou putréfié. Les arbres gommeux & réſineux en font foi. Combien d'ormes, entr'autres, à qui l'on a fait des plaies graves, suppurent durant un très-long-temps ? Il est un temps où la vigne & le bouleau, sur-tout, à l'occasion des plaies à eux faites, distillent d'abord une lymphe très-limpide ; mais cette humeur ainsi découlante, à cause qu'elle est dérangée de son cours ordinaire, se pervertit enfin, elle se coagule & s'épaissit, formant un vrai pus dégénérant en sanie, qui ronge, cave & carie, faisant mourir souvent la partie maléficiée de l'arbre. Ceux qui exploitent les bois n'apperçoivent rien de plus fréquent que des arbres totalement cariés & creux en dedans, en conséquence de pareilles humeurs vicieuses du suc nourricier croupissant, lorsqu'il est hors de sa place.

La même est, par rapport aux racines des arbres. Le commun des Jardiniers coupe les pivots des arbres, ainsi que le prescrivent tous les suppôts du Jardinage. Donnez-vous la peine de passer votre main dans terre, de temps à autre, sous l'endroit incisé, & vous la trouverez mouillée, & une humeur putréfiée y fluant durant plusieurs mois ; & comme de cent

arbres à pivots amputés, il y en a cinquante qui périffent durant un certain cours
d'années, examinez la plaie du pivot, &
vous verrez un chanci, un moifi & un
chancre corrodant, ayant miné les parties.

Nous avons fait voir dans un Ouvrage
manufcrit encore, dont il a déja été parlé,
& lequel a été envoyé par Sa Majefté à l'A-
cadémie Royale de S. Côme, à Paris, l'a-
nalogie, la conformité & la reffemblance
parfaite des plaies des végétaux avec celles
des animaux vivans. Cette Académie honorable nous a fait délivrer le certificat le
plus authentique en faveur de l'Ouvrage, qui
eft fondé uniquement fur des faits. Cette
piece, précieufe pour nous, fera produite
dans le temps avec l'Ouvrage.

On paffe volontiers à l'Auteur de l'Hiftoire Naturelle d'avoir frondé ce fentiment
établi ici, faute par lui d'être verfé dans
ce qui eft du reffort de la végétation. Quelques talens qu'on ait, on ne peut être univerfel. Voici les termes de cet Auteur célebre. »Comme nous ne connoiffons nous-
» mêmes qu'une voie pour arriver à un

» but, nous nous perſuadons que la natu-
» re fait & opere tout par les mêmes
» moyens, ... Cette maniere de penſer a
» fait imaginer une infinité de faux rap-
» ports entre les productions naturelles ;
» les plantes ont été comparées aux ani-
» maux .... leur organiſation ſi différente
» & leur méchanique ſi peu reſſemblante, a
» été ſouvent réduite à la même forme.
» Le moule commun de toutes ces cho-
» ſes ſi diſſemblables entr'elles, eſt moins
» dans la nature que dans l'eſprit de ceux
» qui l'ont mal connue, & qui ſavent auſſi
» peu juger de la force d'une vérité, que
» des juſtes limites d'une analogie com-
» parée, &c. « Maniere de traiter l'Hiſ-
toire Naturelle, page 10, 1 vol. page 12,
au commencement.

SURPEAU. Ce mot eſt compoſé de
deux mots, de *fur* & de *peau*. C'eſt, ſuivant
les Anatomiſtes, & en Chirurgie, une
peau mince & déliée, qui eſt appliquée ſur
la peau, ou le cuir. On la nomme auſſi
épiderme, mot tiré du grec. Toutes plantes quelconques ont, de même que tous
les êtres vivans, une ſurpeau ſervant d'en-

veloppe , de fourreau & de couverture à la
peau. La peau, furpeau, ou épiderme, font
fort différens de ce qu'on appelle écorce.
Il eft permis, dans le langage des Eaux &
Forêts, de n'en pas faire diftinction ; mais
non à un Phyficien. Ce qu'on appelle ftric-
tement écorce, eft la partie épaiffe & écailleufe de l'arbre , furajoutée à la peau dans
les arbres formés & âgés. Mais pourquoi
cette partie écailleufe ainfi furajoutée ?
Pourquoi quantité d'arbres n'en ont-ils
point ? A toutes ces queftions & leurs
femblables, le plus court feroit de dire,
qu'il a plu à l'Être Souverain que cela fût
ainfi ; néanmoins perçant à travers le voile
de la nature , on peut dire que cette incruftation de l'écorce ligneufe furajoutée
à la peau de ces fortes d'arbres , fert à deux
fins ; d'abord à leur tranfpiration active &
paffive. Ces parties écailleufes qui font gra-
veleufes & raboteufes , & de qualité fpon-
gicufe , reçoivent , confervent & retiennent les influences nourricieres d'en haut,
qui de-là font envoyées à travers la peau
pour paffer jufqu'au tiffu cellulaire. Ces
parties écailleufes à force de fervir de la
forte , s'amolliffent , s'attendriffent & s'u-

fent ; alors elles tombent, étant jettées dehors & poussées par des nouvelles que la nature forme au sure à mesure. Il est donc à présumer, d'après ce double effet de la nature, qu'à ces sortes d'arbres ces écorces écailleuses furent formées pour transpirer de la sorte, & que le même ordre de la nature a pourvu par d'autres moyens aux divers besoins des arbres, à peau unie sans écorce écailleuse. On peut dire ensuite, que ces écorces écailleuses sont aussi dans l'ordre de la nature, autant de plastrons, de ramparts, de préservatifs contre les effets de l'air, les gelées, les grands vents, les rayons perçans du soleil, & contre tous les accidens nuisibles, dont, pour se parer, tels arbres peuvent avoir besoin, & non les autres. *Voyez* ÉPIDERME.

SURPLOMB, vient des arts. Quand on veut voir si quoi que ce soit est droit & perpendiculaire, on a un petit morceau de plomb suspendu à une ficelle qu'on présente à telle longueur qu'il est nécessaire, & si le plomb, ou s'écarte, ou rentre, alors on voit si la chose est d'à plomb. On voit du seul coup d'œil, si un arbre, ou une pa-

liſſade ſont d'à plomb. *Voyez* PLOMB, D'A-
PLOMB.

SURPOUSSES. Le mot porte avec lui
ſa ſignification. C'eſt une pouſſe ſurajoutée
à une pouſſe de l'année. Ces ſurpouſſes ſont
de deux ſortes, les unes naturelles, & les
autres qui ſont occaſionnées.

Ceci eſt très-curieux, connu juſqu'à un
certain point, mais non approfondi : il
faut obſerver que juſqu'au ſolſtice toutes
les productions ſe font en conſéquence
d'un mouvement univerſel produit par la
nature à l'occaſion de l'application des
rayons du ſoleil animant la ſeve. Tout alors
eſt ordonné ſuivant des regles dont la nature ne ſe dément gueres : mais lors du
ſolſtice, il ſe fait un ébranlement & un
nouveau mouvement produits par l'action
du ſoleil dardant preſque perpendiculairement, & c'eſt ce que nos gens de campagne appellent *renouvellement de ſeve*, ou *ſeve*
d'Août, ſeconde ſeve. De ce renouvellement
de ſeve, nous avons fait en ſon lieu un expoſé fort en détail. Or donc alors toutes les
pouſſes qui ſe font aux arbres étant plus
précipitées par l'action vive du ſoleil, ne

font pas fi franches, que celles qui font dans l'ordre ordinaire : en confidérant attentivement ces pouffes nouvelles, elles paroiffent comme furajoutées & entées fur les précédentes. La couleur en eft plus pâle ; la peau en eft comme velue, & il n'eft pas difficile de les diftinguer de la pouffe primitive, telles que celles qui font dans l'ordre commun de la nature, opérant lors du printemps fucceffivement & par degrés. La différence de ces deux façons d'opérer de la part de la nature, vient de ce qu'au printemps le foleil va toujours en avançant jufqu'au folftice, & après le folftice, toujours en rétrogradant. Quelle fource de réflexions pour un Obfervateur !

Quant aux furpouffes qui font occafionnées, elles font à peu près femblables à celles-là, & ont tous les mêmes indices : elles n'adviennent que parce que l'on a coupé & rogné les pouffes pr mitives. Communément on ne fait point d'ufage de ces furpouffes ; on fe garde bien de tailler deffus. Mais nous autres nous en faifons ufage, quand il eft queftion d'arrêter

S

la feve, de la détourner & de la confumer.
Voyez VENTOUSES.

SYSTÊME. Il vient du grec. On entend
par fyftême, un affemblage de penfées,
d'opinions & de raifonnemens, d'après lefquels on va en avant & l'on agit.

On dit, en Jardinage, fyftême de Montreuil. Il eft le plus entendu, le plus induf-
trieux & le plus conféquent qui fût jamais
en aucun autre genre.

Il eft impoffible de connoître le fyftême
de Montreuil, qu'on ne fréquente les uns
& les autres des gens du lieu. Il eft répandu
dans tous les habitans; mais il eft des particularités dans la façon d'opérer des uns,
qui ne fe trouvent pas dans les autres.
Quant aux principes & aux fondemens, ils
font à peu près les mêmes dans tous, malgré la diverfité de quelques pratiques, de
quelques fentimens particuliers & d'opinions. Il faut avec eux, en quantité d'occafions, deviner, conjecturer, fuppofer,
fupputer, combiner & tirer des conféquences. Outre que les gens de Montreuil
entendent mieux à opérer qu'à s'expliquer;

ils font ferrés & diffimulés, cachés & myftérieux, ne voulant fe découvrir à perfonne, fur-tout aux Jardiniers ordinaires,
qu'ils ne font rien moins que fâchés de
voir dans des pratiques ruineufes pour les
arbres. Ils ne fe communiquent point à
eux. Ils leur font prendre le change en toute
occafion, & fe donnent bien de garde de
les relever & de les inftruire. Mais parce
que ce procédé fingulier de la part des gens
de Montreuil envers les Jardiniers ordinaires, pourroit donner lieu de mal penfer
fur leur compte ; ce qui vient d'être dit a
befoin d'un petit éclairciffement : le voici
en peu de mots.

Jufqu'à il y a environ 30 ans, les gens
de Montreuil étoient les plus renommés ;
fur-tout pour les pêches, particuliérement
du temps de M. Girardot, pere, à Bagnolet, lequel avoit été Moufquetaire. Alors
tous les fruits de Montreuil avoient la vogue ; ils fe tiroient par préférence aux autres, & fe vendoient fort cher. Ceux des
Jardiniers ordinaires qui intercepterent
quoi que foit de leur méthode, n'y com-
prirent rien & fe déchaînerent contre, at-

tribuant le fuccès de leurs denrées à la feule
bonté du terrein , grand cheval de bataille
& refrein ordinaire des non-connoiffeurs ,
comme des mal - intentionnés , voulant
croupir dans l'ignorance fans rien examiner.
De cette vieille antipathie réciproque , il
refte toujours quelques veftiges ; & quoique la méthode de Montreuil foit divul-
guée & pratiquée en nombre d'endroits ,
néanmoins elle eft méconnue en une infinité d'autres , même autour de Paris , dans
les Provinces , & par-tout hors du Royaume , où d'après tout ce qui nous a paru de la
part de perfonnes de gout chez l'Étranger, on
attend après notre Ouvrage pour embraffer cette méthode. Combien donc ceux-
là font-ils loin de compte , qui s'imaginent
connoître leur fyftême , ainfi que le prétendent la plupart des Jardiniers ? On dira
dans la Préface comment on eft parvenu à
la découverte du fyftême des Montreuillois.

Jardiniers à fyftême. Ce font ceux qui ,
ayant enfanté dans leur cerveau quelque
façon particuliere de diriger les arbres
& les plantes , agiffent en conféquence

Pl. XV.

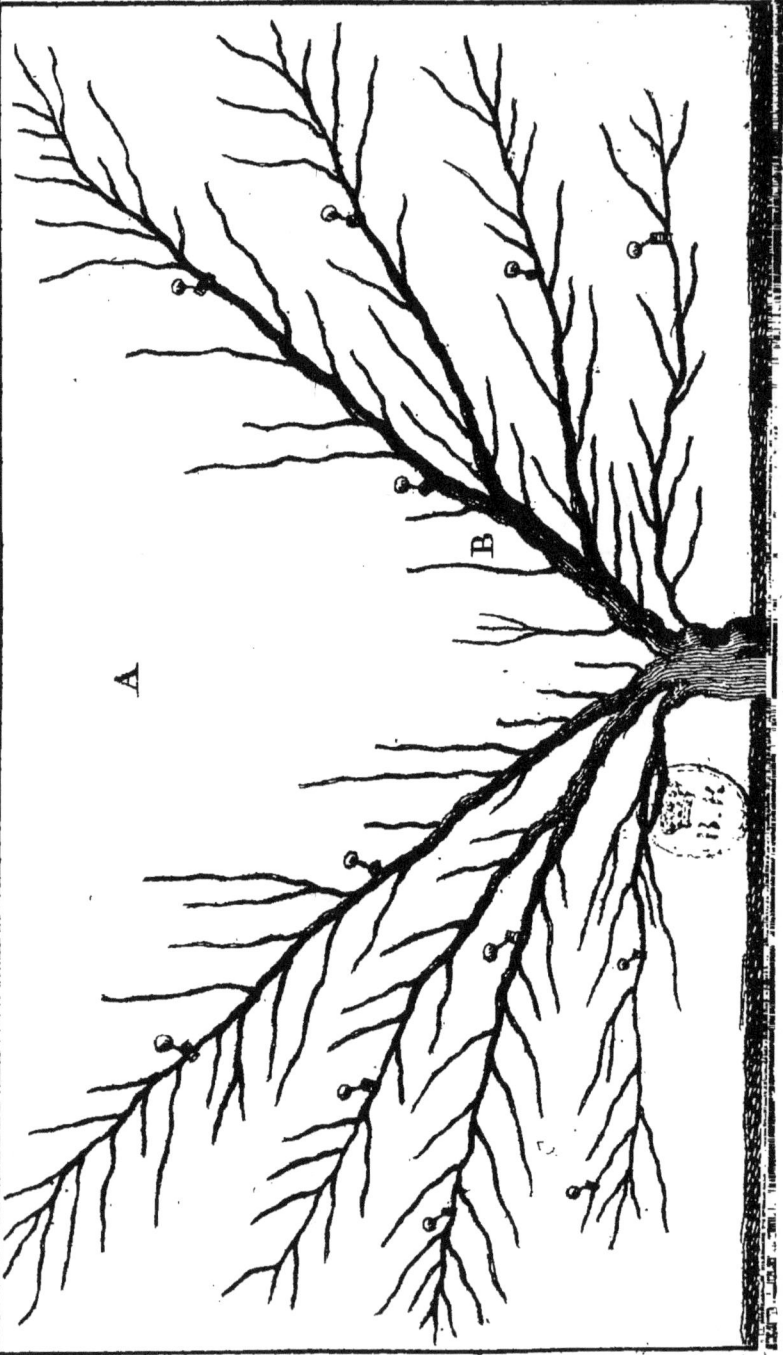

Pl. XVI.

Pl. XVII.

fans vouloir fe départir de leurs fentimens. Tel un Médecin époufant par
fyftême des pratiques deftructives de la
fanté ; il faudra bien , difoit-il , qu'à
la fin la maladie s'y faffe. Dans le Jardinage rien de fi commun. Voyez tous
les écrits faits fur le Jardinage , & vous
n'en trouverez pas un qui n'ait une forte
de fyftême. Tels , entr'autres, certains Jardiniers , foit difant , ne voulant point de
fumier , & réduifant tout au fimple labour,
& une foule d'autres.

T

TABLETTES. *Voyez* AUVENTS, PAIL-
LASSONS PLATS, PLANCHES.

TAILLE *des arbres.* Tailler c'eft un terme commun à bien des arts. On taille la
pierre , on taille une plume , on taille
quantité d'autres chofes utiles pour les arts
particuliers.

On dit tailleur d'habits , tailler en plein
drap , tailler des étoffes de toutes les for-

tes. La taille des arbres est contre nature.
On ne taille pas les arbres des forêts, non
plus que ceux des pleines campagnes & des
vergers. Cependant ces derniers ; parce
qu'ils ne sont pas taillés , poussent prodigieusement, grossissent & s'allongent en
peu de temps ; un seul d'entr'eux porte
plus de fruits qu'une douzaine de ceux par
nous taillés.

Voici ce que c'est que la taille des arbres.
C'est la suppression des rameaux superflus
& le raccourcissement de ceux qui sont
nécessaires , & que l'on fait par le moyen
d'un instrument tranchant , ou de la scie à
main. Les raisons de la taille, les conditions , les regles , le temps, la maniere d'y
procéder , &c. sont d'une trop longue discussion pour être ici traités. Mais la taille
de tout arbre doit être faite avec prudence,
avec sagesse , avec discernement. Tailler
n'est point écourter les arbres , les mutiler,
les inciser sans raison , les charpenter & les
réduire presque à rien. Que diroit-on de
quelqu'un qui , au lieu de tailler une pierre , la réduiroit à la simple qualité de moi-

fion, ou qui, en taillant une plume, l'af-
fameroit au point qu'il en ôteroit tout le
taillant ? Voilà ce que font d'ordinaire tous
les Jardiniers, & voilà ce qu'apprennent
tous les livres. La fin de la taille eſt la ſanté
de l'arbre, ſa fécondité, ſa belle figure, ſa
durée, ainſi que la beauté des fruits & leur
gout exquis. Il eſt un proverbe très-ſenſé,
qui dit, *taillez peu, paliſſez prou*. Toujours
on taille trop & trop court. *Voyez* COUPE,
FAUSSES-COUPES, FLUTE, BEC DE FLUTE.

  Conſidérez tous les arbres généralement
quelconques, taillés par les Jardiniers ordinaires, & vous les verrez mutilés au point
que ce ne ſont que plaies ſur plaies, formant des *nodus* les plus difformes. Ces *nodus* de tant de plaies non renfermées encore,
ſont autant d'obſtacles à la communication de la ſeve ; auſſi à ces arbres ainſi maléficiés, périt-il continuellement quelque
branche ; ils deviennent épaulés par la ſuite : grand nombre ſuccombant à tant de
mauvais traitemens, périt à la fin.

  Voici, quant à la taille, & quant à toute
ſouſtraction, quelle qu'elle ſoit, des rameaux des arbres, l'une de ces vérités capi

tales , décifives quant à l'opération ; vérité méconnue , & dont l'ignorance eft la source trop féconde des mauvais traitemens à eux faits jufqu'ici. Ceci eft un point de Phyfique des plus curieux , non moins intéreffans pour tous , Jardiniers , ou non Jardiniers : il paroîtra paradoxe à quelquesuns.

Tel traitement qu'on puiffe faire à la tête d'un arbre , les racines n'en pompent pas moins la même quantité de feve qu'auparavant. Cette feve eft toujours , comme ci-devant , portée , lancée & fouettée du bas en haut , & avec la même abondance ; mais les vafes, les récipiens & les canaux formés par la nature, pour la recevoir pour la contenir , la travailler , la charier & la tranfmettre où befoin eft , & ce font les différentes branches, ces canaux , n'y font plus , du moins dans la plus grande partie. Que fait-elle cette feve ? Ne trouvant plus des canaux fuffifans pour s'y épancher , elle s'en fait de nouveaux. Ces nouveaux font de deux fortes , ou des gourmands , ou des branches de faux bois ; & telle eft leur origine (car aux arbres bien dirigés, & fuivant notre

notre méthode, il y a très-peu, ou point des uns & des autres, tout est profit pour l'arbre). Voici en paffant une réflexion à cette occafion.

Tous les Jardiniers ne peuvent revenir de leur étonnement de voir les arbres dirigés par nous, groffir & s'étendre prodigieufement en peu d'années, & donner des fruits en fi grande abondance : s'ils réfléchiffoient, ils reconnoîtroient que c'eft parce qu'au lieu de les appauvrir, de les tourmenter, & de les dénuer comme eux, nous les ménageons ; & parce que cette énorme quantité de bois dont ils privent un arbre à la taille ; & que cette infortunée victime de leur impéritie a produit, en pure perte pour lui, a tourné tout à fon profit par notre façon de le travailler ; & c'eft ce qu'ils ne peuvent concevoir. En conféquence, *blafphemant ce qu'ils ignorent,* quelques-uns d'entr'eux (& ce n'eft pas la plus faine partie de ceux de la profeffion,) déclament à tort, & travers contre nous, difant que nos arbres ne peuvent durer. Il en eft qui ne rougiffent point de dire qu'au bout de 4, ou 5 ans tous nos arbres périſſent. Nous n'avons d'autre réponſe à leur faire que celle-ci : allez dans tous les jardins où nous travaillons depuis 15 à 30 ans, & vous ſerez déſabuſés.

Pour revenir donc à notre ſujet, ces gourmands & ces branches de faux bois occaſionnés par une coupe vicieuſe ; au lieu de s'en ſervir pour l'avantage & le profit de l'arbre, on les ſupprime encore l'année ſuivante ; puis celle d'après ; & l'arbre, par la raiſon que nous avons dite, pouſſe toujours à faux ; & d'autant qu'on lui ôte plus de bois. C'eſt une ſource dont vous amoindriſſéz, ou ſupprimez le canal : quoi que vous faſſiez à ce canal, la ſource n'en épanche pas moins la même quantité d'eau. Mais qu'arrive-t-il alors ? Débordement & inondation de toute néceſſité. Il arrive encore à ces ſortes d'arbres qu'on dépouille des canaux & des réceptacles de la ſeve, le même que ce qui ſe paſſe dans le corps humain, toute proportion gardée, quand a été faite l'amputation de quelque membre, une jambe, ou une cuiſſe : l'eſtomac n'en fait pas moins la même quantité de chyle qu'auparavant ; mais que devient le ſang contenu auparavant dans ce membre amputé ? La Médecine & la Chirurgie conviennent de deux chofes : la premiere, que celui qui a ce membre de moins, doit être fort réfervé fur le boire & le manger, & fe faire faigner de temps à autre, fans quoi il pourroit être fuffoqué, comme il n'arrive que trop fouvent ; la feconde, qu'à moins d'une très-forte tranfpiration, un tel particulier ne pourroit vivre, s'il mangeoit comme ci-devant. Si donc, au lieu d'énerver les arbres, de les appauvrir, & de les dénuer, comme on fait, en les deftituant de prefque tout leur bois, on ne faifoit fimplement que les décharger de ce qui fait confufion, & de ce qui peut nuire à leur figure réguliere, on fecondoit la nature, on auroit, comme nous & comme ceux qui pratiquent notre méthode des arbres immenfes, de groffeur prodigieufe en peu d'années, avec des fruits fans nombre, & de durée éternelle.

Enfin nous en revenons à notre dicton ; favoir, qu'on ne taille point les arbres fruitiers des campagnes & des vergers, ni les autres des forêts, dont nous avons les femblables dans nos clos & dans nos parcs, & voyez quelle différence d'avec les nôtres perpétuellement tourmentés : auffi avons-nous dit en ce fens, que la taille eft contre nature.

TALUS, terme de Maçonnerie adapté dans le Jardinage à toute élévation de terre, qui, au lieu d'être de pied droit & d'à plomb, eft un peu couchée ; tel un mur de terraffe, qui eft ce qu'on appelle à fruit. Talus, en Jardinage, n'eft autre qu'une élévation de terre, ou naturelle, ou artificielle, qui a du devers, étant beaucoup plus faillante par en bas que par en haut. On dit talus d'un rayon d'afperges, d'un rayon de vigne, de céleri & autres. On dit également talus d'une terraffe retenue par des gazons en guife de muraille. Border une allée, ou une planche en talus, c'eft-à-dire, qu'il faut battre les terres, afin de les faire rentrer du haut, & que le bas foit plus faillant. On bat avec le revers de la beche, ou avec le dos d'une pelle, pour empêcher que les terres ne s'éboulent dans les fentiers. *Voyez* DOS DE BAHUT.

TAN & TANNÉE. C'eft de l'écorce de

chêne pilée & battue, réduite en poudre
par le moyen des moulins à ce deſtinés.
Dans la tannerie & dans la fabrique des
cuirs, on ſe ſert de ce tan & de ces écorces pilées pour travailler les peaux des animaux, & préparer tout ce qu'on appelle
cuirs. Après les avoir bien lavés & bien ra-
tiſſés, on les met dans des cuves cerclées
de fer, & enterrés juſqu'au bord. On met
deux, ou trois pouces, plus, ou moins
d'épaiſſeur de ces écorces réduites en poudre, & l'on en garnit le fond de la cuve. On
met ſur ce tan des peaux étendues à plat,
& l'on en fait un premier lit.

Sur chaque lit de ces peaux ainſi placées,
on met un lit de ce tan de la même épaiſſeur que ci-deſſus, & ainſi juſqu'à parfait
rempliſſage de la cuve. On laiſſe durant 4,
5, 6 mois, un an, plus, ou moins, ces
peaux dépoſées de la ſorte, après qu'on les
a bien humectées avec de l'eau. Les parties
ſpiritueuſes de cette écorce paſſent dans les
peaux; au moyen de cette couche de tan
ſur chacune des peaux, deſſus & deſſous
elles ſe gonflent, ſe reſſerrent, elles ſe replient ſur elles-mêmes, & acquierent une

épaisseur qu'elles n'avoient pas auparavant.
Après que ces peaux ont été suffisamment
impregnées des parties spiritueuses de ce
tan, ou écorces pilées ; on enleve la premiere couche d'icelles, & on les met en
un tas ; après quoi l'on tire chaque peau
l'une après l'autre, puis on travaille ce
tan, qu'on appelle alors de la tannée. C'est
de ces poudres qui ont été ainsi déposées,
qu'on fait, ce qu'on appelle à Paris des
mottes, qui servent de chauffage aux pauvres gens, après qu'elles ont été séchées.

Le tan est employé dans le Jardinage
pour mettre sur des couches de fumier
chaud. Mais qu'on ne se trompe point ;
ce n'est pas la tannée dont il vient d'être
parlé, laquelle est destituée de tous ses esprits, & sans vigueur. C'est le tan lui-même & qui n'a pas servi. On en met sur
ces couches chaudes communément un
bon pied d'épaisseur. On dépose au fond sur
le fumier même, le plus gros de cette poudre,
qui tient plus la chaleur que les parties fines
& déliées de lui-même. Dans cette superficie
on fait des trous, & l'on y dépose des pots
de terre pleins d'une terre factice, où l'on

seme & où l'on plante des ananas , & d'autres plantes curieuses , qui ne peuvent venir que par artifice. Ce tan ainsi déposé sur une couche de fumier, tient fort long-temps sa chaleur ; elle dure le triple & le quadruple des couches de fumier ordinaire. C'est principalement aux Anglois & aux Hollandois que nous sommes redevables de cette invention. Mais avouons que nos Jardiniers sont encore bien novices, quant à l'usage de ces couches de tan. Il faut espérer qu'avec le temps ils s'y entendront.

TATONNEMENT , Tatonner , Tatonneux ; cela regarde les fruits , quand, pour voir s'ils sont mûrs , on y enfonce les doigts. M. de la Quintinie est furieux contre les tâtonneurs. Si c'est une pêche, outre qu'elle est déshonorée , étant meurtrie , elle ne tarde guere à pourrir , de même une figue , un abricot , une prune , une poire. Tâtonne-t-on les fruits rouges , cerises de tout genre ; les fraises , les framboises , les groseilles , de même les raisins ? Comment connoît-on la maturité de toutes ces sortes de fruits, sans être Jardinier ? La vue seule décide. De même il est des indices prefque certains de la maturité des autres fruits. Il eft pour un grand nombre des moyens infaillibles pour s'en affurer, toutes les pêches, par exemple. Voici comme on s'y prend. Une pêche a toutes apparences d'être mûre, pour le favoir, vous l'empoignez avec les cinq doigts; mais fans appuyer aucunement, & vous tirez légérement à vous fans biaifer en tirant. Si elle eft mûre, elle cede au plus petit effort, & laiffe fa queue à la branche; quand on force tant foit peu plus, la queue vient, & toutes les fois qu'une pêche vient avec fa queue, elle n'eft point mûre. Mais en l'empoignant, comme il vient d'être dit, elle vient d'abord dès qu'elle eft mûre. Quant aux autres fruits, il feroit trop long de s'expliquer ici, on le fait ailleurs.

TAUPES dans les jardins. Secret infaillible pour les détruire.

Prendre des noix : autant de trous dans lefquels les taupes fouillent, autant de noix. Les faire bouillir une heure & demie dans de l'eau avec une bonne poignée de ciguë. En mettre environ de la groffeur d'une noix dans chaque trou ; on fuppofe qu'on n'aura mis de l'eau que pour que la préſente recette ait un peu de conſiſtance mollette.

La taupe fort friande de ce mets, n'en a pas plutôt mangé, qu'elle meurt.

Le même pour les rats, les loirs & les mulots. Cette recette eſt tirée de la Gazette du Commerce, comme ayant été fort éprouvée de longue main. On cite, mais on ne garantit point pour ne l'avoir pas éprouvé.

TAUPIERES, ou TERRES DE TAUPES. Cette terre que les taupes jettent dehors, après l'avoir broyée avec leurs pattes, & la pouſſant avec leur petit grouin, eſt peut-être le plus excellent engrais pour toutes les plantes. Par ces terres de taupieres, on n'entend pas ici toutes les terres quelcon-conques que ces petits animaux fouillent indiſtinctement dans toutes ſortes d'en-droits bons & mauvais; mais celles des bons terreins, & ſur-tout celles des bas prés où, de toutes parts, ces petits ani-maux élevent au-dehors des monceaux d'u-ne terre noire, douce, émiée & pulvéri-ſée. Voilà ce que vraiment on doit appel-ler terre-franche : elle doit faire la baſe de toute terre factice, soit pour les orangers, soit pour les fleurs quelconques, les œillets entr'autres, soit pour les légumes, & particuliérement pour les melons, & pour les plantes curieuses, & aussi pour garnir les couches en guise de terreau pur, qui est l'excrément & le *caput mortuum* du fumier, & qui, par conséquent, est destitué de sucs, d'esprits & de toute vertu ; ou, s'il contient encore quelques sucs, ils sont trop déliés, & pas assez substantiels ; raison pour laquelle tant de melons si mauvais. Il est étonnant que nul encore n'ait fait attention à ce point, & que tous, jusqu'ici, se soient accordés à employer le terreau pur pour les couches. Qui est-ce qui ne sent pas la différence d'un légume sur terre, d'avec un autre sur terreau ? On donne dans un Traité des melons les moyens sûrs de les avoir tous excellens, & par le moyen d'une terre factice, & par le moyen d'un régime sensé, qui exclut toute mutilation, tant du côté des racines en les arrachant de dessus la couche pour les transplanter, au lieu de les semer dans de petits pots, & de les transplanter avec leur motte, qu'en incisant les différens membres de la plante, sur-tout les privant de leurs feuilles, qui font les meres nourrices des fruits, & qui leur fervent de plaftrons, d'auvents, de para-fols, &c.

TENDRE, verbe actif; s'entend d'un cordeau, quand on veut dreffer une allée, une plate-bande, une rigole, une tranchée, un rayon, &c. Ne jamais rien faire de tou-tes ces chofes, qu'on ne tende auparavant le cordeau, pour tracer fur terre ce qui eft à faire, autrement tout eft de travers. *Voyez* CORDEAU.

TENDRE, adjectif. On dit *années tendres.* On appelle ainfi celles durant lefquelles les pluies font fréquentes & abondantes, par oppofition aux années feches.

TENONS. Ce mot vient du verbe te-nir. Ce font ces liens verds en forme de cornes, qui croiffent à la vigne & à quan-tité de plantes avec quoi les bourgeons s'at-tachent l'un à l'autre, & s'accrochent à ce qui fe rencontre dans le voifinage.

Aux vignes bien gouvernées dans le Jar-dinage, on ne voit aucun de ces tenons qui confument inutilement la feve, & qui font confusion & difformité. On les appelle aussi des vrilles, parce que leurs extrêmités sont repliées, & comme torses, ainsi que l'extrêmité des meches des vrilles pour pouvoir creuser & faire des trous. C'est par le moyen de ces sortes d'attachés, ainsi pratiquées par la nature que les rameaux des vignes tiennent si fort à tout ce à quoi ils peuvent s'accrocher.

TERRASSIERS. Ce sont des Ouvriers du Jardinage faisant des fouilles de terres pour dresser des jardins, former des terrasses, &c. Mais rien ne ressemble moins à un Jardinier qu'un Terrassier, pourquoi se bien garder de confondre l'un & l'autre ensemble. Un Terrassier n'est qu'un manouvrier propre à des exercices pour lesquels il ne faut qu'un corps vigoureux & de bons bras ; au lieu que pour l'autre, il faut, outre ces talens corporels, du génie, de la pénétration, de l'activité & de l'invention. En est-il grand nombre de la sorte ?

TERRE. La terre est un des quatre élémens, laquelle nous habitons. Mais en Agriculture & en Jardinage, c'est cette partie d'elle-même que nous cultivons pour en tirer de quoi pourvoir à notre subsistance & à nos besoins.

Différentes sortes de terres, terroirs, ou terreins. Chaque portion de cet élément solide, à la culture de chacune desquelles nous nous exerçons, prend divers noms, suivant ses différentes qualités. Il est des terres sableuses, marneuses, argilleuses, glaiseuses, grouetteuses, fortes, légeres, froides, brûlantes, humides, seches, &c. bonnes enfin, médiocres & mauvaises.

La terre est une matrice universelle, comprenant dans son sein les qualités propres à produire tout ce qui sert à nos besoins, comme à nos plaisirs.

Rien de plus rare que de trouver parmi les cultivateurs de bons gourmets en fait de terres. M. de la Quintinie, après avoir exposé tous les caracteres distinctifs d'une bonne terre, établit pour preuve infaillible de la bonté de toute terre, la vigueur & l'embonpoint de toutes ses productions.

On dit terre neuve, ou novale, *novalis ager*, dit Virgile. C'est celle qui est nouvellement défrichée, ou mise en valeur, de quelque façon que ce puisse être.

Terre vierge, celle qui n'a jamais
porté, comme les terres en fonds que l'on
creuse, soit celle des caves, des fosses, ou
fossés, soit celle des terreins particuliers où
l'on fouille fort avant.

Terre franche, est toute terre exempte
d'aucunes mauvaises qualités, & qui possede toutes les bonnes qu'on requiert pour
la végétation de toutes sortes de plantes.
M. de la Quintinie la définit encore, en
disant que toute terre bonne à bled, &
où il réussit parfaitement, est vraiment
terre franche, n'importe de quelle couleur.

Tous les Jardiniers prennent pour terre
franche une terre jaunâtre, matté, pesan-
te, argilleuse, dont on se sert communément pour enduire, soit des fours, soit des
murs de clôture, comme pour la construc-
tion d'iceux; mais ils sont grandement dans
l'erreur sur cet article, comme sur bien
d'autres. La seule terre franche est celle dé-
signée par M. de la Quintinie, & celle des
taupieres. *Voyez* TAUPIERES.

On dit terre à cheneviere, pour signifier
la plus excellente terre, parce que pour

chanvre, comme pour le lin, il ne peut être de trop bonne terre.

On dit aussi terre effritée, qui est usée & appauvrie, &c. qui a trop porté, & qui n'a pas été remontée par de bons engrais.

On appelle terre factice (ce mot vient du latin, qui veut dire faire, ou faite), toute terre apprêtée, composée & mélangée, telle celle des orangers, & des diverses sortes de fleurs, de fruits & de légumes, qui requièrent qu'on ait recours à l'art pour les faire venir dans certains climats, ou pour les avoir plus promptement ; telle encore la terre propre pour avoir de bons melons, à la place de tant de mauvais. *Voyez* TAUPIÈRES.

TERRES JECTICES, mot qui vient du latin, & qui est rendu en françois par celui de jetter. On appelle ainsi toutes les terres des fouilles quelconques, qui sont transportées, jettées & répandues, soit pour s'en débarrasser, soit pour hausser des terreins, remplir des creux, & former des voiries, ou chemins. Les démolitions de bâtimens, les immondices qui embarrassent, les piérailles, les écrurures d'étangs, de fossés, de bassins, de canaux & de mares, qu'on enleve & qu'on transporte, &c. tout cela s'appelle terres jectices.

Parmi ces terres nommées jectices, il en est quelques-unes qui sont très-bonnes; telles sont celles qu'on répand pour former des jardins & des terrasses. Celles sur-tout des boues & des immondices, des chemins & des rues des grandes villes; les issues d'animaux provenant des boucheries, les vidanges des fosses des lieux d'aisance, pourvu qu'elles aient été essorées pendant une couple d'hivers, avant que d'être transportées dans le jardin pour y être employées; car plutôt elles brûleroient les plantes.

TERRE *de gadoue*. A Paris on appelle dans le Jardinage terre de gadoue les amas de boues des rues, qu'on enleve tous les jours dans des tombereaux. On les dépose hors l'enceinte de la ville dans divers lieux indiqués pour ce sujet par la Police. Il est enjoint aux villages circonvoisins d'en enlever chacun leur quote-part; & quand ils manquent d'en prendre la quantité requise, les habitans sont mis solidairement à une forte amande,

amande, & telle est une des raisons pour laquelle tant de gros légumes, dont la halle de Paris abonde.

De plus, quantité de gens dans les contours de cette grande Ville vont, avec des voitures, enlever tous les matins à la halle & dans les marchés les herbages & les épluchures de toute nature, qu'ils mettent pourrir dans des fosses, & l'hiver ils en font trafic. Un tombereau comble à trois chevaux conte autour de 6 livres, y compris la voiture. Les Vignerons autour de Paris en font une grande consommation, pourquoi abondance de vin, mais fort mauvais.

TERRE DE POUDRETTE. *Voyez* POUDRETTE.

TERRE DE TAUPIERES. *Voyez* TAUPIERES.

TERREAU. C'est le résidu, l'excrément & l'*arriere-faix* du fumier. Il n'a qu'un suc délié, & non substantiel. Pour avoir de bons melons, point de terreau pur ; mais une terre factice, à peu près comme pour les orangers, excepté qu'il la faut moins matte, mais douce & mollette ; on en donne

la recette dans un Traité de la Culture des
melons : au moyen de cette recette & du
régime , nul mauvais melon.

TÊTES *de faules*. Il fe dit de certains
toupillons de toutes fortes de branchettes,
qui croiffent quelquefois naturellement à
des arbres appauvris & ruinés , mais toujours aux meilleurs arbres par la faute la
plus ordinaire des Jardiniers. C'eft ainfi
qu'à force de rogner par les bouts , de caffer les extrêmités des bourgeons & des
pouffes de l'année , de pincer & repincer ,
fur-tout ceux du pêcher, il fe forme en ces
endroits-là même de ces toupillons de
branchettes , qui pullulent fans fin , & qui
plus on les ôte , plus ils repouffent en plus
grand nombre , au moyen de quoi l'on
épuife inutilement la feve. De plus , on
force les yeux du bas , qui ne devroient
s'ouvrir que l'année d'après , pour donner
des fruits , de s'ouvrir prématurement l'année même de leur pouffe , & on les fait
avorter ; au lieu que laiffant les bourgeons
de toute leur longueur , rien de toutes ces
chofes n'arrive , & l'accroiffement a lieu
fans troubler la nature & fans déranger fon

cours , fon méchanifme & fes organes.

TIGRE. C'eft un petit animal , l'un des plus préjudiciables aux poiriers & aux pommiers d'efpaliers du midi , du levant & du couchant. On l'a nommé tigre , à caufe qu'il a fur le dos de petites taches noires , femblables à celles de l'animal féroce dont il porte le nom. Il eft plat & fait , à peu près , comme une très-petite punaife de chambre. Il eft produit vers la mi-Mai , quand les feuilles font formées. Il les mange en-deffous par le revers , & elles font toutes déchiquetées , & incruftées de fa fiente. Elles font alors par-deffus de couleur livide , & la peau des branches eft incruftée du couvein de l'animal , qui dépofe là fes œufs. Deux chofes à faire ; chercher l'animal & le tuer ; on prend pour ce , des femmes : enfuite éponger , gratter & laver les branches : tout le refte eft pur charlatanifme.

TIRANT, Branches tirantes. *Voyez* Branches.

TIRER. Ce mot fe prend en bonne & en mauvaife part dans le Jardinage ; en bonne part , pour dire allonger un arbre , lui donner toute l'étendue dont il eſt capable, conformément à ſa vigueur, & non pas l'écourter & le circoncire, comme on a coutume de faire ; en mauvaiſe part, quand on donne une charge diſproportionnée à la portée de l'arbre, & dans ce dernier ſens, tout arbre tiré, ou trop allongé, ſont la même choſe.

On dit également, il faut tirer cet arbre, il pouſſe trop, ou bien, il faut bien ſe donner de garde de tirer cet autre, il ne pouſſe pas aſſez.

On dit coupe tirée, celle qui eſt allongée & priſe de trop loin. Il eſt une regle infaillible pour une coupe réguliere ; ſavoir, qu'on ne doit jamais faire ſa coupe plus baſſe que la naiſſance de l'œil ſur lequel on aſſeoit ſa taille. Si la coupe eſt plus baſſe, le petit canal, ou ce qu'on appelle le boyau umbilical qui charie la ſeve, eſt altéré & coupé, il n'y a pas plus de temps à mettre, & il n'y a pas plus de difficulté à faire ſa coupe, comme il eſt preſcrit ici, qu'à la faire irréguliere & dommageable, comme tous font. Mais pour l'un, il faut de l'attention, & l'autre ſe fait, comme on dit, à boulevue , en brufquant l'ouvrage.

TIRÉ , Branche tirée. C'eſt une invention de M. de la Quintinie , pour avoir
des fruits à plein vent & d'eſpalier tout enſemble. Voici ce que c'eſt.

On détache de l'eſpalier une branche de
pêcher , ou d'abricotier , & l'on fiche en
terre quelques échalas , auxquels on attache dans la plate-bande ces ſortes de branches , lorſque le fruit eſt bien noué & à
couvert de tout danger. On laiſſe ainſi ces
branches juſqu'environ une quinzaine de
jours avant la maturité. Alors on les ôte
des échalas , & on les remet en leur place ;
les paliſſant à l'eſpalier , donnant du jour
aux fruits , afin que le ſoleil leur donne du
coloris , & par ce moyen l'on a des fruits
de plein vent aux eſpaliers.

TIRER. On dit tirer les allées du jardin,
quand , après avoir ratiſſé la ſuperficie , on
ſe ſert du rateau pour unir , applanir , dreſſer & égaler les terres , ou le ſable de ces
mêmes allées.

TONDRE , Tondeur , Tonture. En
Jardinage ces mots ont la même ſignification que dans l'uſage commun. Tondre

une brebis, c'est lui couper sa laine. Tondre quelqu'un, c'est lui couper ses cheveux. Ainsi tondre les arbres, c'est leur couper les bourgeons, pour leur faire prendre diverses formes. On les tond en palissades, en boule, en massifs, &c. Aux ifs, par le moyen de la tonture, on fait prendre la figure d'oiseaux, & de quantité d'animaux. On tond les grands arbres avec le croissant, & les arbrisseaux, arbustes & moindres plantes, avec les ciseaux à tondre, on tond les gazons.

TONDEUR est celui qui, avec ces sortes d'instrumens, coupe les bourgeons. Que les bons Tondeurs sont rares, ainsi que les bons Élagueurs!

TONTURE est l'action de tondre les arbres, arbrisseaux & autres arbustes.

TOPIQUE est un mot grec, pris de la Médecine & de la Chirurgie. Il veut dire remede, ou médicament extérieur, qui n'entre point dans la capacité intérieure du corps humain. C'est un dicton ordinaire, que les topiques ne peuvent nuire, à raison de ce qu'ils ne sont appliqués qu'extérieurement. Mais ce dicton vulgaire est démontré faux en Jardinage, comme en Médecine & en Chirurgie. On veut faire paffer des dartres vives qui font fur le vifage, l'humeur rentre, elle fe dépofe fur ce qu'on appelle les parties nobles, & il en réfulte chofes fâcheufes, fouvent la mortalité. Un charlatan pour guérir des rhumatifmes, & autres infirmités douloureufes, applique des topiques aftringens, diffolvans, corrodans, &c. qui font fouffrir des maux cruels, jufqu'à attaquer le genre nerveux; fouvent jufqu'à faire périr. Le même a lieu quant au Jardinage. Une foule d'Empyriques, pêtris d'ignorance, s'ingere de compofer quantité de recettes myftérieufes, foit en liquides, foit en une efpece de pâte onctueufe, pour détruire les infectes, & auffi pour en garantir & préferver les arbres; mais tous, fans excepter un feul, font bêtes, ou frippons, & d'ordinaire l'un & l'autre. Tous les topiques *graiffeux*, appliqués fur les arbres leur font funeftes. Si l'on enduit avec de l'huile un arbre entier, il périra infailliblement, foit plutôt, foit plus tard. *Voyez* EMPLATRE, CHARLATAN.

TORSE. Ce mot vient de tordre, pris dans sa signification propre. On tord, ou fortuitement & sans le vouloir, ou de propos délibéré une branche & un bourgeon. Un Vigneron & un Jardinier veulent coucher en terre un cep de vigne pour provigner, & il leur arrive de le contourner. Alors il se fait un craquement, qui dénote que l'arrangement des fibres du dedans est détruit : en effet, cette vigne ne pousse pas l'année même, & ne donne pas de fruit. On veut empêcher une branche, ou un gourmand de profiter, il n'y a qu'à les tordre. Cette action de tordre est la même que celle dont se servent les faiseurs de fagots tordant des harres, excepté que la torse des arbres ne se fait qu'à un endroit, au lieu qu'à la harre c'est tout du long.

TRACER, c'est tirer sur terre des lignes, ou droites, ou courbes, soit pour former des allées, des quarrés, des sentiers, soit pour y planter ; dans ce sens on dit tracer une plate-bande, un parterre, &c. On dit encore tracer une fouille de terre, un rayon de vigne, un rayon d'asperges, &c.

TRAÇOIR est un inftrument du Jardinage, qui n'eft autre qu'un long manche, au bout duquel eft un morceau de fer, dégénérant un peu en pointe camufe, & qui fert à tracer fur terre des deffeins de parterres, ou telles & telles autres figures diverfes.

TRAINASSES vient du mot de traîner. Ce font de menus filets alongés, qui partent de la fouche même des fraifiers, & qui rampent fur terre. Ces traînaffes ainfi rampantes, ont divers nœuds, d'où fortent des racines qui piquent dans terre. La premiere traînaffe devenue plante, produit fon femblable, qui fe plante également lui-même, & en produit auffi d'autres à fon tour, jufqu'à 5, ou 6 de fil. De cette fouche du fraifier, d'où eft partie cette premiere traînaffe fi féconde, pullulent à un fraifier vigoureux 5, ou 6 autres pullulans de la forte. Mais toutes ces productions fi multipliées, font avorter le maître-pied, qui dépérit d'autant. Quiconque veut conferver fes faifiers, doit, durant le cours de la belle faifon, arracher tous les huit jours chacune de ces traînaffes; & c'eft à quoi communément nul des Jardiniers des maisons de campagne ne veut s'aftreindre: auffi n'ont-ils, excepté quelques premieres fraifes, que des avortons, & on replante fans fin. On a évalué à dix mille écus par an la vente des fraifes à Montreuil ; comme c'eft leur gagne pain, ils ont grand foin d'arracher les traînaffes.

A quatre pas de Montreuil, chez un Seigneur diftingué en plus d'un genre, & qui mérite le plus d'être fervi, on a planté, de fcience certaine, depuis environ 6 ans, au moins douze milliers de fraifiers de la ville du Bois où l'on fait trafic de fraifiers, & tous les ans on dépenfe en la table de ce brave Seigneur au moins pour 50 écus de fraifes. Le Jardinier en eft quitte pour dire que cette plante ne fe plaît pas dans le lieu. Ainfi l'on vous berce, Maîtres, qui ne vous entendez pas au Jardinage, & vous êtes dupes.

TRANSPIRATION, mot qui vient du latin, & qui eft d'ufage dans la Médecine. C'eft l'émanation, la fortie & l'envoi continuels des parcelles fenfibles, ou infenfibles de tout ce qu'on appelle corps, & lefquelles vont se perdre continuellement aussi dans la capacité de l'air. Dans les corps vivans cette déperdition de ces parcelles d'eux-mêmes se réparent au fur à mesure par les nourritures.

Deux sortes de transpirations ; l'une sensible, qu'on apperçoit, telle que la sueur & toutes les parties grasses qui s'extravasent au-dehors, celle qui se fait en nous par la salivation & par le canal du nez, &c. l'autre insensible, qui est une sortie continuelle de quantité de parties spiritueuses & volatiles par les pores de la peau, & par la respiration. Les corps inanimés transpirent aussi d'une façon insensible suivant tous les Physiciens : mais ce détachement continuel des parcelles d'eux-mêmes, ne se répare point comme dans les êtres vivans.

Tous les végétaux ont, ainsi que les animaux, une double transpiration. Les odeurs des fleurs & des fruits en font preuve, ainsi que le changement d'écorce des arbres, qui est une espèce de mue ; mais à travers leur peau & leurs feuilles, il se fait une grande dissipation de quantité de par-

ties d'eux-mêmes, & qui fe réparent. Lors
d'un foleil âpre, vous voyez les feuilles fe
faner, fe rider, fe recoquiller, & le lendemain matin, après la fraîcheur de la nuit
& la rofée, vous appercevez leur peau,
lâche auparavant, être alors bandée & rebondie, leurs feuilles droites & d'un verd
riant, montrer leur furface applatie. Tout,
pour peu qu'on foit obfervateur, fans être
cultivateur, annonce dans les végétaux la
double tranfpiration, telle que dans les autres êtres vivans. M. Halle, célébre Anglois,
a traité favamment ce point dans fa Statique des Végétaux.

TRANSPLANTATION. C'eft le tranfport d'un arbre placé dans un lieu pour le
planter dans un autre. Cette opération du
Jardinage eft, peut-être, de toutes, la plus
fcabreufe, ainfi que la moins entendue.
Deux fortes de tranfplantations; l'une d'un
lieu prochain du jardin à un autre; & l'autre dans un lieu diftant du Jardin. Celle
qui fe fait en proximité eft bien plus facile
& plus heureufe; mais celle qui fe fait au
loin, eft moins fujette à réuffir, à caufe du
tranfport, durant lequel les racines, quel-

que couvertes qu'elles foient, font frappées & exhalées par l'air. Dans l'autre, au contraire, bien moins d'évaporation.

Il est des regles sûres pour réussir dans cette opération. Deux fortes d'arbres s'offrent pour être tranfplantés ; des jeunes, qui n'ont pas des racines fortes, & d'autres plus âgés, qui ont des racines plus alongées. Pour les uns comme pour les autres, laisser, avant que de fouiller, une motte d'un bon pied au pourtour, puis en-deçà de la motte faire une tranchée jufqu'aux premieres racines : fitôt qu'on rencontre les racines, ceffer de fouiller avec la beche, & employer les fourches de nouvelle invention, allant jufqu'à l'extrêmité de ces mêmes racines, & les dégager toutes ainfi, fans en couper une feule. Sapper par en-deffous la motte, qui tombe d'elle-même, l'enlever & replacer l'arbre dans un trou avec les racines, ainfi qu'elles étoient lors de la déplantation, foulager l'arbre par la tête en le déchargeant amplément. Un tel arbre travaillé, ainfi qu'il doit être, reprendra infailliblement & portera fruit.

TRANSVASER. Mot pris du latin. C'eft

tirer d'un vase, de quelque façon convenable que ce puisse être, une plante avec sa motte & ses racines sans les endommager, & la mettre dans un autre vase plus grand, ou plus convenable.

TRANSVERSAL. *Voyez* FIBRE.

TREILLAGE, TREILLAGER, TREILLAGEURS. Les treillages, tels qu'ils sont en usage de nos jours, sont une invention fort nouvelle dans le Jardinage, au dire de M. de la Quintinie. Les treillages en échalas quarrés, attachés par mailles avec du fil de fer, sont plus brillans que la loque de Montreuil; mais la loque a des avantages infiniment au-dessus. *Voyez* LOQUE.

TREILLAGER. C'est faire toutes sortes de treillages de toutes mailles. Mais pour bien treillager, il faudroit peindre les bois avant que de les employer, sauf à donner par la suite quelques coups de pinceaux où besoin sera.

Quand on peint en place, on ne peut peindre que les faces pardevant, & non parderriere, & par-là même le treillage périt trop souvent; au lieu que peignant les quatre faces, les treillages durent le double.

On peut alors, au bout de 15, ou 20 ans, lorſque la couleur eſt paſſée, y donner une couche pardevant.

TREILLAGEURS, ſont les ouvriers qui s'adonnent à la fabrication de ces ſortes de treillages. Ce ne ſont point des Jardiniers, mais les Jardiniers peuvent & doivent être Treillageurs. On appelle treilles des pieces de treillages fabriqués pour ſoutenir des vignes. Les Treillageurs ſont gens à redouter pour les arbres, comme les Peintres qui mettent les treillages en couleur, & les Maçons qui travaillent aux murs. C'eſt l'affaire du Jardinier d'uſer de tous moyens, leſquels détaillés ailleurs pour prévenir & empêcher le dégât.

TRÉPIGNER *la terre.* Il a deux ſignifications. On trépigne la terre néceſſairement & forcément, quand on eſt obligé d'aller autour des arbres pour les travailler; & on la trépigne exprès, quand on veut ſemer, ou planter dans des terres trop légeres, & qui n'ont point de corps. Ce dernier trépignement eſt un art, & il eſt façon de s'y prendre.

TROCHET ſe dit des fruits qui ſont raſ-

femblés en un tas les uns près des autres. Il
eft des efpeces de fruits qui viennent ainfi
par trochets, fur-tout les poires de blan-
quet, d'ognonet, celles nommées caffo-
lette, le rouffelet, ainfi que tous les fruits
de petites efpeces.

TRONC, terme de Jardinage & de Botanique. Par le mot de tronc communément on entend cette partie de l'arbre qui
tient le milieu entre les racines & la tige.
A lui font attachées les racines, & il eft le
vafe commun auquel toutes reportent. Sur
lui, comme une colonne fur fa bafe, porte
d'à plomb la tige ; les racines font comme
foudées avec lui, la tige eft comme entée
& incorporée avec lui. A l'endroit où les
racines tiennent à lui, il en a la dureté &
la roideur ; & à l'endroit où la tige ne fait
qu'un avec lui, il eft d'un tiffu moins dur :
ainfi le tronc eft une partie intermédiaire
entre les racines & la tige, qui tient des
unes & de l'autre. Comme racine, il doit
être dans la terre, & comme tige, il ne
doit point y être jufqu'à être trop humecté
par l'humide de la terre. Son emplacement,
par conféquent, eft la fuperficie de la
terre,

terre, ou entre deux terres. Là il est assez
avant pour être, comme racine, suffisamment humecté par l'humide de la terre,
fans néanmoins être morfondu ; & là aussi
il n'est pas trop dehors pour être trop frappé par l'air, & en proie aux rayons du soleil.

Il est un fait universel à son sujet ; savoir, que dans toutes les plantes que tous
sement, ou que la nature produit d'elle-même, il n'y en a pas une seule où le tronc ne
se trouve, comme il vient d'être dit, à la
superficie de la terre.

Nombre de Jardiniers s'avisent à la fin
de l'automne de découvrir les troncs de
tous leurs arbres. Qu'on leur en demande
la raison, ils n'en savent point, ou n'en
donnent que de pitoyables. Cette pratique est pernicieuse, ruineuse même. La
gelée mord sur ce tronc, le ride & le brule, au lieu qu'étant couvert par la terre,
comme il est fait pour l'être, il est garanti
par cette terre de la trop forte impression
de l'air pour lequel il n'est point fait, &
des gelées. Il est fâcheux que M. de la Quin-

tinie ait donné dans pareil écart. Il préf-
crit cette pratique.

TUBE, ou Tuyau, c'est la même chose ; il est de la Chymie : & quand on l'emploie dans la Physique du Jardinage, c'est
par application, pour signifier un corps
creux & allongé, tel le roseau & autres
plantes creuses.

TUBERCULE, ou Tubérosité. *Voyez*
Tumeur.

TUBÉREUX change de signification en
Botanique & en Jardinage. Il se dit de certaines plantes, qui n'ayant, ni peau, ni
écailles, ont des racines fibreuses rougeâ-
tres ; tel l'aconit d'hiver, qui déploie ses
fleurs jaunes au commencement de Jan-
vier.

TUER, dans le langage des gens de
Montreuil s'entend des gourmands. Les
Jardiniers les tuent en les abattant jusqu'à
ce que l'arbre épuisé ne pousse plus, ni
gourmands, ni autre branche. Les Montreuillois les tuent ces gourmands, en les
chargeant prodigieusement, & les mé-
tamorphosant en branches fructueuses,
& c'est dans ce sens qu'il faut entendre ce

proverbe, commun parmi eux : *il faut tuer les gourmands, mais non les détruire.*

TUMEURS vient d'un mot latin, qui veut dire groſſeur. Les arbres ont, à cet égard, les mêmes infirmités que nous. Ils ont des loupes, des ſquirres, des polypes, des verrues, ou poireaux, &c. Ces tumeurs, ou groſſeurs ſont contre nature, comme dans le corps humain. Il y a du remede quand on ne laiſſe pas vieillir ces choſes. *Voyez* LOUPES.

TUTEUR, pris de l'uſage commun. C'eſt un morceau de bois de bout, une perche, ou un échalas, auxquels on attache, ou un arbre trop foible, ou une branche qu'on craint que le vent ne caſſe, ou une jeune greffe qui pouſſe trop impétueuſement, & que le vent pourroit décoller.

On donne encore le nom de tuteur à une tige d'arbre morte, à laquelle par en bas a pouſſé un beau rameau qu'on dreſſe le long de cette tige. On n'abat cette tige morte que quand ce rameau eſt ſuffiſamment grand, & lorſqu'il eſt aſſez fort pour ſe paſſer de tuteur, & pour ſe ſoutenir tout ſeul.

T

Peu dans le Jardinage entendent à placer des tuteurs aux arbres. On fait communément plus de mal en les employant auffi gauchement qu'on le fait, que fi on ne leur en mettoit pas.

Il faut garnir l'arbre avec de la mouffe bien pelotée, ou un fort bouchon de paille, ou quelque vieux chiffon à tous les endroits où la perche touche à l'arbre; fans quoi l'ébranlement, l'agitation & la fecouffe des vents cauferoient autant d'entamures à la tige & aux branches, qu'il y auroit d'endroits où la perche toucheroit à l'arbre: faute de telle attention, une foule d'arbres périffent tous. Au lieu d'employer des cordes & des ficelles, qui coupent & qui maculent la peau, il faut, pour retenir l'arbre, faire ufage d'ofier, ou de harre. Que de quinconces & d'allées dont les arbres font de guinguoi faute de tuteurs ! Le mal devient fans remède, quand les arbres ont groffi ; alors la difformité eft éternelle.

V

VALVULE, terme d'Anatomie pris du latin, qui veut dire porte, ou petite porte, parce que, foit dans l'Anatomie humaine, foit dans l'Anatomie végétale, ce qui eft compris fous ce nom en fait la fonction.

VALVULES, en terme d'Anatomie, font de petits corps membraneux, comme des efpeces de foupapes, fervant à arrêter le cours précipité & impétueux du fang, & qui lui fervent de digues dans nos vaiffeaux.

M. Grew, favant Anatomifte des plantes, prétend qu'il n'eft point de ces valvules dans les conduits de la feve. Mais ne pourroit on pas dire, à bon droit, que les nodus qui font à toutes les jonctions des branches, à celles des bourgeons, & à celles des yeux, ou boutons, pourroient bien faire dans les plantes la fonction de valvules dans le même fens que les valvules de

Kk 3

nos veines? On pourroit, peut-être, dire
le même de la jonction des feuilles, ainſi
que des liaiſons, des rayons & des ramifications de ces mêmes feuilles. Il en eſt de
même de ces eſpeces de petits boutons,
qui ſont à l'une & à l'autre extrêmité de
chaque queue des fruits. Chacune de ces
extrêmités eſt toujours plus groſſe que le
reſte de la queue, ayant la peau plus épaiſſe, ainſi que le dedans, qui eſt plus gonflé
& plus fibreux.

Mais ce qui caractériſe davantage ces valvules dans les plantes, ce ſont les rides
qui ſont à tous les boutons à fruit & aux
branches fructueuſes: c'eſt ce que M. de la
Quintinie appelle des *anneaux*, à cauſe,
en effet, que ces rides ſont poſées, comme le ſeroient pluſieurs anneaux, ou des
bagues, qui ſeroient miſes l'une proche de
l'autre. Ces rides, ou anneaux ſervent à
arrêter la ſeve, & à la retenir pour la faire
fluer avec meſure & peu-à-peu, au lieu
de s'enfiler d'abord, comme elle fait, dans
les branches à bois qui n'ont pas de ſemblables rides, leur ſervant de valvules
pour s'oppoſer au cours précipité de la ſeve.

VAPEURS *de la terre.* Ce mot est pris dans un sens particulier en Jardinage. Il s'entend des humidités déposées sur la terre & dans son fond, de quelque nature qu'elles soient ; pluies, neiges, brouillards, rosées, serein, grêles, givres, frimats, arrosemens, humidité des fumiers, &c. Toutes ces humidités tombant sur la terre, remontent ensuite, & sont pompées, puis emportées dans ce qu'on appelle la moyenne région de l'air, suivant ce principe que rien ne descend qui ne remonte de tout ce qui est des influences d'en haut, comme rien de tout cela ne remonte, qui ne redescende ensuite. C'est un flux & reflux perpétuel de ce qui monte dans la moyenne région de l'air, & qui en redescend.

Dans le printemps, lors des gelées, ces humidités remontant pour être transportées dans l'air, trouvent dans leur chemin les bourgeons tendres, les fleurs & les fruits nouvellement noués ; elles s'y attachent, elles s'y collent, & par leur qualité morfondante, elles les font périr. Mais quand ces mêmes humidités froides

ont une fois gagné le haut, & trouvent
à se répandre çà & là, elles ne font pas
grand mal. Aussi toujours les bas gelent
d'abord, ainsi que tous les fonds, tandis
que tous les hauts sont, ou garantis, ou
moins maltraités.

En considération de ce que dessus, les Montreuillois couvrent le bas de leurs arbres
avec des paillassons, & ils se contentent
pour les hauts de petits paillassons plats,
qui, rompant le cours de ces humidités
nuisibles, garantissent communément les
hauts.

VASE, ou Limon de Riviere, d'É-
tang, de Mares, & de tout amas
d'Eau. C'est un dépôt de parties terrestres
de toute nature que l'eau entraîne avec elle,
& dont elle se décharge, soit par-tout où
elle passe, soit par-tout où elle séjourne.

Cet engrais est très-bon ; mais il est des
observations à faire, & des précautions à
prendre, ainsi que des regles de conduite à
cet égard.

Toutes les vases n'étant pas les mêmes, ne
conviennent pas également aux différentes
terres. Les eaux qui charient avec elles des

particules de terres fableufes, marneufes,
glaifeufes, argilleufes & grouetteufes, &c.
les dépofent toutes également : or donc
avant d'en faire ufage, il faut confidérer principalement deux chofes ; d'abord la nature
du fol dominant, dont l'eau détache & entraîne avec elle les parties différentes ; enfuite la nature du terrein où l'on fe propofe
d'employer ces fortes d'engrais : mais qui
eft-ce parmi les Jardiniers, & parmi les Maîtres, s'entremettant aux chofes du Jardinage, qui faffent attention à ces deux points fi
effentiels ? Une foule de gens, faute de cette
double obfervation, pervertiffent totalement leur terrein. Il en eft de même des
engrais de terres neuves, des démolitions,
fumiers, & tous autres engrais. Mais quels
remedes alors ? On va le voir d'après les
deux exemples qui vont être rapportés.

Deux Curieux non Cultivateurs, ché-
riffant également leurs jardins, s'aviferent
de réformer & de renouveller leur terrein,
l'un de fon chef, & l'autre à l'inftigation
& par le confeil de l'un de ceux appellés
Jardiniers-*commeres*, gens avantageux, ne
doutant jamais de rien, grandement ha-

bleurs , & s'entremettant à tout. L'un avoit un terrein fort froid, on le remonta avec de la vase de riviere ; l'autre avoit un terrein passablement bon , mais un peu marneux & glaiseux ; on le couvrit de sable jaune & blanc pour l'alléger. Deux ou trois ans se passent durant que tout va en dépérissant. Le premier fut obligé d'employer des restaurans , & force fumiers de qualité chaude ; l'autre , de faire enlever les sables , sablons , &c. Mais quels frais !

Quiconque veut user de la vase , ou de terres de rivieres , qui toujours sont froides , mattes & crues , doit les laisser s'essorer à l'air , & se briser , s'amalgamer, pour ainsi dire , durant au moins un été & *Georg.* un hiver. Virgile le prescrit durant deux ans. Il est encore d'autres regles qu'on ne fait que rappeller : elles regardent le temps, la saison, la façon, la quantité plus , ou moins grande , &c. le tout demanderoit un trop long détail.

V A S E S , pour signifier canaux , conduits , récipiens de la seve. *Voyez* CANAL, CONDUIT.

VÉGÉTAUX , vient d'un mot latin. On

appelle végétaux tout ce qui eſt planté, ſoit plante terreſtre, ſoit plante hydraulique; les arbres, arbriſſeaux, arbuſtes, herbages & tout ce qui a des boutons, des branches, des feuilles, des fleurs, des fruits & des graines.

VÉGÉTER veut dire devenir vigoureux, croître & ſe fortifier. On dit végétation pour dire formation, accroiſſement & multiplication des végétaux, ou des plantes. Ces mots ſont conſacrés à cet uſage dans le Jardinage. Trois choſes en quoi conſiſte la végétation; ſavoir, la nutrition a même des ſucs de la terre, l'accroiſſement en longueur, largeur & profondeur; enfin dans la multiplication par le moyen des graines pour ſe renouveller & ſe perpétuer.

VEINE de terre, terme figuré, comme on dit langue de terre; l'un & l'autre pour ſignifier la différence de la terre dans le même ſol, comme nos veines, qui, contenant le même ſang, ſont plus, ou moins groſſes: ces termes métaphoriques ne ſont employés que par rapport à l'étendue & au volume, & non par rapport à la qualité particuliere du ſang.

V

VENTOUSE, vient principalement du mot de vent. On dit faire une ventouse à un tonneau de vin pour lui donner de l'air. Dans la Maçonnerie c'est la même chose que barbacane. On dit aussi dans ce art ventouse, ce qui sert à donner de l'air, faire une ventouse à des lieux d'aisance, à une cheminée qui fume ; ce sont autant de soupiraux pour attraire & introduire l'air du dehors, & faire évaporer celui du dedans. Dans ce même sens, en fait d'hydraulique, on dit, pratiquer des ventouses aux conduites d'eau, de peur qu'elles ne crevent. C'est dans un sens métaphorique & d'application, que, conformément à ces idées, le mot de ventouse est employé dans le Jardinage. Il y est inconnu par le commun des Jardiniers. Un auteur, appellé *Bernard Palissy*, l'a introduit dans cet art il y a plus d'un siecle, & l'idée des différens effets de ces ventouses est connue des gens de Montreuil, quant à la chose signifiée, & voici ce que c'est.

Ce terme employé dans le sens dont il est question, a paru si propre & si énergique à M. de la Quintinie, qu'il en a fait usage

poúr les mêmes raifons que dans le préfent
Dictionnaire , & dans le fens dont il eft
queftion il eft pris par de très-habiles Jardiniers , pour toute branche , tout bois ,
tout jet , tout rameau qu'on laiffe à certains arbres pour confumer la feve quand
elle eft trop abondante , & lefquels on
jette à bas par la fuite quand l'arbre fe mo-
dere & fe tourne à bien. Sans cette précaution & cette induftrie , les arbres four-
milleroient de branches gourmandes , &
de branches de faux bois. Les Jardiniers
qui voient de pareils bois dans la taille de
l'Auteur , ne manquent pas de critiquer fa
méthode & s'élever contre , déclamant à
tort & à travers fur ce qu'ils ignorent.
Mais quand , interrogé par eux , il entend
leurs difficultés , on leur répond en leur
donnant tous les éclairciffemens convenables , & on leur fait voir la néceffité
de conferver ces faux bois , ces fauffes
pouffes , & ce que communément on appelle furpouffes.

VERMINE *des jardirts.* Ce font tous
les infectes , de quelque nature qu'ils
foient , qui tourmentent les plantes , com-

me les vermines à notre égard, & les autres vermines à l'égard des animaux. On fait, dans l'Ouvrage, l'exposé de tous les ennemis vivans, & des ennemis inanimés des plantes, & on donne des recettes les plus simples pour les en délivrer, comme pour les en garantir autant qu'il est possible. *Voyez* PUCERONS, PUNAISES.

VERTICAL, ou PERPENDICULAIRE. *Voyez* BRANCHE.

VEULE, en Jardinage, veut dire sans vigueur. On dit branche veule, celle qui n'a, ni corps, ni force, ni embonpoint; & tels sont les arbres mal plantés, ou en mauvaise terre, les plantes semées trop près, & celles qui n'ont point d'air. *Voyez* ETIOLÉ.

VISCOSITÉ, VISQUEUX. *V.* GLUANT, COLLANT, LIMONNEUX.

VIVACE, du mot de vivre. On appelle plantes vivaces, celles qui vivent durant un certain cours d'années. Le chêne & l'oranger passent, parmi nous, pour les plantes les plus vivaces.

VIVE JAUGE se dit de l'action de fumer, quand, au lieu de ne mettre qu'une fuperficie de fumier fur la terre, on fait des tranchées, où l'on fait entrer une bonne épaiffeur de fumier. C'eft ainfi qu'on fume les arbres en les dégorgeant, & mettant au pourtour du fumier, qu'on laiffe tout l'hiver, puis qu'on enfouit au printemps. C'eft de la forte que les Vignerons fument leurs foffes, & que les Maraichers fument leurs planches d'afperges.

VIVIPARE. *Voyez* OVIPARE.

VOLÉE, *femer à la volée. Voyez* SEMER, CHAMP.

VORACE, tiré du latin. *Plantes voraces.* Par ce mot on entend les plantes qui mangent les autres, & qui effritent la terre. Le chiendent eft une plante vorace, le chou & les autres végétaux qui confument beaucoup. L'orme eft une des grandes plantes les plus voraces. Il ne faut jamais planter au pied des arbres, ou près d'eux, aucune plante vorace, ni planter des arbres dans le voifinage des grandes plantes voraces, dont les branches raviffent tout l'air, & les racines pompent au loin tous les fucs de la terre. Les mouffes font plantes voraces.

VRILLE. C'eſt ce qui s'appelle tenon dans la vigne, & que par corruption les bonnes gens diſent *nilles. Voyez* TENON, CORNES.

USUELLES, ou D'USAGE, c'eſt la même choſe. On dit plantes uſuelles, celles qui ſont d'uſage ordinaire pour la nourriture & pour la ſanté. M. Chomel, Médecin, a fait un excellent Traité des Plantes uſuelles.

Y

YEUX. *Voyez* BOUTONS.

F I N.

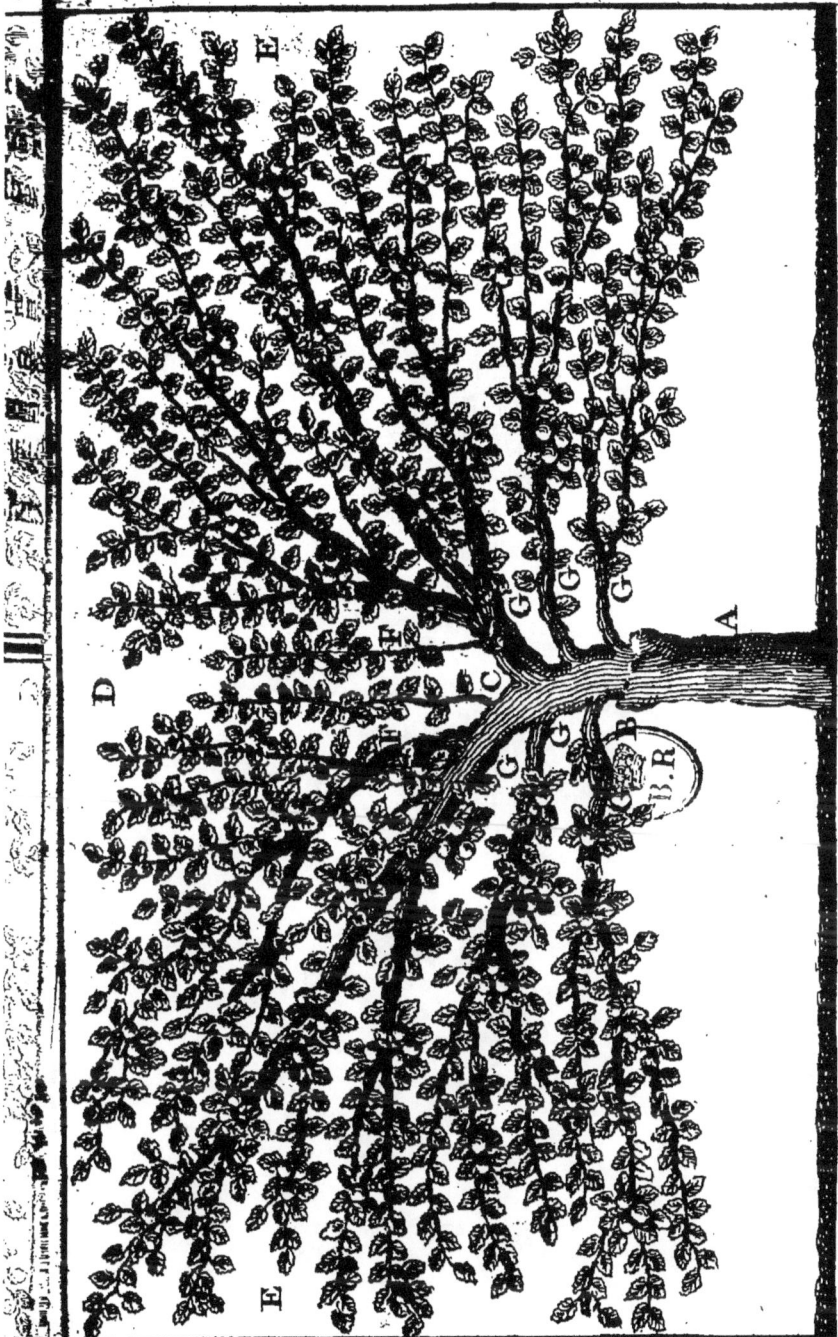

J. Robert delin. et sculps.

J. Robert delin. et sculps.

APPROBATION.

J'Ai lu, par ordre de Monseigneur le Vice-Chancelier, un Ouvrage intitulé : *La Théorie & la Pratique du Jardinage*, premier Volume, qui est un *Dictionnaire étymologique & raisonné sur le Jardinage*. La longue expérience & la réputation de l'Auteur dans le gouvernement des arbres fruitiers, les succès qu'il annonce avoir eus, & qu'il promet à ses imitateurs, rendent son Livre un objet de curiosité pour les Jardiniers & les amateurs du Jardinage : on y trouve la méthode de tailler les arbres fruitiers, usitée à Montreuil près de Paris, & qui n'a point encore été publiée, ainsi que plusieurs pratiques extraordinaires qu'il est important d'apprécier en les éprouvant. Fait à Paris, ce 17 Juillet 1767.

LE BEGUE DE PRESLE.

PRIVILEGE DU ROI.

LOUIS, par la grace de Dieu, Roi de France & de Navarre : A nos amés & féaux Conseillers, les Gens tenans nos Cours de Parlement, Maîtres des Requêtes ordinaires de notre Hôtel, Grand-Conseil, Prévôt de Paris, Baillis, Sénéchaux, leurs Lieutenans-Civils, & autres nos Justiciers qu'il appartiendra, SALUT. Notre amé GUILLAUME-NICOLAS DESPREZ, notre Imprimeur-Libraire ordinaire & de notre Clergé de France, Nous a fait exposer qu'il désireroit faire imprimer & don-

Ll

ner au Public, *La Théorie & la Pratique du Jardinage par principes, d'après la Physique des Végétaux ; ou le Jardinage & l'Agriculture démontrés, précédé d'un Dictionnaire sur le Jardinage*, par M. l'Abbé Royer Schabol, s'il Nous plaisoit lui accorder nos Lettres de Privilege pour ce nécessaires. A CES CAUSES, voulant favorablement traiter l'Exposant, Nous lui avons permis & permettons par ces Présentes, de faire imprimer ledit Ouvrage autant de fois que bon lui semblera, & de le vendre, faire vendre & débiter par tout notre Royaume, pendant le temps de *dix* années consécutives, à compter du jour de la date des Présentes. Faisons défenses à tous Imprimeurs, Libraires & autres personnes, de quelque qualité & condition qu'elles soient, d'en introduire d'impression étrangere dans aucun lieu de notre obéissance ; comme aussi d'imprimer, ou faire imprimer, vendre, faire vendre, débiter, ni contrefaire ledit Ouvrage, ni d'en faire aucun extrait, sous quelque prétexte que ce puisse être, sans la permission expresse & par écrit dudit Exposant, ou de ceux qui auront droit de lui, à peine de confiscation des Exemplaires contrefaits, de trois mille livres d'amende contre chacun des contrevenans, dont un tiers à Nous, un tiers à l'Hôtel-Dieu de Paris, & l'autre tiers audit Exposant, ou à celui qui aura droit de lui, & de tous dépens, dommages & intérêts ; à la charge que ces Présentes seront enrégistrées tout au long sur le Registre de la Communauté des Imprimeurs & Libraires de Paris, dans trois mois de la date d'icelles ; que l'impression dudit Ouvrage sera faite dans notre Royaume & non ailleurs, en beau papier & beaux caracteres, conformément aux Réglemens de la Librairie, & notamment à celui du 10 Avril 1725, à peine de déchéance du présent Privilege ; qu'avant que de l'exposer en vente, le Manuscrit qui aura servi de copie à l'impression dudit Ouvrage, sera remis dans le même état où l'Approbation y aura été donnée, ès mains de notre très-cher & féal Chevalier, Chancelier de France le Sieur de Lamoignon ;

& qu'il en fera enfuite remis deux Exemplaires dans notre Bibliotheque publique, un dans celle de notre Château du Louvre, un dans celle de notredit Sieur de Lamoignon, & un dans celle de notre très-cher & féal Chevalier Vice-Chancelier & Garde des Sceaux de France, le Sieur de Maupeou ; le tout à peine de nullité des Préfentes. Du contenu defquelles vous mandons & enjoignons de faire jouir ledit Expofant & fes ayans caufes, pleinement & paifiblement, fans fouffrir qu'il leur foit fait aucun trouble, ou empêchement. Voulons que la copie des Préfentes, qui fera imprimée tout au long au commencement, ou à la fin dudit Ouvrage, foit tenue pour duement fignifiée, & qu'aux copies collationnées par l'un de nos amés & féaux Confeillers-Secrétaires, foi foit ajoutée comme à l'Original. Commandons au premier notre Huiffier, ou Sergent fur ce requis, de faire, pour l'exécution d'icelles, tous actes requis & néceffaires, fans demander autre permiffion, & nonobftant clameur de Haro, Charte Normande, & Lettres à ce contraires. CAR tel eft notre plaifir. DONNÉ à Paris, le trente & unieme jour du mois d'Août, l'an de grace mil fept cent foixante-fept, & de notre Regne le cinquante-deuxieme. Par le Roi en fon Confeil.

LE BEGUE.

Regiftré fur le Regiftre XVII de la Chambre Royale & Syndicale des Libraires & Imprimeurs de Paris, N°. 1052, fol. 272, conformément au Réglement de 1723. A Paris, ce 5 Septembre 1767.

N. M. TILLIARD, *Adjoint.*

www.ingramcontent.com/pod-product-compliance
Lightning Source LLC
Chambersburg PA
CBHW031442210326
41599CB00016B/2087